中国矿业大学“十四五”规划教材

材料科学基础实验

主　编　顾永琴　欧雪梅

副主编　史月丽　许林敏　陈辉　牛继南　朱洪睿

中国矿业大学材料与物理学院　组织编写

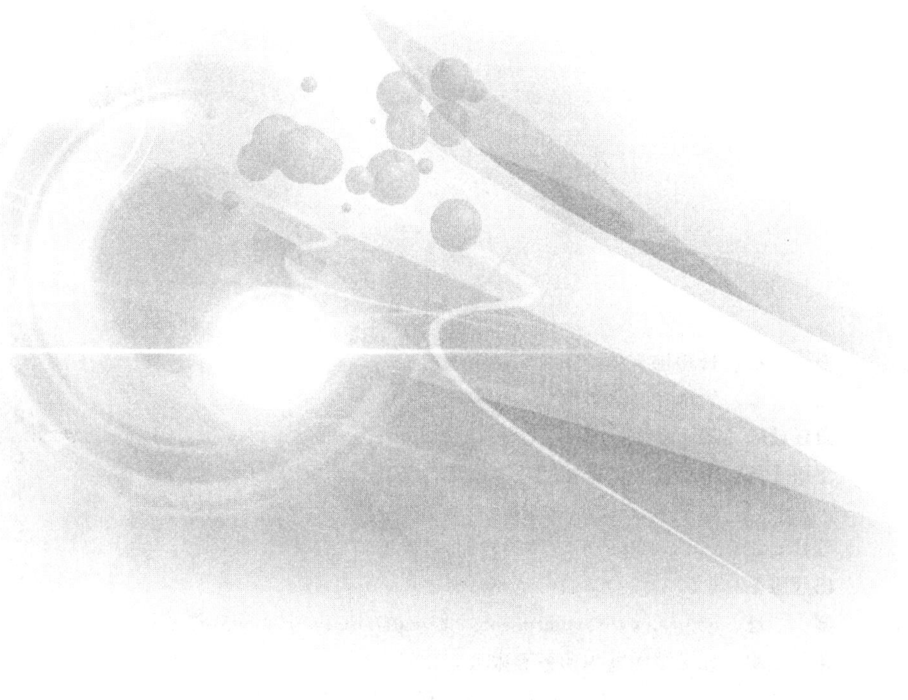

中国矿业大学出版社

·徐州·

内 容 提 要

本书内容涉及实验室安全教育、金相显微镜的成像原理和使用方法、金相显微试样的制备与分析、晶体结构模型搭建、二元合金/铁碳合金/铸铁/三元合金的金相组织观察与分析、宏观组织观察与分析、定量金相分析等实验项目。每个实验项目含实验目的、实验基本原理、实验准备、实验内容与步骤、安全提醒与注意事项、实验报告要求、交流与评价、拓展思考题等内容。

本书可作为高等院校材料类相关专业的本科生实验教学用书，也可供从事材料相关工作的工程技术人员参考使用。

图书在版编目(CIP)数据

材料科学基础实验 / 顾永琴，欧雪梅主编. — 徐州：中国矿业大学出版社，2025. 1. — ISBN 978-7-5646-6606-4

Ⅰ. TB3-33

中国国家版本馆 CIP 数据核字第 2025PB2521 号

书　　名　材料科学基础实验
主　　编　顾永琴　欧雪梅
责任编辑　杨　洋
出版发行　中国矿业大学出版社有限责任公司
（江苏省徐州市解放南路　邮编 221008）
营销热线　(0516)83885370　83884103
出版服务　(0516)83995789　83884920
网　　址　http://www.cumtp.com　**E-mail**:cumtpvip@cumtp.com
印　　刷　江苏淮阴新华印务有限公司
开　　本　787 mm×1092 mm　1/16　**印张** 11　**字数** 281 千字
版次印次　2025 年 1 月第 1 版　2025 年 1 月第 1 次印刷
定　　价　27.50 元

前　言

实践教学在材料科学与工程专业本科教学中起着举足轻重的作用，材料科学基础实验是材料类专业的必修课，编者结合本校实验条件和多年的教学经验编写本教材。

本书共 5 章 19 个实验，包含材料制备、观察、分析、表征等内容。每个实验首先介绍基本原理和基础理论知识，供读者自主学习；实验项目设计有拓展思考题，启发深入思考，期望读者做到理论联系实际。为了增强过程考核，每个实验项目设计课堂实验评价表，鼓励参与实验的人员相互评价，客观反映实验者的实操水平。安全理念贯穿本书，实验 1～3 为实验室安全基础实验，实验 4～19 均有相应的实验注意事项和安全提醒，进一步增强实验者的安全意识。另外，在实验项目的最后提供人文材料，内容包括与实验相关的人物、历史、材料作品赏析等，以材料文化为切入点，融入课程思政育人元素，落实立德树人的根本任务。

本书由中国矿业大学顾永琴、欧雪梅主编。其中实验 1、2、3、9 由顾永琴编写，实验 4、5、6、7 由顾永琴和欧雪梅共同编写，实验 12、13、15、16 由顾永琴与史月丽共同编写，实验 8、10、11、14 由顾永琴、欧雪梅与牛继南共同编写，实验 17、18、19 由顾永琴、陈辉、许林敏、朱洪睿共同编写，全书由顾永琴统稿。

本书的出版得到了中国矿业大学十四五规划教材项目的资助，还得到了中国矿业大学材料与物理学院领导和中国矿业大学出版社的鼎力相助，在此表示感谢！编写过程中引用了大量的文献资料，在此向所有作者一并表示衷心的感谢！

由于编者水平有限，书中难免有不当之处，敬请广大读者批评指正。

编者

2023 年 5 月

目　录

第 1 章 实验室安全实验

实验 1 实验室安全检查与整改

【实验目的】

1. 掌握实验室安全基本分类。
2. 能正确查找实验室内存在的安全隐患。
3. 能对实验室内常见的隐患提出整改措施。

【实验室安全基础知识】

实验室作为高校实验教学与科学研究的重要场所，其安全关乎师生生命安全和国家财产安全，因此必须对进入实验室的人员进行系统的安全教育与培训。

实验室常见的安全要求主要包括以下几个方面。

一、实验场所安全

每个房间门口挂有安全信息牌，信息包括安全风险点的警示标识、安全责任人、涉及危险类别、防护措施和有效的应急联系电话等，安全信息牌需要及时更新。超过 200 m^2 的实验楼层具有至少两处安全出口，75 m^2 以上实验室要有两个出入口。实验楼大走廊保证留有大于 1.5 m^2 净宽的消防通道，保持消防通道通畅。实验室操作区层高不低于 2 m。理工农医类实验室内多人同时进行实验时，人均操作面积不小于 2.5 m^2。实验操作台应选用合格的防火、耐腐蚀材料。

仪器设备安装符合建筑物承重要求。有可燃气体的实验室不设吊顶。不用的配电箱、插座、水管水龙头、网线、气体管路等，应及时拆除或封闭。实验室门上有观察窗，外开门不阻挡逃生。应急备用钥匙须集中存放、统一管理，应急时方便取用。容易产生振动的设备，必须考虑采取合理的减振措施。易对外产生磁场或易受磁场干扰的设备，必须做好磁屏蔽。实验室噪声一般不高于 55 dB(机械设备不高于 70 dB)。采用管道供气的实验室，输气管道和阀门无漏气现象，并有明确标识。供气管道有名称和气体流向标识，无破损。高温、明火设备放置位置与气体管道有安全间隔距离。实验室改造工程应经过审批后实施。有毒有害实验区与学习区明确分开，合理布局，重点关注化学、生物、辐射、激光等类别实验室。实验室物品摆放有序，卫生状况良好，实验完毕物品归位，无废弃物品，不放无关物品。不在实验室睡觉，不存放、烧煮食物和饮食，禁止吸烟，不使用可燃性蚊香。实验期间有记录。配备的药箱不得上锁，并定期检查药品是否在保质期内。

二、实验室水电基础安全

实验室用电安全应符合国家标准(导则)和行业标准。实验室配电容量、插头插座与用电设备功率必须匹配,不得私自改装,电源插座必须有效固定。不私自乱拉乱接电线电缆,禁止多个接线板串接供电,接线板不宜直接置于地面。禁止使用老化的线缆、花线、木质配电板、有破损的接线板,不使用旧国标接线板、插座,电线接头绝缘可靠,无裸露连接线,穿越通道的线缆应有盖板或护套。配电箱前不应有物品遮挡并便于操作,周围不应放置烘箱、电炉、易燃易爆气瓶、易燃易爆化学试剂、废液桶等;配电箱的金属箱体应与箱内保护零线或保护地线可靠连接。电气设备应配备空气开关和漏电保护器。大功率仪器(包括空调等)使用专用插座。实验室内的功能间墙面都应设有专用接地母排,并设有多点接地引出端。高压、大电流等强电实验室要设定安全距离,按规定设置安全警示牌、安全信号灯、联动式警铃、门锁,有安全隔离装置或屏蔽遮栏(由金属制成,并可靠接地,高度不低于 2 m)。控制室(控制台)应铺橡胶、绝缘垫等。强电实验室禁止存放易燃、易爆、易腐品,保持通风散热。应为设备配备残余电流泄放专用的接地系统。电器长期不用时应切断电源。

给水、排水系统布置合理,运行正常。各楼层及实验室的各级水管总阀须有明显的标识。水槽、地漏及下水道畅通,水龙头、上下水管无破损。各类连接管无老化破损(特别是冷却冷凝系统的橡胶管接口处)。

三、实验室仪器设备安全

建立设备台账,设备上有资产标签,有明确的管理人员。仪器设备的接地和用电符合相关要求。仪器设备接地系统应按规范要求,采用铜质材料,接地电阻不高于 0.5 Ω。电气设备的使用应符合用电安全规范。各种电器设备及电线应始终保持干燥,以防短路引起火灾或烧坏电气设备。强磁设备应配备与大地相连的金属屏蔽网。电脑、空调、电加热器等不随意开机过夜。对于不能断电的特殊仪器设备,采取必要的防护措施(如双路供电、不间断电源、监控报警等)。大型仪器设备、高功率的设备与电路容量相匹配,有设备运行维护的记录,有安全操作规程或注意事项。高温、高压、高速运动、电磁辐射等特殊设备,对使用者有培训要求,必须有安全警示标识和安全警示线(黄色),设备安全防护措施完好。非标准设备、自制设备应经安全论证合格后方可使用,并必须充分考虑安全系数,且有安全防护措施。

材料类专业常用到的设备有小型机床、压力机、带锯床、冷轧机、热轧机、弧焊机、压铸机、挤压机、线切割机床、感应熔炼炉、坩埚熔炼炉、箱式高温烧结炉、箱式电阻炉、电子万能试验机、压样机、真空热压烧结炉、激光焊接机、退火炉、离心机、烘箱等。每一种设备都有其安全操作规程,使用时必须严格按照操作规程谨慎操作。

四、实验室化学安全

危险化学品须向具有生产经营许可资质的单位购买。剧毒品、易制爆品、易制毒品、爆炸品的购买程序合规,购买前必须经学校审批,报公安部门批准或备案,向具有经营许可资质的单位购买,并保留报批和审批记录。购买麻醉药品、精神药品等之前必须向食品药品监督管理部门申请,报批同意后向定点供应商或者定点生产企业采购。不得私自从外单位获取管制类化学品，也不得给外单位或个人提供管制化学品。建立购买、验收、使用等台账资料。

化学品有专用存放空间并科学有序存放。储藏室、储藏区、储存柜等应通风隔热，避免阳光直射。易泄漏、易挥发的试剂存放设备与地点应保证充足通风。化学品有序分类存放，固体和液体不混乱放置，互为禁忌的化学品不得混放，试剂不得叠放。有机溶剂储存区应远离热源和火源。装有试剂的试剂瓶不得开口放置。实验台架无挡板不得存放化学试剂，配备必要的二次泄漏防护、吸附或防溢流功能。试剂柜中不能有电源插座或接线板。危险化学品（不含压缩气体和液化气体）原则上不应超过 100 L 或 100 kg，其中易燃易爆化学品的存放总量不应超过 50 L 或 50 kg，且单一包装容器不应大于 20 L 或 20 kg（按 50 m^2 为标准，存放量以实验室面积比考量）。常年大量使用易燃易爆溶剂或气体时必须加装泄漏报警器；储存部位应加装常时排风，或与检测报警联动的排风装置。

管制类化学品管理需符合管制要求。

（1）剧毒化学品执行“五双”管理（双人验收、双人保管、双人发货、双把锁、双本账），技防措施符合管制要求。剧毒化学品单独存放，不得与易燃、易爆、腐蚀性物品等一起存放。有专人管理并做好储存、领取、发放情况登记，登记资料至少保存 1 年。防盗安全门应符合《防盗安全门通用技术条件》（GB 17565—2022）的要求，防盗安全级别为乙级（含）以上，防盗锁应符合《机械防盗锁》（GA/T 73—2015）的要求，防盗保险柜应符合《防盗保险柜（箱）》（GB 10409—2019）的要求，监控管控执行公安要求。

（2）易制毒化学品储存规范，应设置专用存储区或者专柜储存并有防盗措施。第一类易制毒化学品、药品类易制毒化学品实行双人双锁管理，台账清晰，账册保存期限不少于 2 年。

（3）易制爆化学品存量合规，双人双锁保管，存放场所出入口应设置防盗安全门，或存放在专用储存柜内，储存场所防盗安全级别应为乙级（含）以上，专用储存柜应具有防盗功能，符合双人双锁管理要求，台账账册保存期限不少于 1 年。

（4）麻醉药品和第一类精神药品管理符合“双人双锁”，有专用账册，设立专库或者专柜储存，专库应当设有防盗设施并安装报警装置，专柜应当使用保险柜，专库和专柜应当实行双人双锁管理。配备专人管理并建立专用账册，专用账册的保存期限应当自药品有效期期满之日起不少于 5 年。

（5）爆炸品单独隔离、限量存储，使用和销毁按照公安部门要求执行，收存和发放民用爆炸物品必须进行登记，做到账目清楚，账物相符。

实验室化学品标签应显著完整清晰，化学品包装物上必须有符合规定的化学品标签。当化学品由原包装物转移或分装到其他包装物内时，转移或分装后的包装物应及时重新粘贴标识。化学品标签脱落、模糊、腐蚀后应及时补上，如不能确认，则以不明废弃化学品处置。装有配制试剂、合成品、样品等的容器上标签信息明确，标签信息包括名称或编号、使用人、日期等。不使用饮料瓶存放试剂，如确需使用，必须撕去原包装纸，贴上试剂标签。

实验室内必须规范收集化学废弃物，危险废物应按化学特性和危险特性进行分类收集和暂存。废弃的化学试剂应存放在原试剂瓶中，保留原标签，并且瓶口朝上放入专用固废箱。废液应分类装入专用废液桶，液面不超过容量的 3/4。废液桶必须满足耐腐蚀、抗溶剂、耐挤压、抗冲击的要求。针头等利器必须放入利器盒。严禁将实验室危险废物直接排入下水道，严禁与生活垃圾、感染性废物或放射性废物等混装。实验室危险废物收集容器上应粘贴危险废物信息标签和警示标志。实验室应设立化学废弃物暂存区，暂存区应远离火源、热源和不相容物质，避免日晒、雨淋。存放两种及以上不相容的实验室危险废物时应分不同区域。暂存区应有警示标识并有防遗洒、防渗漏设施或措施。

五、压力容器安全

盛装最高工作压力大于或者等于 0.1 MPa(表压)的气体或液化气体的密闭装备，盛装最高工作温度高于或者等于标准沸点的液体的密闭装备，或者容积大于或者等于 30 L 且内直径(非圆形截面指截面内边界最大几何尺寸)大于或者等于 150 mm 的固定式容器、移动式容器以及氧舱，须取得特种设备使用登记证。设备铭牌上标明为简单压力容器的不需办理。快开门式压力容器操作人员、移动式压力容器充装人员、氧舱维护保养人员、特种设备安全管理员应取得相应的特种设备安全管理和作业人员证，持证上岗，并且每 4 年复审一次。委托有资质单位进行定期检验，并将定期检验合格证置于特种设备上显著位置，安全阀或压力表等附件须委托有资质单位定期校验或检定。

建立压力容器自行检查制度，对压力容器本体及其安全附件、装卸附件安全保护装置、测量调控装置、附属仪器仪表进行经常性维护保养，每月至少进行 1 次月度检查，每年至少进行 1 次年度检查，并记录。简单压力容器也应建立设备安全管理档案。盛装可燃、爆炸性气体的压力容器，其电气设施应防爆，电器开关和熔断器都应设置在明显位置处。室外放置大型气罐应注意防雷。达到设计使用年限的压力容器应及时报废(未规定设计使用年限，但是使用超过 20 年的压力容器视为达到使用年限)，如若超期使用，必须进行检验和安全评估。

实验室气瓶必须有供应商提供的气瓶定期检验合格标识，气瓶颜色符合《气瓶颜色标志》(GB/T 7144—2016)的规定要求，气瓶附件齐全，状态正确(气瓶有满、使用中、空瓶三种状态)，气瓶合理固定。存放点必须通风、远离热源、避免暴晒，地面平整干燥。危险气体气瓶尽量置于室外，室内放置应使用常时排风且带监测报警装置的气瓶柜。气瓶的存放应控制在最小需求量。涉及有毒、可燃气体的场所，配有通风设施和相应的气体监测和报警装置等，张贴必要的安全警示标识。可燃性气体气瓶与氧气等助燃气体气瓶不得混放。存有大量无毒室息性压缩气体或液化气体(液氮、液氩)的较小密闭空间内，为防止大量泄漏或蒸发导致缺氧，须安装氧含量监测报警装置。独立的气体气瓶室应通风、不混放、有监控，有专人管理和记录。气瓶使用完毕，应及时关闭气瓶总阀。不使用超过检验有效期的气瓶，不使用超过设计年限的气瓶。气路管路材质选择合适，无破损或老化现象，定期进行气密性检查；存在多条气体管路的房间必须张贴详细的管路图，管路标识正确。

六、安全设施

实验室应配备合适的灭火设备，并定期开展使用训练。烟感报警器、灭火器、灭火毯、消防砂、消防喷淋等，应正常有效且方便取用。灭火器种类配置正确，且在有效期内(压力指针位置正常等)，保险销正常，瓶身无破损、腐蚀。紧急逃生疏散路线通畅，在显著位置处张贴紧急逃生疏散路线图。疏散路线图的逃生路线应有两条及以上，路线与现场情况符合。主要逃生路径(室内、楼梯、通道和出口处)有足够的紧急照明灯，功能正常，并设置有效标识指示逃生方向。实验室人员应熟悉紧急疏散路线及火场逃生注意事项。

存在燃烧、腐蚀等风险的实验区域，须配置应急喷淋和洗眼装置，应急喷淋和洗眼装置的区域有显著标识。应急喷淋安装地点与工作区域之间畅通，距离不超过 30 m。应急喷淋安装位置合适，拉杆位置合适，方向正确。应急喷淋装置水管总阀为常开状，喷淋头下方 410 mm 范围内无障碍物。不得以普通淋浴装置代替应急喷淋装置。洗眼装置接入生活用水管道，应至少以 1.5 L/min 的流量供水，水压适中，水流畅通平稳。经常对应急喷淋与洗眼装置进行维护，无锈水脏水，有检查记录。

实验场所配备符合设计规范的通风系统。管道风机须防腐，使用可燃气体场所宜采用防爆风机。实验室通风系统运行正常，柜口面风速为 0.35～0.75 m/s，定期进行维护、检修。屋顶风机固定无松动、无异常噪声。通风柜配置合理、使用正常、操作合规。实验室排出的有害物质浓度超过国家现行标准规定的允许排放标准时，须采取净化措施，做到达标排放。任何可能产生有毒有害气体而导致个人暴露或产生可燃、可爆炸气体及蒸汽而导致积聚的实验，都必须在通风柜内进行。实验时，通风柜可调玻璃视窗开至离台面 5～15 cm，保持通风效果，并保护操作人员胸部以上部位。实验人员在通风柜内进行实验时，避免将头伸入调节门内。不可将一次性手套或较轻的塑料袋等留在通风柜内，以免堵塞排风口。通风柜内放置的物品应距离调节门内侧 15 cm 以上，以免掉落。不得将通风柜作为化学试剂存放场所。玻璃视窗材料应为钢化玻璃。

重点场所必须安装门禁和监控设施，并有专人管理。关注重点场所，如剧毒品、病原微生物、放射源存放点。门禁和监控系统运转正常，与实验室准入制度相匹配。监控不留死角，图像清晰，人员出入记录可查，视频记录存储时间不短于 30 天。停电时，电子门禁系统应是开启状态或者有备用机械钥匙。

有防爆需求的实验室须符合防爆设计。要求安装防爆开关、防爆灯等，安装必要的气体报警系统、监控系统、应急系统等。可燃气体管道，应科学选用和安装阻火器。采取有效措施，避免或减少出现危险爆炸性环境，避免出现任何潜在的有效点燃源。应妥善防护具有爆炸危险性的仪器设备，使用适合的安全罩防护。

【实验准备】

1. 正确穿好实验服。
2. 佩戴防护手套。
3. 准备记录本、手机。
4. 高等学校实验室安全检查项目表(最新)。

【实验内容与步骤】

1. 分组对指定实验室进行安全检查，对照高等学校实验室安全检查项目表(最新)中 303 个检查要点，找到实验室包含的检查要点。
2. 对筛选出的检查要点进行现场检查，找出不符合项。
3. 讨论不符合项存在的安全隐患，提出整改方案。

【安全提醒与注意事项】

1. 实验室安全隐患查找过程中认真看、记录和拍照，不动手触摸任何设备与仪器，不直接接触任何化学药品。

2. 检查过程中保持安静，不追逐打闹，不影响实验室正常实验的开展。
3. 发现紧急情况时立即向指导教师汇报，不擅自处理。
4. 不在实验室内吃东西、喝水、玩手机。

【交流与评价】

指导教师根据班级人数将学生分成若干小组，每个小组 5～6 人，各组推荐组长 1 人。评价内容包括实验态度、实验完成度、实验完成质量，总分 100 分。小组内成员对本次查找的安全隐患进行讨论，并讨论安全整改方案，各组根据成员表现进行评分，组长完成组内互评的成绩统计，各组员签字确认（表 1-1）。

表 1-1　实验室安全检查与整改实验评价表

评价内容	组员 1	组员 2	组员 3	组员 4	组员 5	组员 6	……
实验态度（10 分）							
实验完成度（20 分）							
实验完成质量（70 分）							
总分							

组号：____________　实验日期：____________　组长签字：____________
组员签字：____

【拓展思考题】

1. 实验室安全检查的意义。
2. 实验室安全检查的注意事项。
3. 安全检查与隐患整改的关系。

【实验报告要求】

1. 实验目的。
2. 实验内容。
(1) 对指定实验室进行安全检查，完成表 1-2。

表 1-2　实验室安全检查情况表

被检查实验室			
参加检查人员			
序号	检查要点	是否存在不符合项	不符合项描述
1			
2			
3			
4			
⋮			

(2) 对表 1-2 中存在的不符合项进行拍照，提出安全隐患整改方案。

3. 本次实验收获与体会，意见与建议。

实验室安全素养

1. 实验室安全不到位，坚决不实验。

2. 安全是每个人的事，每个人都有保障实验室安全的责任。

3. 凡是可能发生的事故总会发生，但事故是可以预防的。

4. 安全就是效率，为了安全，不要侥幸，别怕麻烦。

5. 千万别小看实验室安全规则、规范、规程，那都是用血和泪的教训写成的。

6. 安全始于心，践于行。

7. 进入实验室前，必须经过必要的实验室安全教育培训。

8. 实验开始前至少思考和学习一分钟安全注意事项。

9. 不要一个人在实验室内工作，确保周围有人。

10. 无知是最大的安全隐患，在实验室内要知道如何安全做实验，若不知道，必须停止做实验。

11. 在实验室内，必须要科学正确使用安全防护工具。

12. 准确标记和醒目提示危险，安全存放和使用实验药品。

13. 在实验室，禁止吃东西、喝水和抽烟，禁止使用非标插座，禁止超负荷使用电器。

14. 熟悉所在区域的灭火器、泄漏套件等安全急救设备的位置，并熟悉它们的使用。

15. 发现实验室的危险因素时必须及时向实验室安全管理部门报告和及时防范。

16. 保持实验室清洁和通道畅通，杂物和堵塞会给事故的发生提供机会。

17. 在实验室内要做到“四不伤害：不伤害自己，不伤害他人，不被他人伤害，保护他人不受伤害。

18. 在再三确认安全的情况下离开实验室。

实验2 实验安全防护与应急处置

【实验目的】

1. 学会选用安全防护用品。
2. 掌握洗眼装置和应急喷淋的使用方法。
3. 熟练化学品泄漏的应急处置方法。

【实验基础知识】

一、安全防护用品

实验过程中不可避免会接触到一些有毒有害物质，因此必须采取合适的安全防护措施以保障实验者安全。实验安全防护主要考虑以下几个方面：

头部防护可有效缓冲外物对头部的撞击，从而保护头部安全。头部防护可选择佩戴安全头盔。

眼、脸部防护可防止有刺激性或腐蚀性的溶液对眼睛、面部的损伤，防止异物溅射到眼睛或面部。眼部防护选择戴防化学护目镜，脸部防护选择合适的防护面罩。

呼吸防护可防止有毒或有刺激的气体及颗粒物吸入。可根据气体的类型选择不同的口罩和防毒面具。

手部防护可防止有毒有害或腐蚀性溶液沾染到手上，以免造成损伤；防止高温物体或火焰对手造成的灼伤。常用类型有乳胶手套（耐酸碱、油脂及多种溶剂，具有良好的使用灵巧性和触感，耐磨，耐穿刺）、丁腈手套（耐有机溶剂，但不耐酸碱，具有良好的灵活性和触感，不耐刺穿）、耐酸碱橡胶手套、隔热手套、PVC手套（耐有机溶剂，但不耐酸碱，具有良好的灵活性和触感，不耐刺穿）、棉纱手套（一种棉质纤维机器织造而成的手套，具有一定的防割性，仅耐低温，在取放低温物品或有一般防割要求的情况下佩戴使用）、防割手套（用高强金属丝复合纱、高分子纤维等材料制成，防割伤）。

身体防护可对全身进行保护，防止有毒有害物质溅射到身上造成损伤。实验时选择合适的实验防护服。

脚部防护可穿安全靴，具有极强的防化学品腐蚀能力，防强酸、燃油及溶剂，耐高温300 ℃、阻燃、防砸、防穿刺、防静电、防割、耐磨，适用于化学品泄漏、火灾现场等。

辐射防护选择佩戴个人剂量报警仪，用于监测X射线和γ射线。超过辐射水平时，仪器发出报警。

实验安全防护品种很多，需要根据实际实验情况选择。

二、应急设备

实验室一般都配有常用的实验室安全应急设备，以备紧急情况时使用，最大限度地减少实验意外事故对实验者的伤害。实验人员在实验前要清楚应急设备摆放位置，学会正确使用实验室安全应急设备，做到有备无患。

(1) 洗眼器

洗眼器可将溅射到眼睛内的化学有害物质尽快冲洗掉，最大限度降低酸、碱、有机物等化学有害物质对眼睛的伤害，分为固定式(图 1-1)和便携式(图 1-2)两大类。

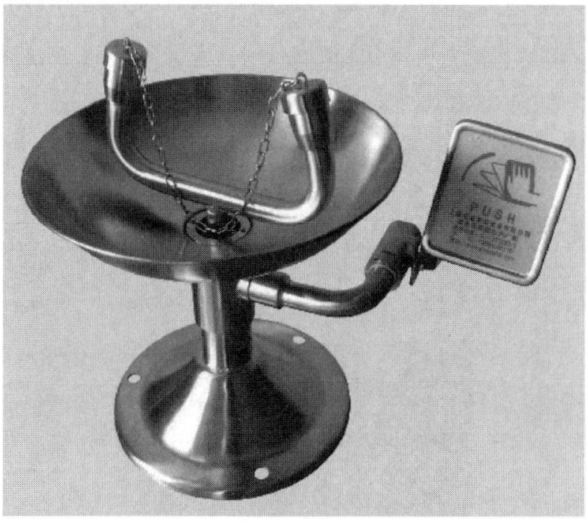

图 1-1　固定式洗眼器

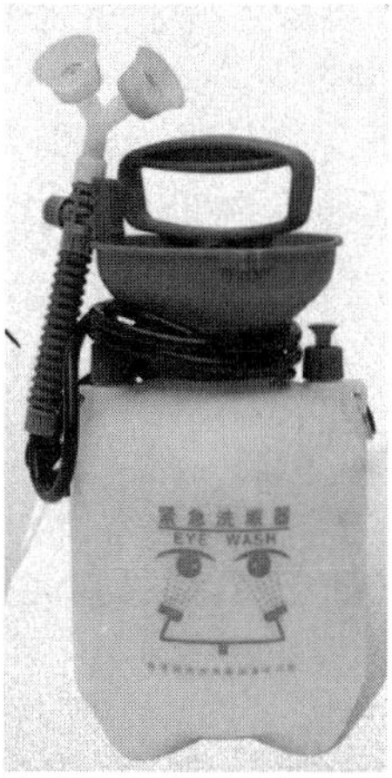

图 1-2　便携式洗眼器

固定式使用方法：若有化学物质溅射到眼睛内，立即到就近的洗眼器位置，打开洗眼器开关，将眼睛对准洗眼器喷出的雾状水流，进行持续 15 min 以上的喷洗。

便携式使用方法：先按下手柄试用几秒，对洗眼器整个内部系统进行短暂冲洗，然后将喷头对准眼部感染处，按下手柄，使用喷头喷出的雾状水流持续喷洗 15 min 以上。

注意不能用水龙头代替洗眼器清洗眼部，因为水龙头流出的水流为水柱而不是水雾，水压不易控制。水压太小不能有效清洗溅射到眼睛内的污染物，水压太大会对眼睛内部组织造成伤害。

(2) 喷淋器

喷淋器(图 1-3)可以将溅射到身体上的化学有害物质尽快冲洗掉，最大限度降低酸、碱、有机物等有害化学物质对身体的伤害。特别是针对大面积溅射有害化学物质的情况，降低伤害的效果明显。

具体使用方法：如果有化学物质溅射到身上，那么立即找到最近的喷淋器，站在喷淋头下方，往下拉拉手，使喷淋头喷水，冲洗化学物质，喷淋的同时可将受污染的衣物尽快脱掉，同时将鞋脱掉，防止含化学物质的水积存在鞋子内引起二次伤害。

(3) 急救箱

实验室备有急救箱，发生紧急情况时用于伤者就医前的现场急救处理。急救箱内物品有酒精棉(用于双手或急救工具消毒)、碘伏消毒液(用于皮肤、黏膜的消毒，创口的清洗和消毒)、0.9%生理盐水(清洗伤口)、创可贴(用于小块的创伤应急治疗，从而起到暂时的止血、保护创面的作用)、消毒纱布(覆盖伤口)、绷带(包扎伤口)、医用胶布(固定纱布或绷带)、手套、口罩、人工呼吸隔离面膜等。

三、应急处置

(1) 心肺复苏

心脏病、窒息、触电、中毒等原因引发的心脏骤停（心脏骤停会造成人体血液循环中断，大脑和人体重要器官组织缺血缺氧，4～6 min 就会造成不可逆的损害，心脏骤停若得不到及时有效的救治，会导致患者死亡），应立即在现场开展心肺复苏急救（cardiopulmonary resuscitation，CPR）。

心肺复苏急救具体步骤如下：

① 对伤病员实施救护之前先观察环境，确保环境安全，做好自我保护。

② 轻拍患者双肩并在患者耳边大声呼唤，判断患者是否有意识。

③ 若无意识，快速呼救，指定周边人员拨打 120，拿体外自动除颤仪（automated external defibrillator，AED）（图 1-4），会急救的人员一同参与急救。

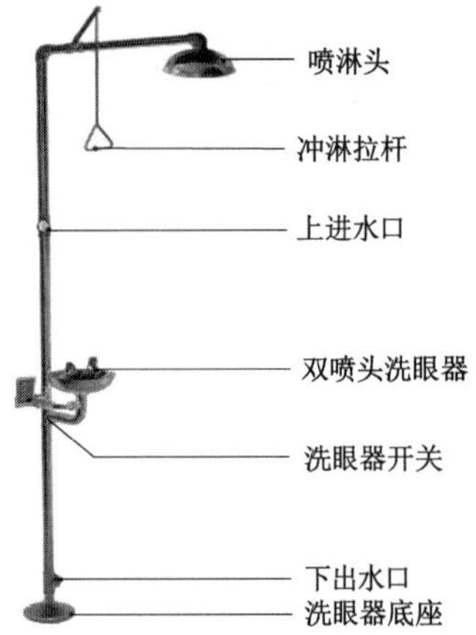

图 1-3　喷淋器

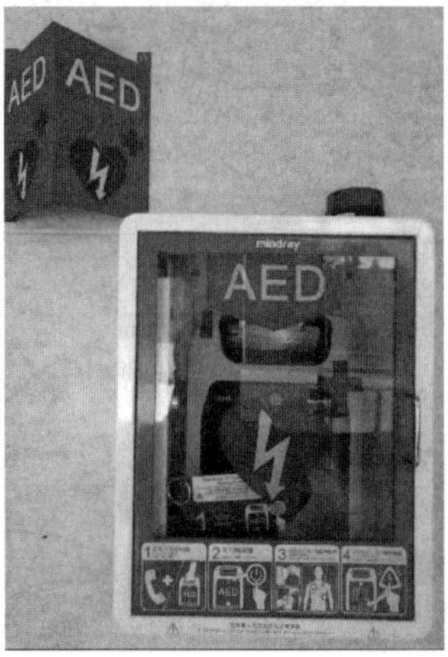

图 1-4　体外自动除颤仪

④ 将患者转移到平坦坚硬的地面上平躺，靠近口鼻感受有无呼吸，可同时观察胸部有无起伏，5～10 s 判断患者有无呼吸。

⑤ 若无呼吸，解开患者上衣，跪在患者右侧胸旁，双手掌根重叠，上手五指扣住下手，下手五指翘起，以掌根按压患者两乳头连线中点（沿肋弓滑行至剑突上两横指外），上半身前倾，两手臂伸直（肩、肘、腕），垂直于病人胸骨，腰挺直，以臀部为轴，用上半身身体重量向下按压，按压深度成人为 5～6 cm（儿童和婴儿至少为胸部前后径的 1/3），按压次数为 30 次（一边按压一边大声数数 01、02、03、……、30），按压频率为 100～120 次/min，按压过程尽量不中断，掌根始终不能离开胸壁。

⑥ 先清理口腔，清除分泌物，左手胳膊肘支撑于地面，左手切压住患者前额，右手抬起患者下颌，使鼻孔朝天，左手捏住患者鼻子，正常吸气后包住嘴吹一口气，使胸廓抬起，松开左手，再次捏住鼻子吹气，胸廓抬起，松手。

⑦ 继续进行 30 次胸外按压，2 次人工吹气，心脏按压与人工呼吸比例为 30∶2，重复此步骤，直至患者自主呼吸与脉搏恢复，或有人或专业急救人员接替。连续急救 30 min 以上仍未发生自主呼吸、恢复心跳且急救人员到场确认病人已经死亡可停止急救。

(2) 烧（烫）伤紧急处置

实验室有高温设备，在发生意外烧（烫）伤后，立即用干净的流动冷水冲洗或浸泡烫伤部位 5～30 min，边冲边脱去或剪去烧(烫)伤的衣物，若粘黏不可强行脱去。冲洗浸泡后用干净或无菌的纱布或棉布覆盖伤口并固定，送到医院治疗。

烧(烫)伤创面不能涂抹任何液体，以免感染伤口，同时会影响医生对烧(烫)伤深度的判断。如有水泡不要轻易挑破，避免造成感染，最好到医院请医生处理。

(3) 化学灼伤紧急处置

强酸、强碱等腐蚀性化学品以及有毒化学品沾染到身体时，最有效、最直接的方法是第一时间用水龙头或喷淋器冲洗 15 min 以上，使化学物质稀释并借助冲洗时的机械力作用把化学物质冲掉。然后针对不同化学品类型采用相应的处置方法。

酸类灼伤立即用大量水冲洗 15 min 以上，再用 3%～5%的碳酸氢钠溶液清洗，最后用水冲洗，若溅入眼内，不要揉眼，翻开眼睑，用洗眼器持续冲洗 15 min 以上。若大量硫酸遇水会产生大量热，会加重局部损伤，冲洗前应用纸、毛巾或抹布等将体表酸液擦去，然后再用水冲洗。若是氢氟酸灼伤，立即用大量水冲洗几分钟以上，再用肥皂水或 2%～5%的碳酸氢钠溶液清洗，然后使用一些可溶性钙、镁盐类制剂，使其与氟离子结合形成不溶性氟化钙或氟化镁，从而使氟离子灭活。

碱类灼伤立即用大量水冲洗 15 min 以上，再用 2%的硼酸溶液或 2%的醋酸溶液冲洗，最后用水冲洗，然后去医院进一步处理。

溴灼伤先立即用大量水冲洗，再用乙醇擦至灼伤处呈白色，涂甘油或烫伤膏。

酚灼伤皮肤先用浸了甘油或聚乙二醇和酒精混合液(7∶3)的棉花除去污物，再用清水冲洗干净，然后用饱和硫酸钠溶液湿敷。但不可用水直接冲洗污物，否则有可能使创伤加重。

(4) 化学品泄漏应急处置

以实验室浓硫酸泄漏为例，具体应急处置方案如下：

首先做好个人防护，先佩戴一次性丁腈手套，接下来穿耐腐蚀防有机、防静电的防护服(每种化学品的泄漏所配备的防护服都不一样)，穿防化靴(防护服要穿在防化靴外面，防止液体渗入脚面皮肤，产生不必要的伤害)，戴防毒全面具(配置综合气体滤毒盒)，进行密合度测试，双手掌心捂住滤毒盒进口进行吸气，看是否有空气从面部与面具的贴合处溢入，堵住面具的出口进行呼气，看是否有空气从面部与面具的贴合处溢出，如果有漏气，调整角度，如果还不行，就说明选择的面具过大，换更合适的。整理防护帽外檐盖过面具的保护檐，佩戴氯丁橡胶防化手套，同时对手套与防护服的接缝处进行二次密合。

准备进入房间前，首先进行静电释放(避免因静电放电引燃易燃物)，打开实验室门，待浓度降低后应急人员再进入处置。接下来一名应急人员缓慢进入，另一名人员在外面警戒，防止进入实验室人员发生不测，可以第一时间救援和请求外部帮助。进入实验室后，巡视实验室的情况及是否有其他隐患，打开窗户通风，查看泄漏现场情况，进行现场障碍物清除，确认安全后示意另一位应急人员推应急车进入现场。

两名应急人员相互配合处置。大量泄漏区域用吸附条对泄漏的化学品进行围封防止进一步扩散，用吸附枕对接口处进行压实防止从接口处溢出，然后用吸附棉和吸附垫覆盖泄漏面，若外围有小量泄漏点可喷洒吸附剂覆盖。接下来使用夹钳夹吸附棉和吸附垫吸附大泄漏点，吸附完成后放入垃圾桶内防化垃圾袋中，残留的少量化学品再喷洒吸附剂覆盖，用防化毛刷将地上的吸附剂混匀，清扫放入防化垃圾袋中。对泄漏点周围现场环境进行

pH 值测定，pH 值为 7～8（中和吸附剂为弱碱性）的合格。将处置产生的废物全部装入防化垃圾袋，扎带扎实，密封桶盖，放入防泄漏托盘。

应急人员撤出实验室，放好应急车，第一时间找到应急喷淋装置进行紧急喷淋，进行安全洗消。然后先脱掉外层手套，再按从头到脚顺序脱掉防毒面具、防护服、防化靴。一名应急人员把刚刚处理好的化学废弃物贴上危险废物标签，另一名人员将防护用品放入暂存垃圾袋，安全清洗后以备二次使用。最后脱一次性手套防止残留化学品腐蚀手部皮肤，脱手套要从手套的内衬翻转过来后再用力脱掉。

【实验准备】

1. 准备好丁腈手套、氯丁橡胶手套、护目镜、防毒面具、防溅面屏、防化服、防化靴。
2. 检查应急喷淋、洗眼器是否正常工作。
3. 急救箱及急救药品。
4. CPR 训练模拟人。

【实验内容与步骤】

1. 正确穿戴实验防护用品，学习戴护目镜、防毒面具，穿实验服、防化服、防化靴，戴防护手套。
2. 正确操作洗眼器，进行安全洗眼操作。
3. 正确使用应急喷淋器。
4. 3 人一组，进行浓硫酸泄漏应急处置，两人操作，一人解说。
5. 3 人一组进行心肺复苏练习。

【安全提醒与注意事项】

1. 注意爱惜防护用品，按需取用，不浪费。
2. 使用洗眼器前要仔细检查，不能有脏水。
3. 应急喷淋完成注意防滑倒，及时清理地面积水。

【交流与评价】

指导教师根据班级人数将学生分成若干小组，每个小组 5～6 人，各小组推荐组长 1 人。评价内容包括实验态度、实验完成度、实验完成质量，总分 100 分。小组内成员对本次实验中防护品穿戴、洗眼器与应急喷淋使用、浓硫酸泄漏应急处置、CPR 练习表现进行评分，组长完成组内互评的成绩统计，各组员签字确认（表 1-3）。

表 1-3　实验安全防护与应急处置实验评价表

评价内容	组员 1	组员 2	组员 3	组员 4	组员 5	组员 6	……
实验态度（10 分）							
实验完成度（20 分）							
实验完成质量（70 分）							
总分							

组号：__________　实验日期：__________　组长签字：__________

组员签字：______________________________

【拓展思考题】

1. 安全防护的重要性。
2. CPR 的重要性？如何普及 CPR 技能？
3. 为什么要开展化学品泄漏应急处置演练？

【实验报告要求】

1. 实验目的。
2. 实验内容。

(1) 戴护目镜、防毒面具，穿实验服、防化服、防化靴，戴防护手套的要领。
(2) 洗眼器操作规范与注意事项。
(3) 应急喷淋器操作规范与注意事项。
(4) 将浓硫酸泄漏应急处置全流程记录下来（照片和文字描述）。
(5) 将心肺复苏步骤及注意事项记录下来（照片和文字描述）。

3. 本次实验收获与体会，意见与建议。

实验室安全歌

水火无情，人命关天，安全第一，牢记心田。
一防水患，二防火险，三防爆炸，四防触电。
实验之前，准备在先，防护用品，一应俱全。
实验之中，不得擅离，及时观察，预防突变。
短暂离开，同伴照看，尤应注意，停水停电。
加热过夜，非常危险，确需如此，足够保险。
用水注意，水管紧连，水量勿猛，人走水关。
使用电器，先查电线，防止短路，防止漏电。
慎用气体，小心引燃，远离溶剂，远离实验。
明火加热，尽量不搞。高压气瓶，放稳放远。
氢气钢瓶，操作要严。家用冰箱，不适实验。
箱内容器，一定盖严，要放平稳，必贴标签。
毒害存储，专人领取，活泼金属，特殊存放。
易燃品柜，勿贮太多，存于阴处，保持通风。
残渣废液，不可入池，分门别类，各归其所。
实验室内，保持整洁，不可用膳，禁止抽烟。
最后离室，仪器停止，水电气关，登记离场。
灭火用具，经常检查，急救药品，常备手边。
遇有险情，先断电源，报警号码，随处可见。
此歌唱完，认真实践，胆大心细，永保安全。

实验3 实验室消防安全与演练

【实验目的】

1. 了解常见的火灾分类。
2. 掌握灭火的基本方法。
3. 掌握各种灭火器的适用范围及使用方法。
4. 了解室内消火栓的使用方法。

【实验基础知识】

燃烧必备三要素：可燃物、助燃物和着火源。燃烧的充分条件为一定浓度的可燃物、一定含量的助燃物和一定能量的着火源，它们相互作用时，才能使燃烧发生和持续。燃烧一旦在时间和空间上失去控制，就可能变成火灾。

一、火灾分类

A类火灾：指固体物质火灾，一般在燃烧时能产生灼热的余烬，如木材、干草、煤炭、棉、毛、麻、纸张等火灾。

B类火灾：指液体或可熔化的固体物质火灾，如汽油、煤油、柴油、乙醇、石蜡、塑料等火灾。

C类火灾：指气体火灾，如煤气、天然气、甲烷、乙烷、丙烷、氢气等火灾。

D类火灾：指金属火灾，如钾、钠、镁、钛、锆、锂、铝镁合金等火灾。

E类火灾：指带电火灾，物体带电燃烧的火灾。

F类火灾：指烹饪器具内的烹饪物火灾，如动植物油脂燃烧的火灾。

二、防火基本措施

一切防火措施的采取都是为了防止产生燃烧条件，主要有以下几种：

(1) 限制可燃物质储运量。

(2) 用不燃或难燃材料代替可燃材料或易燃材料。

(3) 消除或控制火源。

(4) 防止火势蔓延，一旦发生火灾，不能使新的燃烧条件形成，将火和爆炸极限控制在较小的范围。

三、灭火基本方法

根据燃烧形成的条件，灭火方法主要有以下四种。

(1) 隔离灭火

在燃烧三要素中，可燃物是燃烧的主要因素。将燃烧的物体或其周围的可燃物隔离或移开，燃烧会因缺少可燃物而终止。例如，撤离靠近火源的可燃、易燃、易爆和助燃的物品；把着火的物体移至安全地带；掩盖或阻挡流散的易燃液体；关闭可燃气体、液体管道的阀门，阻断可燃物进入燃烧区域等。

（2）窒息灭火

阻止空气进入燃烧区或用不燃烧物质冲淡空气浓度，使燃烧物质得不到足够的氧气而熄灭。例如，用灭火毯、砂土等不燃或难燃物覆盖燃烧物，封闭着火房间门窗，用二氧化碳灭火剂灭火等。

（3）冷却灭火

可燃物一旦达到着火点，就会燃烧或持续燃烧。在一定条件下，将可燃物的温度降到着火点以下，燃烧即停止，对于可燃固体，将其冷却在燃点以下，对于可燃液体，将其冷却在闪点以下，燃烧反应就可能会中止。例如，用水扑灭一般固体物质引起的火灾，由于水具有较大的比热容和很高的汽化热，所以冷却性能很好。

（4）抑制灭火

使灭火剂参与到燃烧反应过程中去，使燃烧过程中产生的游离基消失，形成稳定分子或活性的游离基，从而使燃烧的化学反应中断。例如，干粉灭火剂具有一定的抑制火势的作用。

四、灭火器适用范围及使用方法

（1）二氧化碳灭火器

使用二氧化碳灭火器（图 1-5）灭火时，二氧化碳气体可以排除空气而包围在燃烧物体的表面或分布于较密闭的空间中，降低可燃物周围或防护空间内的氧浓度，产生窒息作用而灭火。另外，二氧化碳从储存容器中喷出时，会由液体迅速汽化成气体，而从周围吸收部分热量，起到冷却的作用。其主要适用于各种易燃、可燃液体和可燃气体火灾，还可扑救仪器仪表、图书档案、工艺器具和低压电气设备等的初起火灾。使用方法：① 用右手握着压把；② 用右手提着灭火器到现场；③ 除掉铅封；④ 拔掉保险销；⑤ 站在距火源 2 m 的地方，左手拿着喇叭筒，右手用力压下压把；⑥ 对着火源根部喷射并不断向前推前，直至把火焰扑灭。

图 1-5　手提式二氧化碳灭火器

（2）泡沫灭火器

泡沫灭火器的外壳是用铁皮制成的，内装碳酸氢钠与发泡剂的混合溶液，内有一玻璃瓶内胆，装有硫酸铝水溶液。使用时将筒身颠倒过来，碳酸氢钠和硫酸铝两溶液混合后发生化学作用，产生二氧化碳气体泡沫，泡沫的比重一般为 0.1～0.2，能覆盖在易燃液体的表面，一方面降低了液面的温度使液体蒸发速度降低，另一方面形成一个隔离层，隔断氧气与液面接触，因此泡沫灭火器对于扑灭油类火灾效果较好。另外，泡沫灭火器喷射出大量二氧化碳及泡沫，能黏附在可燃物上，使可燃物与空气隔绝，达到灭火的目的，适用于扑救木材、纤维、橡胶等固体可燃物火灾。

泡沫灭火器分为手提式泡沫灭火器（图 1-6），推车式泡沫灭火器（图 1-7）和空气式泡沫灭火器。

手提式泡沫灭火器适用于扑救一般 B 类火灾，如油制品、油脂等火灾，也适用于 A 类火灾，但不能扑救 B 类火灾中的水溶性可燃、易燃液体的火灾，如醇、酯、醚、酮等物质火灾，也

图 1-6　手提式泡沫灭火器

图 1-7　推车式泡沫灭火器

不能扑救带电设备及 C 类和 D 类火灾。使用时手提筒体上部的提环，迅速奔赴火场，注意不得使灭火器过分倾斜，更不可横拿或颠倒，以免两种药剂混合而提前喷出。当距离着火点 10 m 左右时将筒体颠倒过来，一只手紧握提环，另一只手扶住筒体的底圈，将射流对准燃烧物。在扑救可燃液体火灾时，如已呈流淌状燃烧，则将泡沫由近及远喷射，使泡沫完全覆盖在燃烧液面上；如果在容器内燃烧，应将泡沫射向容器的内壁，使泡沫沿着内壁流淌，逐步覆盖火液面。切忌直接对准液面喷射，以免由于射流冲击，反而将燃烧的液体冲散或冲出容器，扩大燃烧范围。在扑救固体物质火灾时，应将射流对准燃烧最猛烈处。灭火时随着有效喷射距离的缩短，使用者应逐渐向燃烧区靠近，并始终将泡沫喷在燃烧物上，直至扑灭。使用时，灭火器应始终保持倒置状态，否则会中断喷射。

空气式泡沫灭火器基本上与化学泡沫灭火器相同。但空气式泡沫灭火器还能扑救水溶性易燃、可燃液体的火灾，如醇、醚、酮等溶剂燃烧的初起火灾。使用时可手提或肩扛迅速奔到火场，距燃烧物 6 m 左右时拔出保险销，一手握住开启压把，另一手紧握喷枪，用力捏紧开启压把，打开密封或刺穿储气瓶密封片，空气泡沫即可从喷枪口喷出。灭火方法与手提式化学泡沫灭火器基本相同，不同之处是灭火器始终保持直立状态，切勿颠倒或横卧使用，否则会中断喷射，同时应一直紧握开启压把，不能松手，否则也会中断喷射。

使用推车式泡沫灭火器时，一般由两人操作。先将灭火器迅速推拉到火场，在距离着火点 5 m 左右处停下，由一人施放喷射软管后双手紧握喷枪并对准燃烧处，另一个则先沿逆时针方向转动手轮，将螺杆升到最高位置，使瓶盖开足，然后将筒体向后倾倒，使拉杆触地，并将阀门手柄旋转 90°，即可喷射泡沫进行灭火。如阀门装在喷枪处，则由负责操作喷枪者打开阀门。灭火方法及注意事项与手提式化学泡沫灭火器基本相同。由于该种灭火器的喷射距离远，连续喷射时间长，因而可充分发挥其优势，用来扑救较大面积的储槽或油罐车等处的初起火灾。

泡沫灭火器存放应选择干燥、阴凉、通风并取用方便之处，不可靠近高温或者可能受到曝晒的地方，以防止碳酸分解而失效；冬季要采取防冻措施，以防止冻结；应经常擦除灰尘，疏通喷嘴，使之保持通畅。

(3) 干粉灭火器

干粉灭火器(图 1-8),适用于扑救各种易燃、可燃液体和易燃、可燃气体火灾,以及电气设备火灾。使用方法:① 右手拖着压把,左手拖着灭火器底部,轻轻取下灭火器;② 右手提着灭火器到现场;③ 除掉铅封;④ 拔掉保险销;⑤ 左手握着喷管,右手提着压把;⑥ 在距离火焰 2 m 的地方,右手用力压下压把,左手拿着喷管左右摆动,对着火焰根部喷射,喷射干粉覆盖整个燃烧区。

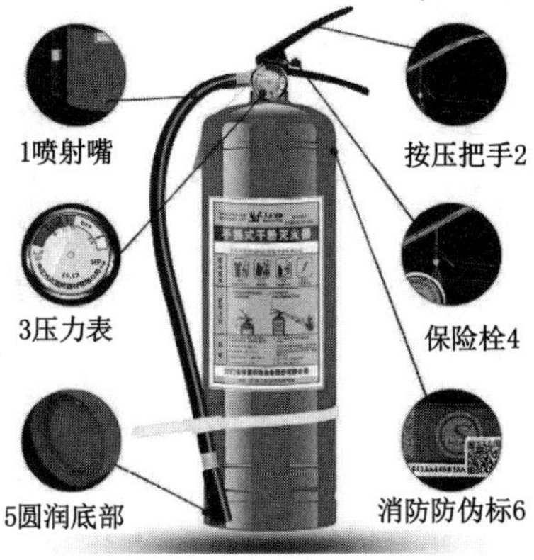

图 1-8　手提干粉灭火器

推车式干粉灭火器移动方便,操作简单,灭火效果好。使用方法:① 把干粉车拉或推到现场;② 右手抓着喷粉枪,左手顺势展开喷粉胶管,直至平直,不能弯折或打圈;③ 除掉铅封,拔出保险销;④ 用手掌使劲按下供气阀门;⑤ 左手持喷粉枪管托,右手把持枪把,用手指扣动喷粉开关,对准火焰喷射,不断靠前左右摆动喷粉枪,把干粉笼罩在燃烧区,直至将火扑灭为止。

五、灭火毯使用方法

灭火毯(图 1-9)或称为消防被、灭火被、防火毯、消防毯、阻燃毯、逃生毯,是指由玻璃纤维等材料经过特殊处理编织而成的织物,能起到隔离热源和火焰的作用,可用于扑灭初起小面积火灾或者披覆在身上逃生。

当发生火灾时,快速取出灭火毯,双手握住两根黑色拉带,将灭火毯轻轻抖开,作为盾牌状拿在手中,将灭火毯轻轻覆盖在火焰上,同时切断电源或气源。灭火毯持续覆盖在着火物体上,并采取积极灭火措施直至着火物体完全熄灭。待着火物体熄灭,灭火毯冷却后将毯子裹成一团,作为不可燃垃圾处理。如果人身上着火,将毯子抖开,完全包裹于着火人身上扑灭火源。

与水基、干粉等灭火设备相比,灭火毯具有许多优势:灭火毯没有有效期,使用后不会造成二次污染,可以重复使用。

六、室内消火栓使用方法

手提式灭火器的灭火剂含量少,喷射距离短,只适合扑救初期火灾。但是当火势较大时,就需要使用室内消火栓(图 1-10)扑救。在消防人员到达之前,正确使用室内消火栓,可以阻止火势迅速蔓延,具体使用方法:按下室内消火栓弹簧锁,拉开箱门,摁下消火栓报警按钮，通知消控室人员启动水泵，取出消防水带，在地上铺平拉直，水带一头连接水枪，另一头连接消火栓接口，一人持连接好的水枪头奔向起火点，另一人在前者到达火场后将栓头手轮逆时针旋开，即可喷水灭火。灭火人员要双手紧握水枪，防止水压过大而造成枪头舞动脱手伤人的事故。灭火之前要关闭火场区域线路电源，防止灭火时触电。另外不可用消防水枪扑救带电设备、比水轻的易燃液体、实验室遇水起化学反应药品的火灾。图 1-11 为学院教职工参加消火栓使用演习。

图 1-9　灭火毯

图 1-10　室内消火栓

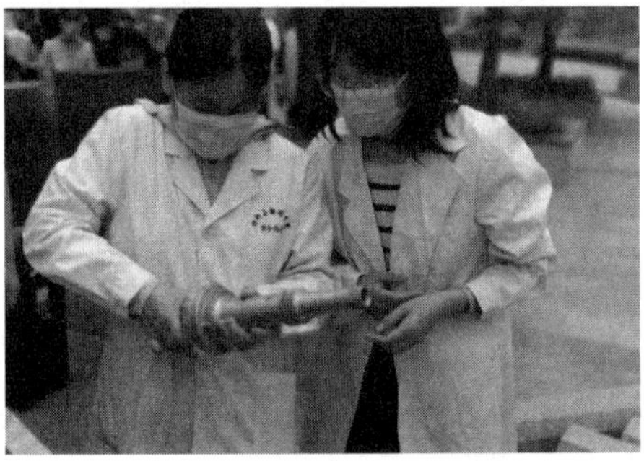

图 1-11　消防水带与水枪连接

七、火灾扑救的注意事项

发现火灾，切忌慌张，要沉着冷静，有序疏散其他人员。火灾初期根据火灾种类迅速组织现场能力强的人选择合适灭火器进行初期火灾的灭火。如果火情发展较快，迅速撤离火灾现场，同时拨打 119 火警电话求救。救火本着“救人先于救火”的原则。电气火灾应首先切断电源，可燃气体泄漏，不要触动电气开关，不能在室内打电话，避免产生火花，要迅速关闭气源，打开门窗，降低可燃气体浓度，防止爆炸。救火时不能贸然打开门窗，以免空气对流加速火势蔓延。

【实验准备】

1. 准备好干粉灭火器、二氧化碳灭火器。

2. 准备好演示用室内消防栓。
3. 准备多条灭火毯。
4. 点火用火盆。
5. 空旷场地。

【实验内容与步骤】

1. 正确使用灭火毯扑灭初期火灾。
2. 正确使用干粉灭火器扑灭初期火灾。
3. 正确使用二氧化碳灭火器扑灭初期火灾。
4. 室内消火栓水带与水枪对接,水带与消火栓对接练习。

【安全提醒与注意事项】

1. 严格按照灭火器操作规程操作,拿稳灭火器,防摔。
2. 点火面积不宜过大,周围无易燃物,确保安全。
3. 演习结束后清理现场。

【交流与评价】

指导教师根据班级人数分成若干小组,每个小组 5～6 人,各组推荐组长 1 人。评价内容包括实验态度、实验完成度、实验完成质量,总分 100 分。小组内成员对灭火毯使用、干粉灭火器、二氧化碳灭火器使用、消火栓连接操作各环节中的表现进行评分,组长完成组内互评的成绩统计,各组员签字确认(表 1-4)。

表 1-4　实验消防安全与演练实验评价表

评价内容	组员 1	组员 2	组员 3	组员 4	组员 5	组员 6	……
实验态度(10 分)							
实验完成度(20 分)							
实验完成质量(70 分)							
总分							

组号:＿＿＿＿＿＿　实验日期:＿＿＿＿＿＿　组长签字:＿＿＿＿＿＿

组员签字:＿＿＿＿＿＿＿＿＿＿＿＿＿＿＿＿＿＿＿＿＿＿＿＿＿＿＿＿

【拓展思考题】

1. 灭火演练的重要性?
2. 如何普及各种灭火技能?
3. 遇到实验室电气设备起火时应如何处置?

【实验报告要求】

1. 实验目的。
2. 实验内容。

(1) 灭火毯扑灭初期火灾的操作步骤。

(2) 干粉灭火器扑灭初期火灾的操作要领。

(3) 二氧化碳灭火器扑灭初期火灾的操作要领。

(4) 室内消火栓灭火操作流程。

3. 本次实验收获与体会,意见与建议。

高等学校实验室消防安全管理规范

为预防高等学校实验室火灾事故的发生,吸取事故教训,进一步规范高等学校实验室的消防安全管理,保障学校教学科研正常开展,维护学校安全稳定。依据《中华人民共和国消防法》、《中华人民共和国安全生产法》、《机关、团体、企业、事业单位消防安全管理规定》(公安部令第61号)、《高等学校消防安全管理规定》(教育部 公安部令第28号)、《消防安全责任制实施办法》(国办发〔2017〕87号)、《普通高等学校消防安全工作指南》(教发厅函〔2017〕5号)、《教育部办公厅关于印发〈高等学校实验室安全规范〉的通知》(教科信厅〔2023〕5号)等相关法律法规,制定了《高等学校实验室消防安全管理规范》(JY/T 0616—2023)。

第 2 章　金相显微分析基础实验

实验 4　金相显微镜成像原理与应用

【实验目的】

1. 掌握金相显微镜的成像原理。
2. 熟悉金相显微镜的主要部件及作用。
3. 熟练操作金相显微镜。
4. 了解影响金相显微镜分辨率的主要因素。
5. 掌握显微镜安全使用注意事项。

【实验原理】

金相显微镜用于研究金属等可反光的材料的显微组织，是研究材料微观组织的最常用的仪器。金相显微镜由光学部分、照明部分、机械部分组成。

一、金相显微镜的放大成像原理

金相显微镜的光学部分主要由物镜和目镜组成。物镜和目镜均是由透镜组构成的复杂光学系统，靠近试样的一组透镜称为物镜，靠近眼睛的一组透镜称为目镜。物镜组和目镜组的作用都是将物像放大，并校正部分像差。现将物镜组和目镜组简化为单个凸透镜，其放大成像原理如图 2-1 所示。物体 AB 置于物镜前焦点 F_1 外少许，物体 AB 经物镜放大后得到一个倒立放大的实像 A_1B_1，若 A_1B_1 落在目镜的前焦点 F_2 以内，实像 A_1B_1 经目镜后得到一正立放大的虚像 A_2B_2，若其位置正好在人眼的明视距离处(距人眼 $D\approx250$ mm)，人眼可通过显微镜目镜看到虚像 A_2B_2。

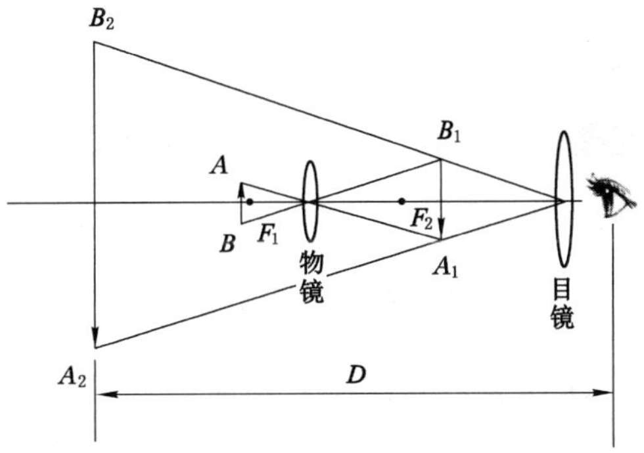

图 2-1　显微镜的放大成像原理图

根据显微镜放大成像示意图，物体 AB 经过物镜一次放大、目镜二次放大后变成 A_2B_2，显微镜的总放大倍数 M 可表示为：

$$M=\frac{l_{A_2B_2}}{l_{AB}} \tag{2-1}$$

即

$$\frac{l_{A_2B_2}}{l_{AB}}=\frac{l_{A_2B_2}}{l_{A_1B_1}}\times\frac{l_{A_1B_1}}{l_{AB}} \tag{2-2}$$

其中，

$$\frac{l_{A_2B_2}}{l_{A_1B_1}}=M_{物} \tag{2-3}$$

$$\frac{l_{A_1B_1}}{l_{AB}}=M_{目} \tag{2-4}$$

因此，

$$M=M_{物}\times M_{目} \tag{2-5}$$

放大倍数通常用符号“×”表示，放大倍数分别标注在物镜与目镜的外壳上。物镜常见的放大倍数有 5×，10×，20×，40×，50×，100×，目镜常见的放大倍数有 5×，10×，12.5×，20×，25×。

二、物镜的数值孔径与显微镜的分辨率和有效放大倍数

（1）物镜的数值孔径

物镜的数值孔径（Numerical Aperture，常用 N. A. 、N. A 或 NA 表示），表征物镜聚集光线的能力，可表示为：

$$\text{N. A.}=n\sin\varphi \tag{2-6}$$

式中 n——物镜与被观察试样之间介质的折射率；

φ——物镜的孔径角的一半，简称孔径半角。

孔径角又称为镜口角，是物镜光轴上的物体点与物镜前透镜的有效直径所形成的角度，如图 2-2 所示。

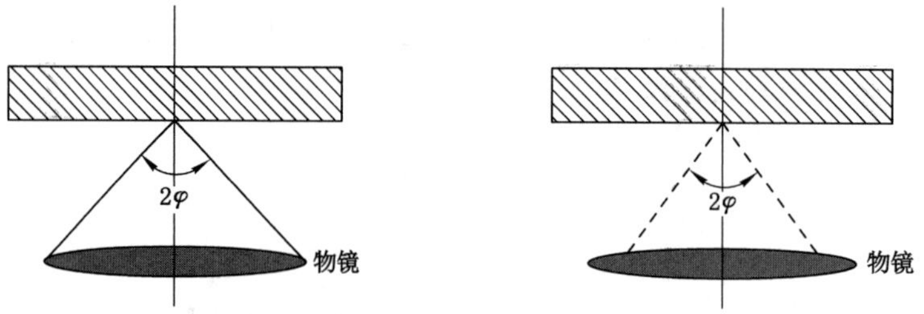

(a) 孔径角最大值　　(b) 使用时可能利用的孔径角

图 2-2　物镜的孔径角

由式（2-6）可知：φ 越大，n 越大，N. A. 越大，表明物镜前透镜聚集光线的能力就越强。对于干系物镜（物镜与试样之间的介质为空气），$n=1$，物镜的数值孔径小于 1；对于油浸物镜（物镜与试样之间的介质为油），$n>1$，数值孔径可大于 1，例如使用介质为 $n=1.515$ 的松

柏油时，油镜头的数孔径值可达 1.4。物镜的数值孔径一般都标注在物镜的镜筒上，油镜头镜筒上一般加刻"Oil"字样，同时有环绕镜体的彩色圈标志。

(2) 显微镜的分辨率

显微镜的分辨率也称为鉴别率，可分为平面分辨率和垂直分辨率。平面分辨率是指能清晰分辨试样上两点间的最小距离 d 的能力。d 越小，显微镜的平面鉴别能力越强。显微镜的平面分辨率主要取决于物镜的平面分辨率，因为目镜只能放大物镜已分辨的细节，所以物镜未能分辨的细节决不会通过目镜放大而变得可分辨。显微镜的平面分辨能力可表达为：

$$d = \frac{\lambda}{2\text{N. A.}} \tag{2-7}$$

式中　λ——入射光的波长；

N. A. ——物镜的数值孔径。

由式(2-7)可知：对于一定波长的入射光，显微镜的平面分辨率完全取决于物镜的数值孔径，数值孔径越大，分辨率就越高，反之越低。对于固定的数值孔径，选用 λ 小的入射光可以提高分辨率。

显微镜的垂直分辨率又称为景深，是指显微镜对高低不平的物体能够清晰成像的能力。当显微镜准确聚焦于某一物面时，如果位于其前面及后面的物面仍然能被观察者看清楚，则该最远两个平面之间的距离就是景深，用 d_L 表示。显微镜的景深计算公式为：

$$d_L = \frac{K.\ n}{M \cdot \text{N. A.}} \tag{2-8}$$

式中　K——常数，约为 240 μm；

n——介质折射率；

M——显微镜总放大倍数；

N. A. ——物镜的数值孔径。

由式(2-8)可以看出：物镜的数值孔径越大，其景深越小。在物镜的数值孔径特别大的情况下，显微镜可以有很高的分辨率，但景深很小。放大倍数大，景深小，在实际应用时如用显微镜高倍观察时，由于景深小(只有在金相试样表面高低差别很小时才能清晰成像)，高倍观察所用的试样需要腐蚀浅一些。

(3) 显微镜的有效放大倍数

为了充分利用物镜的分辨率，使操作者看清已被物镜分辨出的组织细节，显微镜必须选择有效的放大倍数，即 $M_{有效}$，可表示为：

$$M_{有效} = \frac{d'}{d} \tag{2-9}$$

式中　d'——眼能够分辨的线距离；

d——显微镜的分辨率。

将式(2-7)代入公式得出：

$$d' = d \cdot M = \frac{\lambda}{2\text{N. A.}} \cdot M \tag{2-10}$$

当照明条件良好时，人眼在明视距离处的分辨距离 d' 一般在 0.15～0.30 mm 之间。假设用波长为 0.55 μm 的光线(黄绿光)照明，则可以得到 $M_{有效}$ 的近似表达式：

$$500\text{N. A.} < M_{有效} < 1\ 000\text{N. A.} \tag{2-11}$$

物镜的数值孔径影响显微镜的有效放大倍数，在使用显微镜时，应根据物镜选择合适的目镜，以使得人能够通过显微镜清晰观察组织的细节部分为准。若采用黄绿光照明，当显微镜的放大率小于式(2-11)的下限(500N. A.)时，人眼不能看清物镜已分辨的组织细节，未能充分发挥物镜的分辨率；放大率大于式(2-11)的上限(1 000N. A.)时，人眼并不能看到更多的细节，物体的像反而不如放大率较低时清晰，这种放大称为“虚放大”或“无效放大”。

三、透镜的像差与物镜和目镜的类型

(1) 透镜像差

单片普通透镜所成的像，由于受到物理条件的限制，往往模糊不清或发生畸变，将实际成像中出现的所有缺陷和偏差都称为像差。像差一般分为两大类：一类是单色光成像时的像差，称为单色像差，包括球面像差、彗形像差、像散和像域弯曲；另一类是多色光成像时的像差，称为色像差。对显微镜成像影响较大的三种像差——球面像差、色像差和像域弯曲。

① 球面像差

来自光轴某点的单色光通过透镜时，由于通过光轴附近的光线的折射角小，通过透镜后在离透镜较远的位置处聚焦，而通过透镜边缘的光线的折射角大，通过透镜后在离透镜较近的位置处聚焦，沿着光轴会形成前后分布的许多聚焦点，成一弥散的光斑，这种像差称为球面像差，如图 2-3 所示。

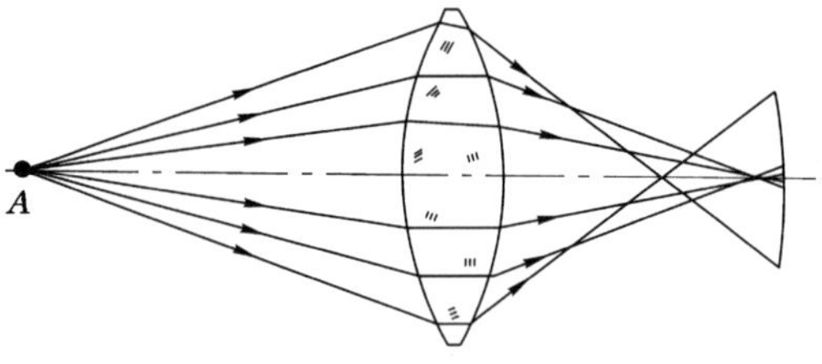

图 2-3　球面像差示意图

为了降低球面像差，可采用组合透镜作为物镜进行校正。此外还可以在使用显微镜时适当调节孔径光栏，控制入射光束的粗细，让一束细光通过透镜中心部位，从而可以把球面像差降低到最低限度，但是这样会导致孔径角减小，从而使分辨率降低。

② 色像差

当用白光照射时，由于组成白光的各色光波长不同，折射率不同，因而成像的位置也不同，会形成一系列不同颜色的像，这种像差称为色像差。

色像差分为轴向色差和垂轴色差。轴向色差是指各色光的成像位置沿轴向分布不同。

紫光折射率最大，成像离透镜较近，红光折射率最小，成像离透镜较远，如图 2-4 所示。由于存在轴向色差，因而使用白光照射会出现彩色的像。

垂轴色差是由于透镜对各色光的放大率不同而成像大小不同，也称为放大率色差，如图 2-5 所示。垂轴色差的存在，使白光成像边缘出现彩色。

消除色像差比较困难，一般采用由不同的透镜组合进行校正，也可以采用加滤色片的方法消除部分。

③ 像域弯曲

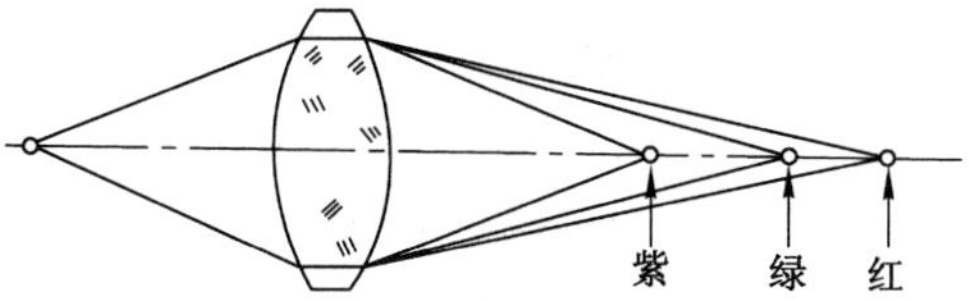

图 2-4　轴向色差示意图

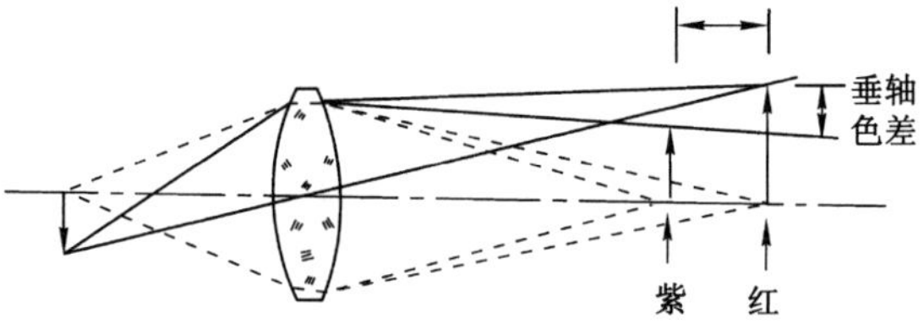

图 2-5　垂轴色差与轴向色差示意图

垂直于光轴的直立的物体经过透镜后会形成一个弯曲的像面，称为像域弯曲或场曲，如图 2-6 所示。像域弯曲是几种像差综合作用的结果，会造成难以在垂直放着的平胶片上得到全部清晰的成像。

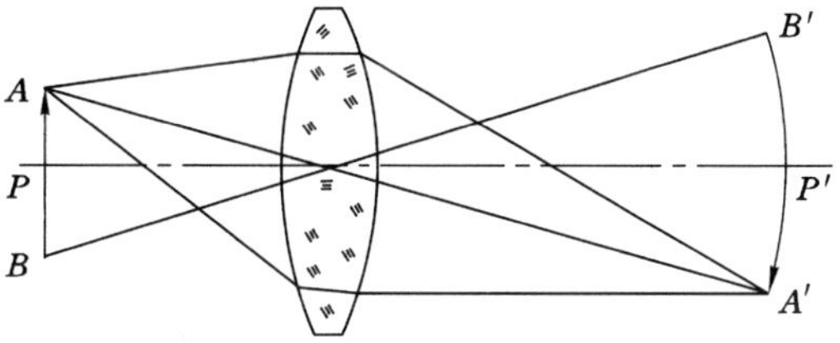

图 2-6　像域弯曲示意图

像域弯曲可以用特制的物镜校正。

(2) 物镜的类型

根据物镜对各种像差的校正程度的不同，一般将物镜分为消色差物镜、复消色差物镜和平视场物镜三大类。

① 消色差物镜

消色差物镜对球差的校正限于黄绿光，对色差只校正红光、绿光，因此消色差物镜仍有残余的色差，像域弯曲仍然存在。使用消色差物镜时采用黄绿光照明或加黄绿色滤色片可以减少像差。消色差物镜结构比较简单，成本低，视场中部像差基本上得到校正，在显微镜中最为常用。

② 复消色差物镜

复消色差物镜是质量很高的物镜，对色差可校正红、绿、紫三个波区(实际上等于整个可见光范围)，对球差校正可达到绿紫光范围，但是对像域弯曲没有根本改善。复消色差物镜对光源没有任何限制，一般数值孔径较大，成像质量较高，适用于高倍观察。

③ 平视场物镜

平视场物镜又可以分为平场消色差物镜和平场复消色差物镜，对球差和色差的校正分别与消色差物镜和复消色差物镜相同，可以用来校正像域弯曲，使成像平坦清晰。平视场物镜标有 PL 标志，特点是显著扩大了像域的平整范围，使整个视场都比较清晰，适于观察，更有利于照相。平场消色差物镜相对于消色差物镜(图 2-7)镜片多得多，成像质量高得多，生产成本较高。

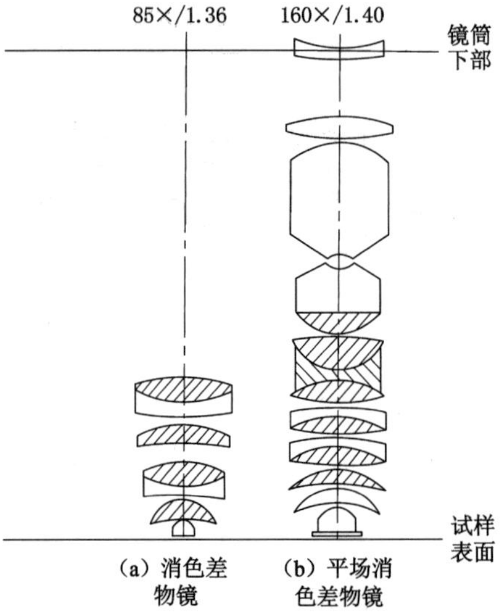

图 2-7　消色差物镜和平场消色差物镜的剖面图

(3) 目镜的类型

目镜的作用是将物镜放大的实像再次放大，充分利用物镜的分辨能力，在人眼明视距离处形成清晰的虚像。目镜可以分为以下几种：

① 惠更斯目镜

惠更斯(Huygens)目镜是由两片未经过色差校正的凸透镜组成的，如图 2-8 所示。靠近眼睛的一片称为目透镜，起放大作用，另一片称为场透镜，它的作用是使映像亮度均匀。在两块透镜之间的目透镜焦平面上放一个光栏，把显微刻度尺放在此光栏上，就能从目镜中观察到叠加在物像上的刻度尺，如图 2-9 所示。除了刻度尺，还可以根据需要放其他测量工具。

惠更斯目镜既可以用于观察，又可以用于照相。当物镜所成的像在目透镜焦点之内时成放大虚像，可进行显微观察；当物镜所成的像在目透镜焦点之外时成放大的实像，可进行显微摄影。惠更斯目镜因焦点在两片透镜之间，故不能单独作为放大镜使用。这种不能单独作为放大镜使用的目镜称为负型目镜。

惠更斯目镜没有校正像差，只适合与低、中倍消色差物镜配合使用，其放大倍数一般不超过 15 倍。惠更斯目镜结构简单且价格便宜，最为常用。

② 拉姆斯登目镜

拉姆斯登(Ramsden)目镜的焦点位于场透镜之外，可以看作单一的凸透镜，并能单独作

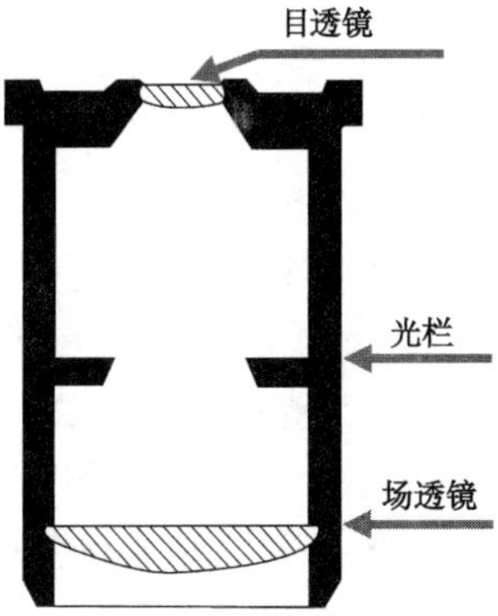

图 2-8　惠更斯目镜的剖面图

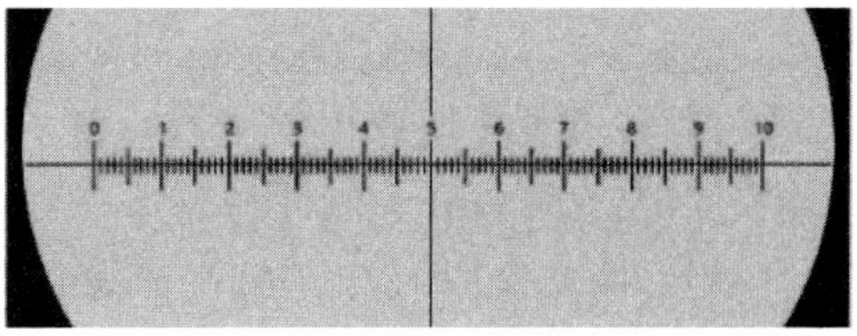

图 2-9　目镜中的刻度尺

为放大镜使用。这种可以单独当作放大镜使用的目镜称为正型目镜。拉姆斯登目镜对像域弯曲和畸变有较好的校正。在同样放大倍数下,视场比负型目镜小。

③ 补偿目镜

补偿目镜是一种特制的可校正的垂轴像差的目镜,分为负型和正型两种,配合 N. A.＞0.65 的消色差物镜、所有的复消色差物镜及平场消色差物镜使用,可以消除物镜校正不足的垂轴色差,使得边缘也能得到清楚的映像,可用于高倍观察。补偿目镜端面标有 K 和放大倍数,如 K10×。

④ 广视场目镜

广视场目镜又称为平场目镜或广角目镜。它配合平视场物镜使用,可以扩大初次放大实像的有用面积。

四、显微镜的光路系统

显微镜的光路系统主要由光源、聚光镜组、孔径光栏、视场光栏和滤色片等组成,通过一系列的透镜及物镜的作用,使试样表面获得均匀的照明,再通过物镜、目镜、辅助镜片等对试样表面的组织图像进行放大成像。

(1) 光源

金相显微镜要求光源亮度均匀、稳定、发热不宜过高,光源位置和光的强度可调节,常用的光源有钨丝白炽灯、卤素灯、碳弧灯及氙灯等。

① 钨丝白炽灯

一般中小型显微镜上都配有低压钨丝灯,用一小调压器调节,工作电压一般为 6～8 V,功率为 15～100 W。这种灯适合用于对金相组织的观察。钨丝白炽发光时,钨丝表面会蒸发扩散而聚集在灯泡上,使灯泡发黑,降低照明亮度,同时灯丝也会逐渐变细以至断掉,其寿命短,此外钨丝灯不聚光,发出的光不是点光源。

② 卤素灯

目前金相显微镜观察中,卤素灯已逐渐取代低压白炽钨丝灯。卤素灯的灯泡用耐高温的石英玻璃制造,耐高温,寿命长,由于灯丝排列紧密,具有很好的聚光效果。

③ 碳弧灯

碳弧灯是利用两支暴露在空气中相互靠近的碳棒，通电后产生强烈的电弧发出亮度很高的光。一般采用交流电源供电，由此将产生电弧闪烁跳动，导致光源不稳定，碳弧灯特别不利于照相。

④ 氙灯

氙灯是在石英玻璃管内装上钨电极并充上高压氙气，利用放电发光。其特点是光强高、输出稳定、寿命较长。氙灯光源具有类似日光性质的连续光谱，可以用于彩色照相。氙灯容易爆炸，因此使用氙灯时要特别注意安全。在启动前用酒精把石英表面的油污擦干净，关闭后待冷却后(一般约 10 min 以后)才能再次启动，尽量减少启动次数以延长氙灯的使用寿命，使用时间最多不得超过规定时间的 125%，安装或更换氙灯时要戴防护眼镜或面罩以及防护手套。

(2) 光栏

金相显微镜光路系统中有两个光栏：孔径光栏和视场光栏。

① 孔径光栏

孔径光栏靠近光源，可以连续调节，用来控制入射光束的粗细，对成像质量有重要影响，使用时必须调节到合适的位置。

当孔径光栏缩小时，进入物镜的光束变细，光线不通过物镜透镜组的边缘，球面像差大幅度降低。但是光束变细，使物镜的孔径角缩小，使实际使用的数值孔径下降，分辨率降低。

当孔径光栏扩大时，入射光束变粗，物镜的孔径角增大，实际使用的数值孔径增大，分辨率提高。当光线充满物镜的后透镜，这时数值孔径可以达到额定值(即物镜体上标刻的 N. A. 值)，分辨率最高。另外，孔径光栏扩大会导致球面像差的增加，镜筒内部反射与炫光的增加，从而使成像质量将降低。

更换物镜后，孔径光栏必须进行适当调节，使成像效果最佳。孔径光栏开大或开小会导致视场亮度变化，但不应该以调节亮度为目的进行孔径光栏调节。

② 视场光栏

相对光源来说，视场光栏的位置在孔径光栏之后，其所在位置为经光学系统成像后成像于金相磨面上，因此调节视场光栏可以改变显微镜视场的大小，但是并不影响物镜的分辨率。适当调节视场光栏还可以减少镜筒内的反射及炫光，提高成像的衬度和质量，但是要注意，视场光栏缩得太小会使观察范围太窄，一般应调节到与目镜视场大小相同。

(3) 滤色片

滤色片是显微镜的辅助部件，其作用是吸收光源中其他波长的光，只让特定波长的光通过，合理选用可以提高成像质量。滤色片可以减弱光源的强度，对于消色差物镜，可使用黄绿色滤色片，使像差得到校正；对于复消色差物镜，可采用蓝色滤色片，提高显微镜的分辨率。新型显微镜除了备有常用的滤色片外，还备有灰色中性密度的滤色片，用来降低入射光线的强度而不改变入射光的其他特性。

(4) 垂直照明器

垂直照明器的作用是使来自光源的光线转 90°，通常有两种垂直照明器(图 2-10、图 2-11)，一种是采用平面玻璃作为垂直照明器，另一种采用棱镜作为垂直照明器。

图 2-10 是用平面玻璃作为垂直照明器。平面玻璃表面与光源光线成 45°，光源光线反

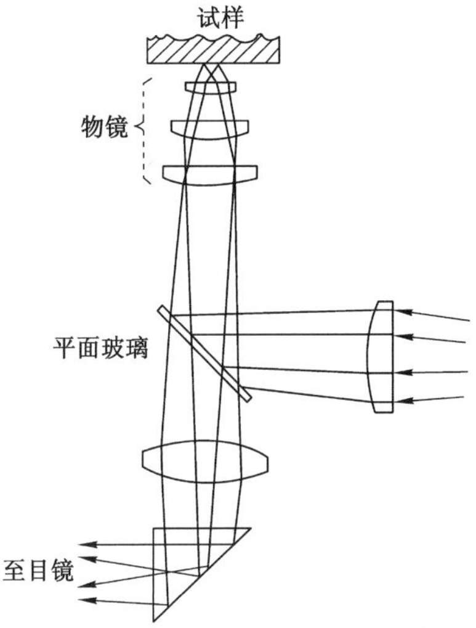

图 2-10　用平面玻璃作为垂直照明器的光路图

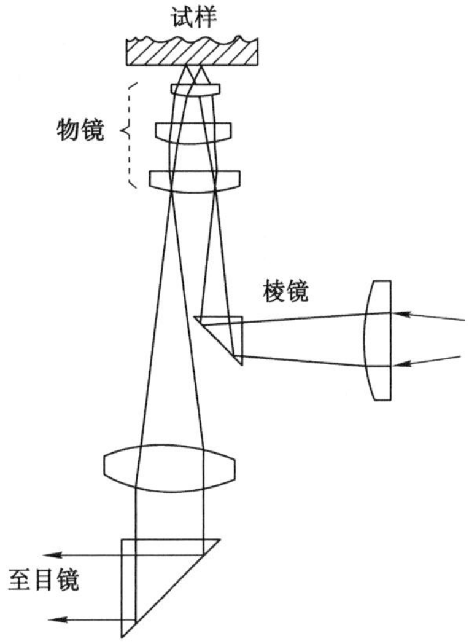

图 2-11　用棱镜作为垂直照明器的光路图

射后进入物镜垂直投射在样品上,因而成像平坦、清晰。此外,平面玻璃反射可使光线充满物镜的后透镜,有利于充分发挥物镜的鉴别能力,适用于中倍和高倍观察。即使采用最好的平面玻璃,光线两次经过垂直照明器后到达目镜的光线只剩下四分之一,损失了四分之三,故成像的亮度低,衬度也差。

图 2-11 是用棱镜作为垂直照明器。这种垂直照明器能使光线全部反射到物镜后透镜上,光线损失极少,成像亮度大,有较好的衬度,且光线经物镜后略斜射于样品表面,可造成一定的立体感,有利于观察表面浮凸。但由于光源光线经棱镜全反射后,只经过物镜后透镜的一半再照射在样品表面上,反射回来的光线经过透镜的另一半进入目镜,物镜实际使用的孔径角减小了一半,实际数值孔径减小,物镜的分辨率大幅度降低,因此只适用于低倍观察,一般不超过 100 倍。现代新型的显微镜已经不再使用这种全反射棱镜作为垂直照明器。

(5) 照明方法与方式

金相显微镜的照明方法有临界照明、科勒照明、平行光照明等。

临界照明的特点是光源的像通过聚光透镜首先聚焦在视场光栏上,然后与视场光栏的像一起聚焦在试样表面。采用临界照明可以得到最高的亮度,但要求光源具有非常均匀的辐射表面,否则在视场中会看到光源的放大影像,这对于观察显微组织细节和显微照相都是不利的。

科勒照明的特点是光源的像通过聚光透镜首先聚焦在孔径光栏上,然后与孔径光栏的像一起聚焦在物镜的后焦面,如图 2-12 所示。采用科勒照明可以使物镜的后焦面得到充分的照明,因而可以充分发挥物镜的分辨率,它还可以使视场得到非常均匀的照明,对光源均匀性的要求也不像在临界照明时那样严格。目前,新型显微镜都已采用科勒照明。

平行光照明:将点光源置于透镜焦点上,经透镜后得到平行光束,平行光照明效果差。

金相显微镜的照明方式包括明场照明和暗场照明。

明场照明是光学显微镜主要的照明方式。在明场照明中光源光线通过垂直照明器旋

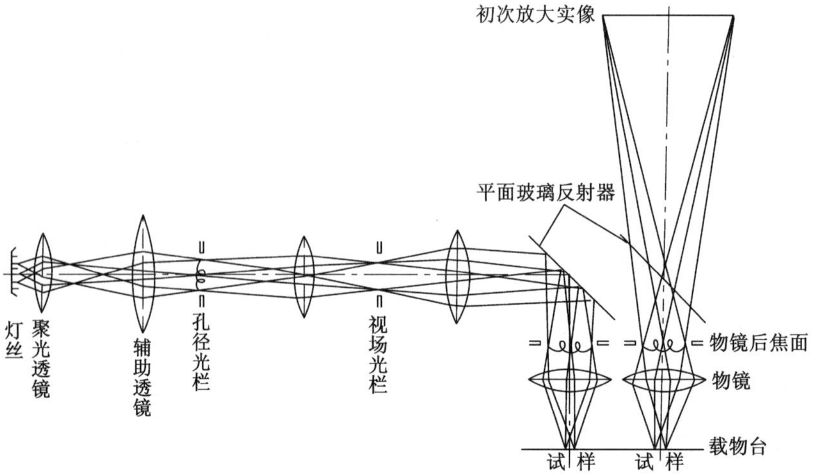

图 2-12　科勒照明原理图

转 90°进入物镜，垂直(或接近垂直)射向样品表面，由样品反射回来的光线再经过物镜到目镜，如果样品表面光滑，只看到明亮的一片，如果表面有凹槽，光线在凹槽处发生漫反射后在目镜中会看到黑色的凹槽像，如图 2-13 所示。

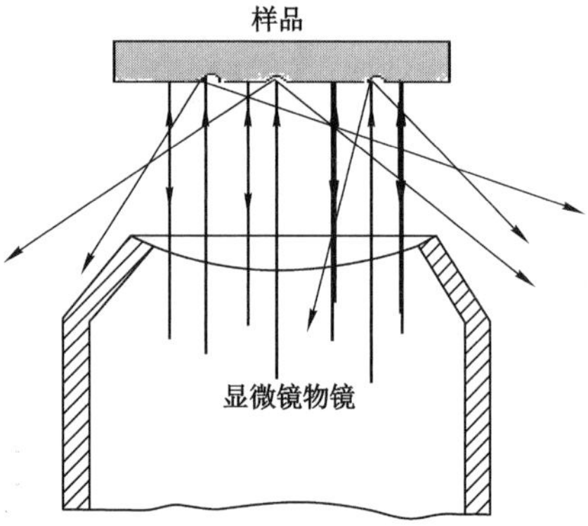

图 2-13　明场照明示意图

暗场照明相比明场照明多了两个光学部件：环形光栏和曲面反射镜。暗场照明光路示意图如图 2-14 所示，光源光线经聚光透镜后形成一束平行光线，平行光线通过环形光栏，中心部分被挡住形成一束管状光束，经过平面玻璃反射后从物镜四周通过照射到曲面反射镜上，经曲面反射镜反射后以很大的倾角斜射在样品表面上。如果样品表面平滑均匀，则投射在样品上的光线以很大的倾角反射出去，光线不进入物镜，在目镜中只能看到暗黑色一片。如果样品表面高低不平，在凹陷处反射光线有部分进入物镜形成明亮的像。暗场照明观察到的现象和明场照明相反，如图 2-15 所示。

五、金相显微镜的使用

金相显微镜通过调节光源调节器、视场光栏、孔径光栏、滤色片盘/插片、物镜转换器、

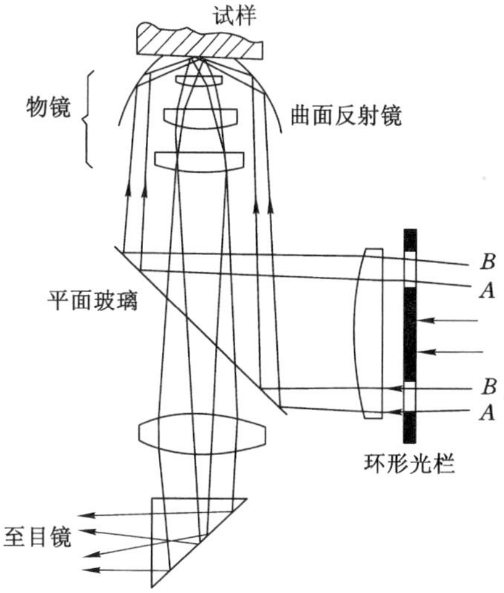

图 2-14　暗场照明光路示意图

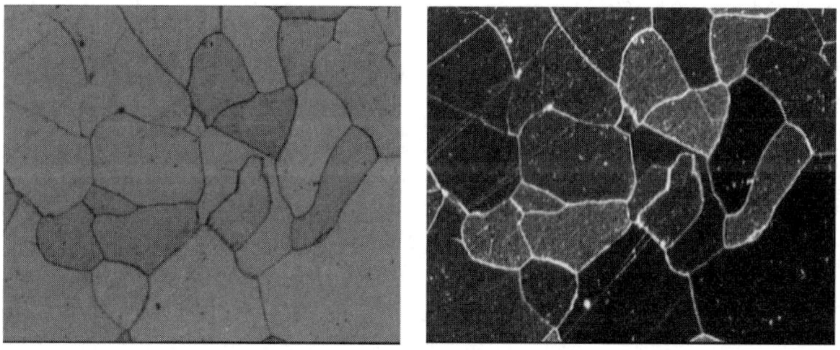
(a) 明场　(b) 暗场

图 2-15　工业纯铁明场、暗场照明

粗微动调焦装置、载物台调节装置、目镜筒调节装置等，使显微镜能够成像最佳。金相显微镜的种类很多，使用方法基本相同，具体使用步骤如下。

(1) 接通电源，根据需要调节电源亮度。

(2) 选择合适的物镜和目镜，物镜通过转动物镜转换器完成，若需要更换目镜，将目镜从镜筒中拔出，放入需要的目镜即可，初次观察选用低倍率物镜。

(3) 对于倒置式金相显微镜，将试样的被观察面朝下对准载物片中间圆孔放好，旋转粗动调焦手轮以调节物镜与载物台之间的相对位置，使目镜中可观察到试样表面的像，可改用微动调焦手轮进一步调节，直至试样组织完全清晰。

(4) 调节视场光栏和孔径光栏到合适位置，使成像效果最佳。

(5) 调节目镜筒之间距离，使眼睛能看到重合的像，有的目镜需要进一步调节屈光度使成像清晰。

(6) 根据需要调节载物台调节旋钮，观察试样不同区域的图像。

(7) 根据需要转动物镜转换器到高倍，调节微调焦手轮使组织清晰。

(8) 使用后将物镜转至低倍,将物镜或载物台降到最低点,避免粗调和细调螺丝因长期受载发生变形而增加磨损。

(9) 关闭电源,盖上防尘罩。

【实验准备】

1. 准备观察用金相试样(T8 钢)。

2. 准备替换用目镜 5×,12.5×。

3. 准备物镜测微尺(标尺)。

4. 检查金相显微镜是否正常工作。

【实验内容与步骤】

1. 打开显微镜电源开关,观察光源走向,画出显微镜的光路示意图。

2. 按照步骤操作金相显微镜,观察试样的显微形貌,描述低倍和高倍下的显微组织特征。

3. 调节孔径光栏,观察成像变化。

4. 调节视场光栏,观察成像变化。

5. 选用不同的滤色片,观察成像变化。

6. 根据显微镜物镜的数值孔径,计算显微镜的有效放大倍数,匹配合适的目镜,观察目镜不匹配的情况下对显微组织的影响。

7. 选用带目镜测微尺的目镜(10×),对目镜测微尺进行标定,更换不同放大倍数的物镜,重新标定目镜测微尺。

8. 参观实验室其他类型的显微镜。

【安全提醒与注意事项】

1. 所观察的样品要保持清洁、干燥、无残留腐蚀剂,以免腐蚀物镜。试样观察面请勿用手直接接触。

2. 不可湿手操作显微镜。

3. 物镜和目镜是显微镜的主要光学部件,装卸时应格外小心,不得用手摸镜头。

4. 镜头上有灰尘,宜先用洗耳球吹去灰尘,再用镜头纸或毛刷轻轻去除,如有顽固污垢,可用镜头专用擦拭液清理。

5. 旋转粗调焦手轮调和微调焦手轮要缓慢,避免镜头撞击观察物,手轮到极限位置时不能继续旋动,否则会损坏机件,应反方向旋动。

6. 根据需要调节粗调焦手轮一侧的制动环,太松或太紧都不利于操作显微镜。

7. 标尺轻拿轻放,不弄脏尺子刻度及周边区域。

8. 显微镜对潮湿、高温、灰尘、腐蚀气体、震动等因素十分敏感,因此放置显微镜的房间应该清洁、干燥、通风,并远离震源。

【交流与评价】

指导教师根据班级人数分成若干小组,每个小组 5～6 人,各组推荐组长 1 人。评价内容包括实验态度、实验完成度、实验完成质量,总分 100 分。小组内成员对本次实验进行互评,组长完成组内互评的成绩统计,各组员签字确认(表 2-1)。

表 2-1　金相显微镜成像原理与应用实验评价表

评价内容	组员 1	组员 2	组员 3	组员 4	组员 5	组员 6	……
实验态度(10 分)							
实验完成度(20 分)							
实验完成质量(70 分)							
总分							

组号：__________　实验日期：__________　组长签字：__________

组员签字：______________________________

【拓展思考题】

1. 影响金相显微镜分辨率的因素有哪些？
2. 物镜筒、目镜筒外壳上标注了哪些信息？
3. 孔径光栏的作用是什么？
4. 油镜头如何使用？
5. 明场、暗场照明的优缺点是什么？

【实验报告要求】

1. 实验目的。
2. 实验内容。

【实验内容与步骤】

(1) 观察金相显微镜光路走向，绘制显微镜的光路示意图。

(2) 正确操作金相显微镜，观察试样，简述低倍和高倍下试样的显微组织特征。

(3) 调节孔径光栏，简述孔径光栏对显微成像的影响。

(4) 调节视场光栏，简述视场光栏对显微成像的影响。

(5) 选用不同的滤色片，分析成像变化。

(6) 根据显微镜物镜的数值孔径，计算显微镜的有效放大倍数，匹配合适的目镜。

(7) 选用带目镜测微尺的目镜(10×)，更换不同放大倍数的物镜(10×，20×，40×)，对目镜测微尺进行标定。

(8) 参观大型卧式显微镜、超景深显微镜、偏光显微镜、体式显微镜、干涉显微镜、透/反射显微镜等显微镜，简述各类显微镜的优缺点及应用范围。

3. 查阅资料了解显微镜的发展史，谈谈目前国内外显微镜的制造水平以及你将来如何为中国制造贡献力量？

显微镜故事

16 世纪末期，荷兰眼镜商詹森和科学家汉斯·利珀希发明的显微镜仅由两片透镜组成，但这并没有引起世人的重视。

约 1610 年前后，意大利的伽利略和德国的开普勒在研究望远镜时，改变物镜和目镜之间的距离，得出合理的显微镜光路结构，当时的光学工匠遂纷纷从事显微镜的制造、推广和改进。由于采矿业的迅速发展,需对金属内部结构进行微观观察,金相显微镜正式登场。

17 世纪中叶,英国的胡克和荷兰的列文虎克,都对显微镜的发展作出了贡献。约 1665 年,胡克在显微镜中加入粗动和微动调焦机构、照明系统和承载标本片的工作台。这些部件经过不断改进,成为现代金相显微镜的基本组成部分。1673—1677 年期间,列文虎克制成单组元放大镜式的高倍显微镜,其中 9 台保存至今,已经较接近金相显微镜。胡克和列文虎克利用自制的显微镜,在动、植物机体微观结构的研究方面取得了杰出成就。

19 世纪,高质量消色差浸液物镜的出现,使金相显微镜观察微细结构的能力大幅度提高。1827 年阿米奇采用了浸液物镜。19 世纪 70 年代,德国人阿贝奠定了显微镜成像及粒子显微镜的古典理论基础。这些都促进了金相显微镜制造和显微观察技术的迅速发展,并为 19 世纪后半叶包括科赫、巴斯德等在内的生物学家和医学家发现细菌和微生物提供了有力的工具。

在显微镜自身结构发展的同时,显微观察技术不断创新:1850 年出现了偏光显微术;1893 年出现了干涉显微镜,即现在的微分子干涉显微镜;1935 年荷兰物理学家泽尔尼克创造了相衬显微术,为此在 1953 年获得了诺贝尔物理学奖。古典的光学显微镜只是光学元件和精密机械元件的组合,以人眼作为接收器来观察放大的像。后来在显微镜中加入了摄影装置,以感光胶片作为可以记录和存储的接收器,由此诞生了视频显微镜。现代又普遍采用光电元件、电视摄像管和电荷耦合器等作为显微镜的接收器,配以微型电子计算机构成完整的图像信息采集和处理系统。

实验 5　偏振光金相分析与应用

【实验目的】

1. 了解偏振片的作用。
2. 了解偏振光反射的基本原理。
3. 掌握偏振光在金相分析中的应用。

【实验原理】

一、偏振光基本知识

光是一种电磁波，属于横波，振动方向与传播方向垂直。一切实际的光源，如日光、烛光、日光灯及钨丝灯发出的光都称为自然光，这些光都是大量原子、分子发光的总和。虽然某一个原子或分子在某一瞬间发出的光波有一定的振动方向，但大量随机的光波混合后，在各个方向上振动机会均等。

自然光通过偏振元件后得到只有一个振动方向的光波，正对光的传播方向看去，这种光的振动方向是一条直线，因此称为直线偏振光或线偏振光，如图 2-16 所示。

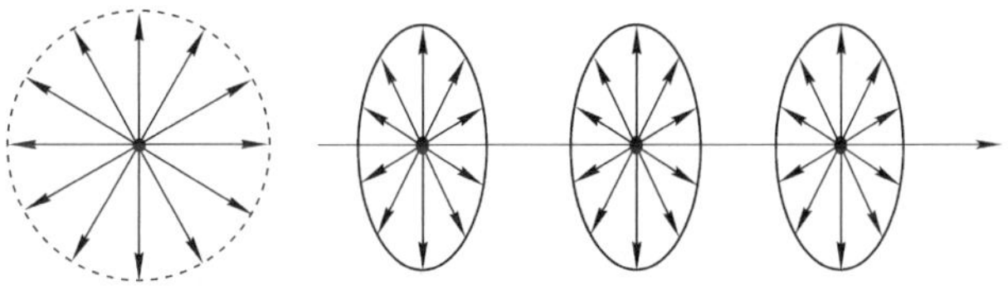

(a) 自然光的传播与振动特点示意图

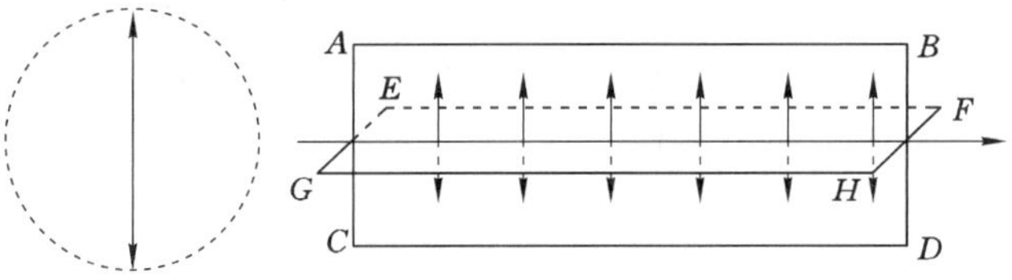

(b) 直线偏振光示意图

图 2-16　自然光与直线偏振光

二、光的双折射现象

当一束光线射入各向异性的晶体中时分裂为两束沿不同方向传播的光线，这种现象称为双折射现象。发生双折射的两束光线都是偏振光，其中一条光线恒遵守光的折射定律，无论入射光线方向如何变化，折射光线总在入射面上，折射率不变，称为寻常光线，用 o 表示；另一束光线不遵守折射定律，折射光线总不在入射面上，当入射光线方向变化时折射率不同，这束光称为非常光线，用 e 表示。例如方解石晶体有双折射现象，如图 2-17 所示。

在各向异性晶体中，存在某些特殊方向，光线沿着这个方向射入不发生双折射现象，即寻常光线和非常光线传播方向和传播速度相同，这些方向称为晶体的光轴，光轴并不是某一条特定的直线，而是一个方向，凡平行于这个方向的线都是光轴。有一个光轴的晶体称为单轴晶，有两个光轴的晶体称为双轴晶。对于双轴晶，双折射后的两束光线均为非常光线。

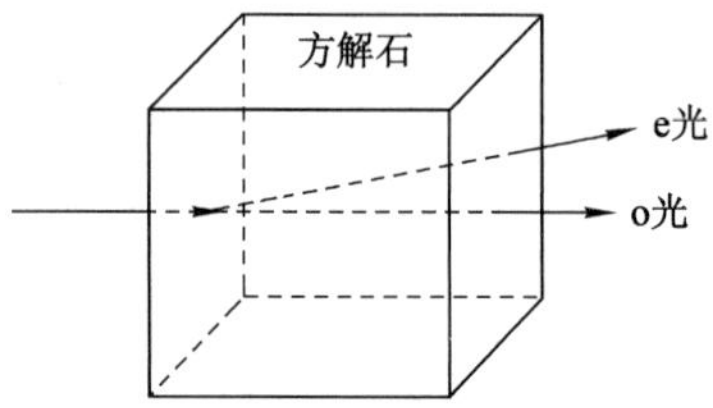

图 2-17　方解石的双折射现象

在平行于单轴晶光轴方向上切下一薄片，此薄片称为波晶片，简称波片。当光垂直于晶体光轴入射时产生的 o 光和 e 光仍沿原入射方向传播，但传播速度和折射率不同，且传播速度相差最大。当偏振光垂直于波片光轴入射时，在波片内形成传播方向相同但是传播速度不同的 o 光和 e 光，波片越厚，o 光和 e 光在出波片后的光程差越大。如果波片的厚度使 o 光和 e 光产生的光程差正好等于入射光波长的整数倍，这种波片称为全波片。与此类似，还有半波片和 1/4 波片等。

三、圆偏振光和椭圆偏振光

一束自然光以垂直于单轴晶的光轴方向入射所产生的振动面互相垂直的两束偏振光是不相干的，是因为自然光是由不同分子和原子产生的，没有固定的位相差，不发生干涉。当一束偏振光垂直于单轴晶光轴入射时产生的 o 光和 e 光的相位差 $\Delta\varphi$ 由两束光在晶片中折射率和晶片的厚度决定，可用下式表示。

$$\Delta\varphi = \frac{2\pi}{\lambda} d(N_o - N_e) \tag{2-12}$$

式中，N_o、N_e 分别为 o 光和 e 光的折射率；d 为晶片的厚度。

改变晶片的厚度 d 可得到不同相位差的 o 光和 e 光。当 $\Delta\varphi$ 为 $\pi/2$ 的偶数倍时可产生直线偏振光；当 $\Delta\varphi$ 为 $\pi/2$ 的奇数倍时，可产生圆偏振光，圆偏振光的振动端点在光的传播方向上投影为一个圆；当 $\Delta\varphi$ 不是 $\pi/2$ 的整数倍时均可产生椭圆偏振光，椭圆偏振光的振动端点在光的传播方向上投影为一个椭圆。圆偏振光和椭圆偏振光在每一个瞬间只有一个振动方向，所以仍属偏振光。如图 2-18 所示。

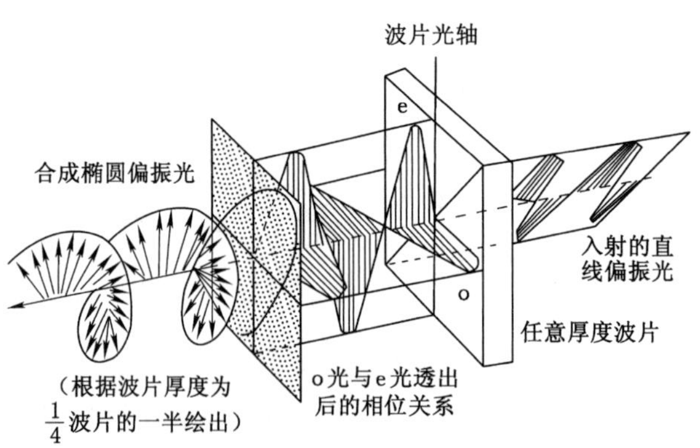

图 2-18　椭圆偏振光的形成

四、偏振片

某些晶体能够强烈吸收寻常光线，而对非常光线几乎不吸收，这种对寻常光线和非常光线有不同吸收的现象称为晶体的二向色性。具有二向色性的晶体都可以产生偏振光，目前金相显微镜大多数采用这一类晶体制作产生偏振光的附件，附件都呈片状，故称为偏振片。在显微镜中能产生偏振光的偏振片称为起偏镜，另外在起偏镜后面还有一个偏振片，称为检偏镜(或称为分析器)，如图 2-19 所示。当两个偏振镜的振动轴平行时，起偏镜 A 产生的偏振光可以完全通过检偏镜 B；当 A、B 振动轴成一定角度时，A 产生的偏振光只有部分能通过检偏镜 B，而当 A 与 B 的振动轴垂直时，A 产生的偏振光完全被 B 阻挡，产生消光现象。如果是圆偏振光，用检偏镜检查时不发生消光现象，光的强度不发生变化；如果是椭圆偏振光，用检偏镜检查时也不发生消光现象，但是光的强度发生变化，当 B 的振动轴与椭圆长轴重合时，光的强度最大，与椭圆的短轴重合时，光的强度最小。

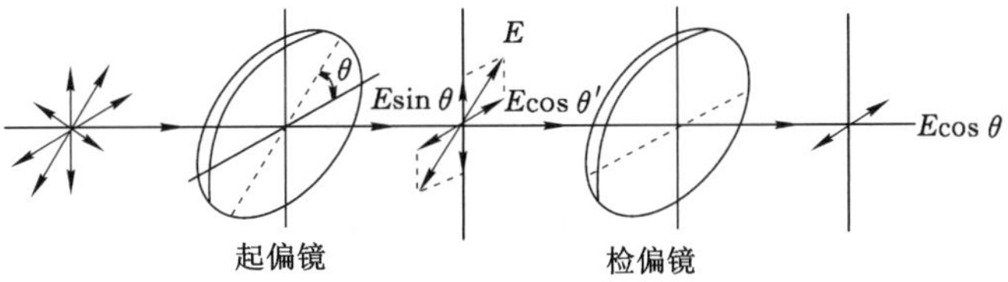

图 2-19　直线偏振光分析

偏振片可以由具有二向色性的晶体制造。例如，电气石晶体能够强烈吸收寻常光线，1 mm 厚的电气石晶体即可把寻常光线全部吸收而让非常光线通过，产生一束非常光线的偏振光。人造偏振片是目前金相显微镜广泛采用的偏振片，可分为微晶型和分子型两类。微晶型偏振片是将具有二向色性的有机化合物碘化硫酸奎宁微晶沉淀在聚氯乙烯薄膜或其他塑料薄膜上，当薄膜经过一定方向的拉伸后，表面微晶沿着拉伸方向整齐排列，表现出和单晶体一样的二向色性。分子型偏振片是聚乙烯醇薄膜在碘溶液内浸泡，在较高温度下拉伸 4～7 倍，再经过烘干制成的。经过拉伸的碘-聚乙烯醇分子沿着拉伸方向规则排列，形成一条条导电的长链，得到沿着长链方向光被吸收和垂直长链方向得到偏振光的现象。人造偏振片价格便宜，尺寸不受限制，但薄膜及晶体粉末本身带有色彩，透射光略带颜色，透射率较低，自然光通过后被吸收很多。

五、偏振光的反射原理

偏振光在光性均质体表面上的反射遵循反射定律，在各个方向上的反射率(光的反射率是指反射光强度与入射光强度的比值)都相等。偏振光在光性非均质体表面上的反射，在晶粒的不同的位向上反射率不同。

设起偏振镜的振动方向为 PP'，检偏振镜的振动方向为 AA'，PP'与 AA'垂直，光性非均质体的光轴方向为 RR'，与 PP'的夹角为 θ，偏振光在光性非均质体的光轴方向 RR'上的反射率为 R，垂直于光轴方向 SS'上的反射率为 S，$R\neq S$($R=S$ 为光性均质体的反射)，如图 2-20 所示。当一束光经起偏振镜后得到振幅为 F 的振动方向 PP'上振动的偏振光，入射到光性非均质体表面上，振幅为 F 的偏振光分解为平行于光轴的分量 F'_R 和垂直于光轴方向上的分量 F'_S，则：

$$\begin{cases} F'_R = F\cos\theta \\ F'_S = F\sin\theta \end{cases}$$

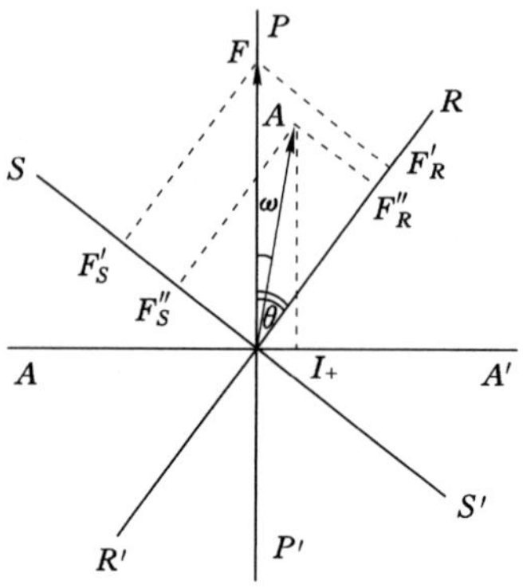

图 2-20　正交偏振光下，直线偏振光的分解与叠加

RR'、SS'方向上反射率不等，两个方向上反射光分别为：

$$\begin{cases} F''_R = RF\cos\theta \\ F''_S = SF\sin\theta \end{cases}$$

两个分量叠加后的振幅 A 满足下式：

$$A^2 = (RF\cos\theta)^2 + (SF\sin\theta)^2 \tag{2-13}$$

振幅为 A 的偏振光不再是 PP' 的振动方向，而是转过一个角度 ω，叠加后的偏振光有一个分量(I_+)可以通过与起偏振镜振动方向垂直(或正交)的检偏振镜，则：

$$I_+ = A\sin\omega \tag{2-14}$$

变换式(2-14)可得：

$$I_+ = \frac{F(R-S)}{2}\sin 2\theta \tag{2-15}$$

公式推导过程如下：

$$\tan(\theta-\omega) = \frac{F''_S}{F''_R} = \frac{SF\sin\theta}{RF\cos\theta} = \frac{S\sin\theta}{R\cos\theta} \tag{2-16}$$

由式(2-16)得到：

$$\tan\omega = \frac{(R-S)\tan\theta}{S\tan^2\theta + R} \tag{2-17}$$

因为有：

$$\cos\omega = \frac{\sqrt{A^2 - I_+^2}}{A} \tag{2-18}$$

$$\sin\omega = \tan\omega \cdot \cos\omega$$

所以有：

$$I_+ = A\sin\omega = A\tan\omega \cdot \cos\omega \tag{2-19}$$

将式(2-17)和式(2-18)代入式(2-19)得到：

$$I_+^2=\frac{1}{4}F^2\ (R-S)^2\sin^2(2\theta)$$

故

$$I_+=\frac{F(R-S)}{2}\sin(2\theta)$$

在式(2-15)中，右侧 $\sin 2\theta$ 项与晶体性能无关，只与转动载物台的操作有关，$\frac{F(R-S)}{2}$ 与晶体性能有关。对于光性均质体，$R-S=0$，$I_+=0$。转动载物台一周(360°)，在目镜中看到黑暗的全消光现象。对光性非均质体，$R—S\neq0$，转动载物台一周(360°)，当转过的角度 θ 为 0°、90°、180°、270°时，$\sin 2\theta=0$，产生消光现象；当 θ 为 45°、135°、225°、315°时，$\sin 2\theta=1$，此时光线最强；θ 为其他角度时，显微组织的亮度在上述两种情况之间。因此在转动晶体一圈(360°)过程中，将观察到 4 次明亮和 4 次消光，即出现 4 明 4 暗现象。有时由于试样不是十分平滑，可能会发生光线的漫反射，看到的不是完全黑暗的颜色，而是灰色，但是这种漫反射光的强度不随载物台的转动而变化。

六、偏振光装置的调整及使用

在一般金相显微镜光路中，在入射光路中加入一个起偏振片，在观察镜中加入一个检偏振片就可以实现偏振光照明，有时还加入一个灵敏色片，用来检验椭圆偏振光，并获得色偏振(图 2-21)。

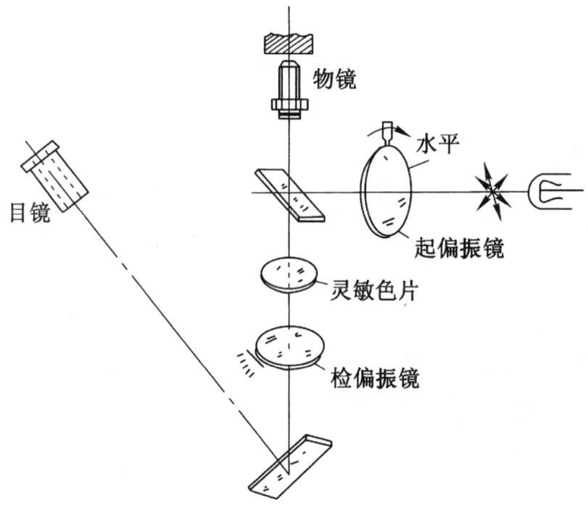

图 2-21　金相显微镜的偏振光装置示意图

(1) 起偏振镜位置的调整

起偏振镜一般安装在可以转动的圆框内，借助手柄转动调节，调节的目的是使从起偏振镜出来的偏振光振动面水平，以保证垂直于照明器平面玻璃反射进入物镜的偏振光强度最大，且仍为直线偏振光。调整起偏振镜通常将经过抛光而未经腐蚀的不锈钢试样(光性均质体)放在载物台上，除去检偏振镜，只装起偏振镜，从目镜内观察聚焦后试样磨面上反射光的强度，转动起偏振镜，反射光强度发生明暗变化，当反射光最强时，就是起偏振镜振动轴的正确位置。

(2) 检偏振镜位置的调整

起偏振镜的位置调整好后，装入检偏振镜，调节检偏振镜的位置，当在目镜中观察到最暗的消光现象时，就是检偏振镜与起偏振镜正交的位置。在实际观察中，通常将检偏振镜偏转一个小角度，以提高显微组织的衬度。其偏转的角度由刻度盘上的刻度指示出来。若将检偏振镜在正交位置转动 90°，则两偏振镜振动轴平行，这时和一般光线下照明的效果相同。

(3) 载物台中心位置的调整

利用偏振光鉴别物相时，经常需要将载物台旋转 360°，为了使观察目标在载物台旋转时不离开视域，使用前必须调节载物台的机械中心与显微镜的光学系统主轴重合。一般是通过载物台上的对中螺钉进行调整。

七、偏光显微镜在材料领域的应用

(1) 各向异性材料组织的显示

根据偏振光的反射原理，在各向异性的金属内部由于各晶粒的位向不同，干涉后的偏振光的振动方向的偏转角度不同，在正交的偏振光下可以显示出不同的亮度。对各向异性的金属磨面抛光后不腐蚀就可以看到明暗不同的晶粒，这一点对难腐蚀出清晰组织的材料来说是一种可选的分析方法。具有同样亮度的晶粒光轴方向接近，可根据晶粒的明暗程度判断晶粒的位向。例如球墨铸铁组织中的石墨属于六方点阵，具有各向异性，在同一个石墨球中具有许多不同位向的石墨晶粒，在正交的偏振光下这些石墨晶粒可显示不同的亮度，可分辨出石墨晶粒的方位、形状和大小，如图 2-22(a)所示。而在一般光照射下只能看到暗灰色的石墨球，不能分辨出石墨的晶粒，如图 2-22(b)所示。

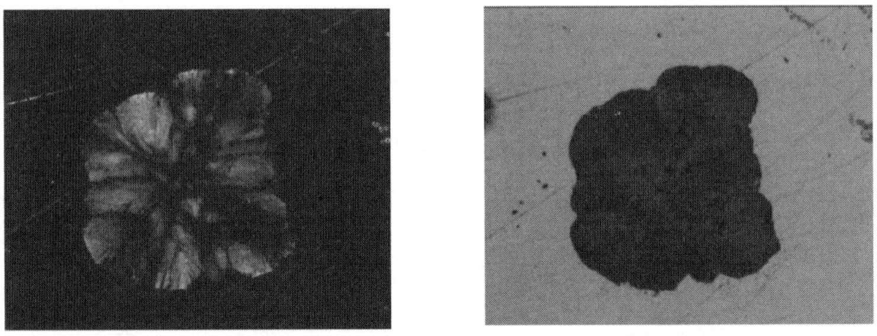

(a) 90° 偏光照片　　(b) 明场照片

图 2-22　球墨铸铁的显微组织

(2) 各向同性材料组织的显示

偏振光在各向同性材料表面发生反射，其振动方向一般不发生偏转，在正交的偏振镜下可看到黑暗的消光现象。但是金属一般有很强的反射本领，光线在试样磨面上的反射强度与光线的入射角和波长有关，平行于光的入射面和垂直于光的入射面的光线的反射也有差别。如铜对光的反射强度与入射角有关，如图 2-23 所示($R_{/\!/}$、$\delta_{/\!/}$ 分别代表振动面与入射面平行的光的反射系数和相位差，$R_{\perp}$ 与 $\delta_{\perp}$ 分别代表振动面与入射面垂直的反射系数和相位差)。从图 2-23 中可以看出光线直射时(入射角为 0)两个振动面上的光反射系数相等，相位差为 0，光的振动方向不发生变化，即产生消光现象；当入射角从 0°到 90° 变化时，反射系数发生变化，相位差逐渐增大。利用上述原理可以对各向同性的材料进行深腐蚀，露出一定的原子排列面。例如铝在深腐蚀后可以露出原子最密排列的(111)面，这些晶面位向不同，故偏振光斜射时入射角度不同，两个分量的相位差不同，因而能看到不同亮度的晶粒。

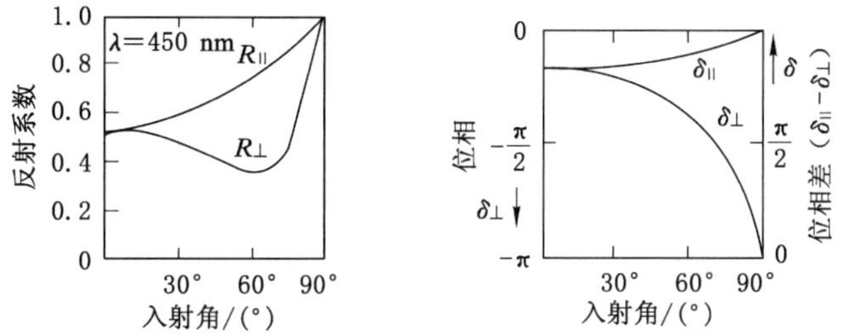

(a) 入射角和反射系数的关系曲线　**(b) 入射角和反射光位相的关系曲线**

图 2-23　铜对光的反射

(3) 夹杂物各向同性与各向异性的鉴别

夹杂物按光学性质可分为各向同性和各向异性两大类。对于各向同性的夹杂物，在正交偏振光下可看到黑暗的消光现象，在转动载物台一周(360°)时，其亮度不变化。对于各向异性的夹杂物，在正交偏振光下不发生消光现象，在转动载物台一周(360°)时可看到 4 次消光和 4 次最亮现象。对某些弱各向异性的夹杂物，可使检偏振镜转动一个小的角度 θ，在偏振镜不完全正交情况下观察。在转动载物台时，弱各向异性的夹杂物出现 2 次消光和 2 次最亮的现象。

(4) 夹杂物的透明度及固有色彩的显示

非金属夹杂物中有部分是透明并带有色彩的，用一般显微镜明场照明时，光线透过夹杂物并在与金属基体的交界面处反射出来，夹杂物一般比较细小，其反射光与基体的反射光混淆在一起，不能分辨出夹杂物的透明度和固有色彩。在正交的偏振光下，若金属基体为各向同性，反射光被正交的偏振镜阻挡，呈黑暗的消光现象。而夹杂物处的反射光由于倾斜入射角度不同而能透过正交的偏振镜，从而能够显示夹杂物的本来面目。透明物相在偏振光下的反射如图 2-24 所示，当试样被线偏振光照射时，从平滑外表面反射的光线仍为线偏振光，不能通过处于正交位置的检偏镜，呈现黑暗；但是在透明物相处光线既在外表面反射，又在透明物相内折射，折射至透明物相与基体界面处产生不规则的内反射，因而改变了入射光的振动方向，故通过检偏镜可观察到物相的颜色与亮度，亮度表征其透明度。

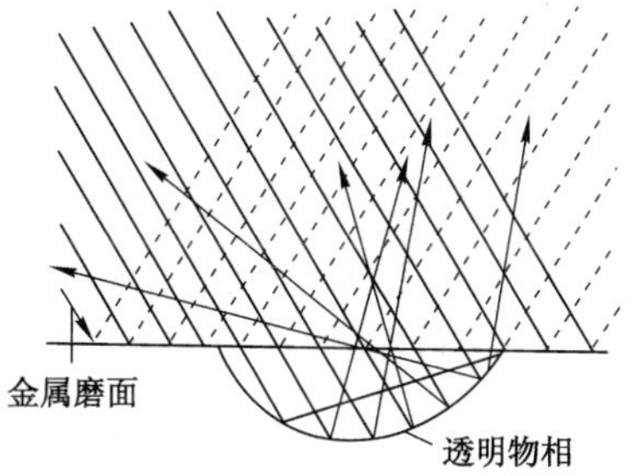

图 2-24　透明物相在偏振光下的反射

当透明物为各向同性时，在正交偏振光下观察到的颜色与暗场下一致，即白光照明时透射光所显示的颜色——体色；当透明物为各向异性时，在正交偏振光下观察到的颜色包括体色和表色，体色与不规则内反射有关，表色与磨面反射时发生振动面的旋转有关。

（5）“黑十字效应”和等色环

透明球状夹杂物在正交偏振光下可看到一个有趣的现象——“黑十字效应”，黑十字由相互垂直的两条黑带组成，十字交点位于物像中心。当一束线偏振光垂直投射在试样表面时，入射光在球状透明体与基体界面处发生内反射，由于分界面为半球面，各方向的反射都有，因此仍有一定强度的光可通过正交位置的检偏镜。但是有两个方向是例外的，即与振动面平行的入射面和与振动面垂直的入射面，这两个方位的反射光仍为线偏振光，不能通过正交位置的检偏镜，使球状透明体呈现“黑十字”特征。此外正交偏振光下在夹杂物的像上出现“等色同心环”光学效应，这是夹杂物内外表面反射光之间产生等厚干涉引起的。当利用自然光照明时也会看到同样现象，图 2-25 所示为钢中球形 SiO_2 夹杂物。“黑十字效应”及“同心环”这两种特殊的光学效应只与物相是透明且球形有关，与物相是否具有各向异性无关。形状破坏，效应消失。

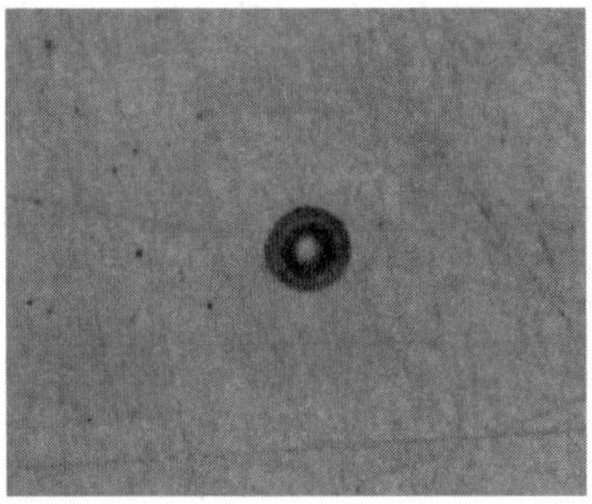

(a) 明场照明

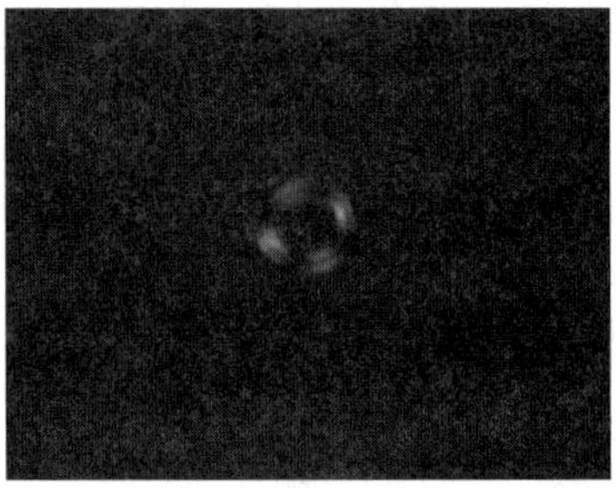

(b) 正交偏振光照明

图 2-25　钢中 SiO_2 夹杂物

八、偏光干涉衬度装置及应用

（1）偏光干涉衬度装置

金相显微镜中偏光干涉衬度又称为微差干涉衬度，装置如图 2-26 所示，其主要光学元件有起偏器、渥拉斯顿棱镜、检偏器及全波片。

① 渥拉斯顿棱镜

将具有双折射现象的方解石沿对角线切开，再用加拿大树胶粘合就构成渥拉斯顿棱镜，如图 2-27 所示。偏光干涉衬度装置中的渥拉斯顿棱镜较薄，o 光和 e 光分开角度很小，一般小于 0.5′，这两束光照射到试样表面的距离一般小于 1 个波长，与物镜的最小分辨距离相近，经试样反射后再次通过棱镜时这两束光重新重合起来，光线经过棱镜不产生附加光程差。渥拉斯顿棱镜的中心既要在灯侧聚光镜的焦平面上，又要在目镜侧物镜的焦平面上。

② 起偏器和检偏器

起偏器将自然光变成线偏振光，再通过渥拉斯顿棱镜分成振动方向互相垂直 o 光、e

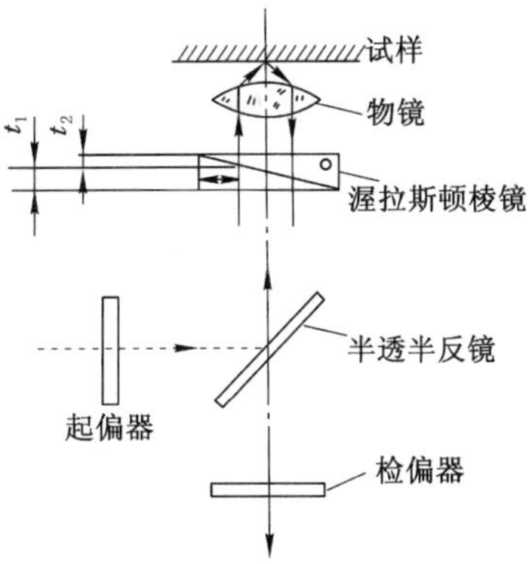

图 2-26　反射式偏光干涉衬度装置示意图

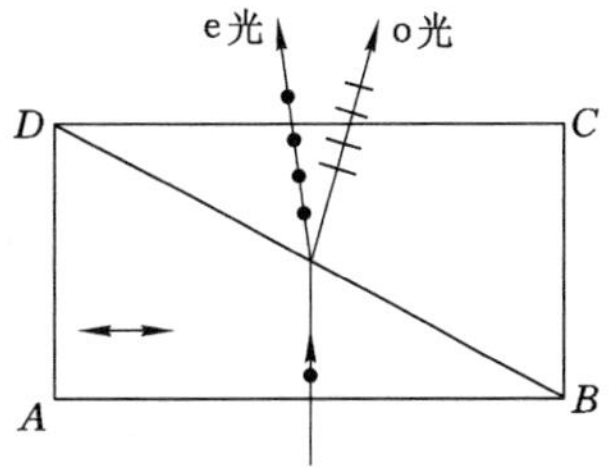

图 2-27　渥拉斯顿棱镜

光，检偏器把 o 光、e 光的振动都投影到同一平面，使它满足相干条件，产生稳定的干涉衬度。

③ 全波片

白光作为光源时，因干涉而出现彩色，称为干涉色，示意图如图 2-28 所示。图中 A、B 为原有两相干波，C 代表干涉后的合成波。假设两相干光具有光程差 $\Delta L=200$ nm，白光中的蓝色（$\lambda=400$ nm）、绿色（$\lambda=550$ nm）、红色（$\lambda=700$ nm）3 种颜色的干涉情况不一样。对蓝光而言，光程差正好相差半波长（即位相刚好相反），干涉结果互相抵消。而对绿光与红光而言，干涉结果都有所加强，因而总的效果是白光中蓝光消失，剩下的是绿光和红光的混合而成的干涉色，对某一数值的光程差来说，只能是某些波长的整数倍，也可能是另一些波长的$\frac{2k+1}{2}$倍，其结果是前者将因干涉而加强，后者因干涉而减弱（即消光），从而显示出以前者为主的色彩，因此不同的光程差对应着不同的干涉色。干涉色随光程差的变化按一定顺序变化，如果以白光为光源，当光程差在 0～550 nm 范围内时，将依次出现暗灰、灰白等干涉色。称为一级干涉色，其特点是只有暗灰色、灰白色，无蓝色、绿色，其色调不太丰富；光程差在 550～1 100 nm 范围内时，依次出现蓝色、绿色、黄橙色、紫红色等干涉色，称为二级干涉色，特点是比较鲜艳，干涉色条带间界线较清楚；光程差在 1 100～1 650 nm 范围内时出现第三级干涉色，颜色与第二级相同，但是比第二级浅，条带间界线也不是十分清楚；光程差大于 1 650 nm 后出现第四级至更高级干涉色。色级越高，颜色越浅，条带之间界线也越不清楚。试样因微小高度差所引起的光程差一般为 150～200 nm，色彩不鲜明，如果加全波片将产生一个波长的附加光程差，那么对应的光程差将大于 560 nm，进入二级干涉色范围，这时颜色鲜明，可获得良好的彩色衬度，可将基本上是明暗衬度转化为彩色衬度。

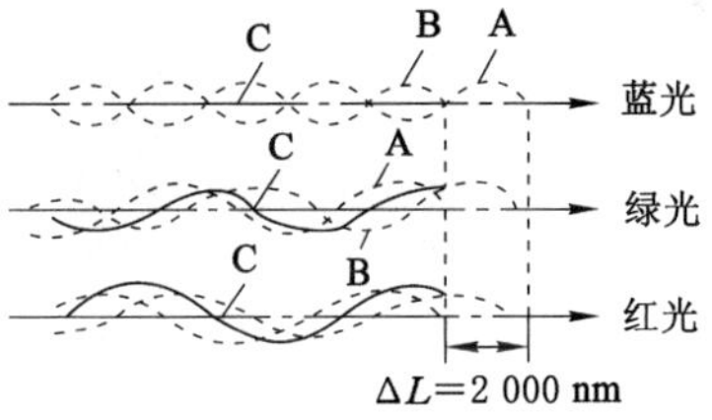

图 2-28　干涉色说明示意图

(2) 偏光干涉衬度装置的应用

用偏光干涉衬度装置观察组织时，试样可以在良好的抛光状态下进行观察，利用不同组织的硬度差异在抛磨时于试样表面形成微小高度差显示组织衬度，也可以轻腐蚀后观察。因此试样最后一道抛光宜采用氧化镁等作为磨料，而不用金刚石研磨膏来抛光，因后者切削力强，致使试样表面平整，无微小高度差。

欲拍摄明暗衬度的图像时可以不用全波片，欲拍摄彩色图像时，加入全波片，得到衬度更好的图像。利用不同相可呈现不同颜色的特点，偏光干涉衬度装置可用于鉴别物相，适用于配合其他手段分析复杂合金的组织，如铸态高速钢中不同类型的碳化物颜色显著不同，可在图像中清晰区分。利用偏光干涉衬度装置提高衬度可显示一般明场下观察不到的某些组织细节，如高碳高合金钢中残留奥氏体继续转变形成的马氏体，表面形变组织和固溶体中的偏析带，表面化学热处理的表面层组织等，如图 2-29 所示。用偏光干涉衬度装置还可以获得良好衬度的图像，适于图像分析仪做定量分析。此外，偏光干涉衬度装置在晶体生长、矿物鉴定、半导体工艺、玻璃及塑料工艺以及生物组织观察等方面均有广泛应用。

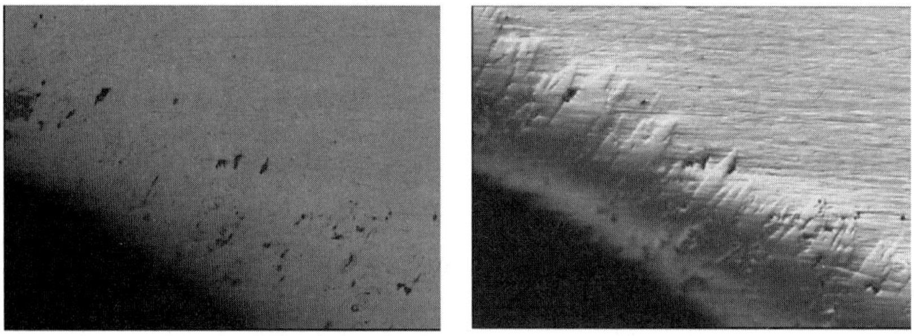

(a) 明场照明　　(b) 微差干涉照明

图 2-29　T8 钢表面渗硼

九、夹杂物鉴别

材料中夹杂物有很多种，可利用明场、暗场、偏振光照明下的一些特征来初步鉴别夹杂物类型，一般明场可用于鉴别夹杂物的数量、形状、分布、色彩等，不透明夹杂物呈现浅灰色或其他颜色，透明夹杂物颜色较暗；暗场可用于鉴别夹杂物的透明度和色彩，透明夹杂物发亮，不透明夹杂物呈暗黑色，有时有两边；偏振光可鉴别夹杂物的各向异性和各向同性，色彩及“黑十字效应”等。具体鉴别方法与顺序如图 2-30 所示。

夹杂物鉴定的试样一般抛光后不需要浸蚀，制备试样时应防止夹杂物剥落，防止产生拖尾、嵌入等制样缺陷影响观察，对试样上的黑点要仔细鉴别，明场下变换焦距结合暗场照射能够有效识别。

【实验准备】

1. 检查金相显微镜，确保能正常工作；

2. 起偏镜、检偏镜清洁度检查，将起偏镜、检偏镜分别插入对应的卡槽；

3. 微分干涉装置配件检查；

4. 准备球磨铸铁试样、含氮化钛夹杂物的试样、T8 渗硼试样、透明球形夹杂物试样，用金相显微镜观察组织情况，组织不合格需要重新制备。

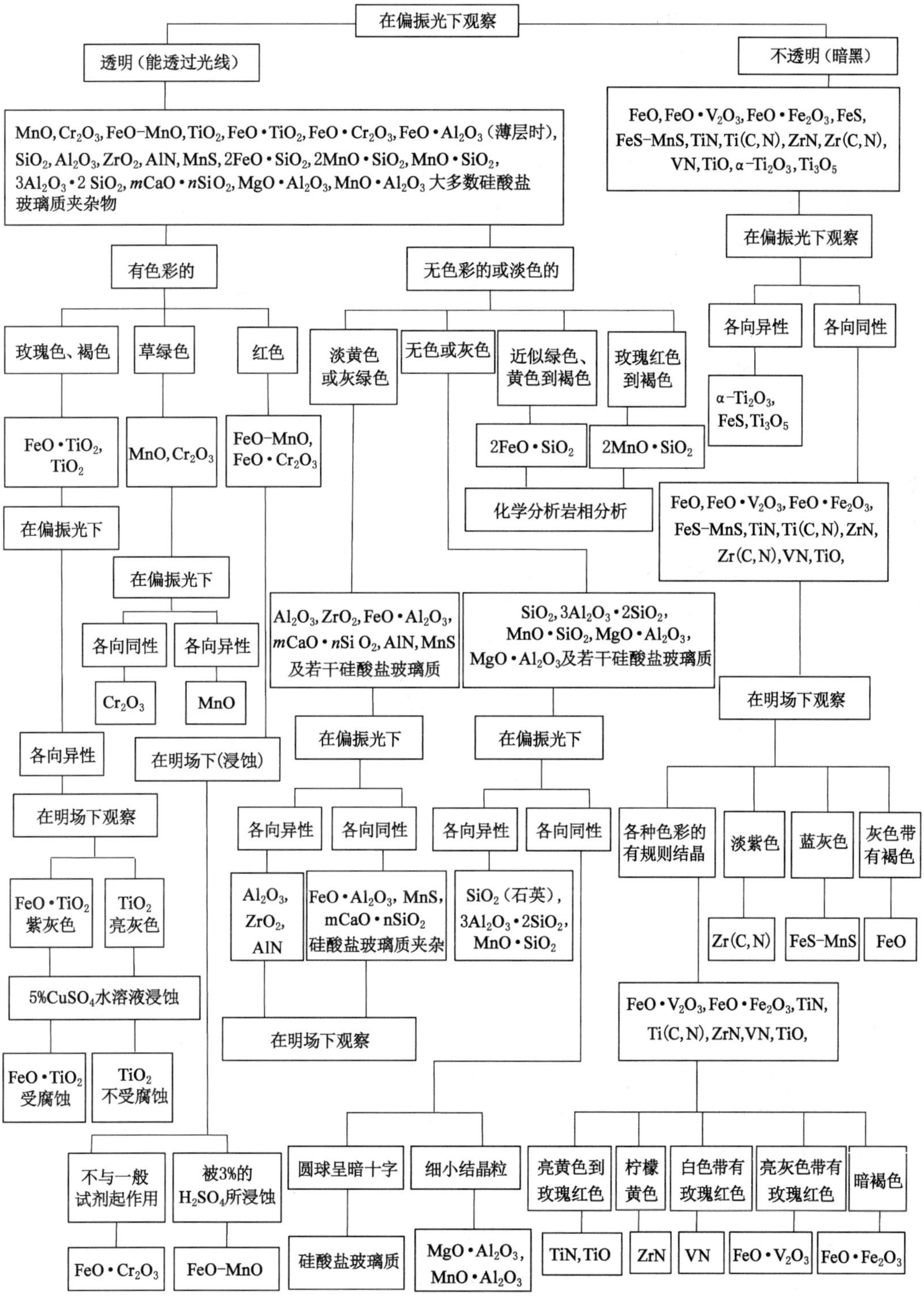

图 2-30　暗场及偏振光照明鉴别夹杂物常规流程

【实验内容与步骤】

1. 打开金相显微镜电源开关，按照显微镜操作步骤操作显微镜，观察球墨铸铁中石墨球在明场照明下的组织特征。插入起偏镜、检偏镜、转动检偏镜观察石墨球的组织特征变化。

2. 用明场照明、偏振光照明分别观察试样中氮化钛夹杂物的形态特征。

3. 用明场照明、偏振光照明分别观察试样中透明球形夹杂物的形态特征。

4. 用明场照明、微分干涉照明分别观察 T8 渗硼试样的表层与芯部的组织形态特征。

【安全提醒与注意事项】

1. 所观察的样品要保持清洁、干燥，无残留腐蚀剂，以免腐蚀物镜。请勿用手直接接触试样观察面。

2. 不可湿手操作显微镜。

3. 起偏镜、检偏镜上有灰尘时，宜先用洗耳球吹去灰尘，再用镜头纸或毛刷轻轻去除，不可随意用有机溶剂擦拭。

4. 显微镜其他使用注意事项同前面的实验。

【交流与评价】

指导教师根据班级人数将学生分成若干小组，每个小组 5～6 人，各组推荐组长 1 人。评价内容包括实验态度、实验完成度、实验完成质量，总分 100 分，小组内成员对本次实验进行互评，组长完成组内互评的成绩统计，各组员签字确认（表 2-2）。

表 2-2　偏振光金相分析与应用实验评价表

评价内容	组员 1	组员 2	组员 3	组员 4	组员 5	组员 6	……
实验态度（10 分）							
实验完成度（20 分）							
实验完成质量（70 分）							
总分							

组号：__________　实验日期：__________　组长签字：__________

组员签字：____________________________________

【拓展思考题】

1. 如何鉴别直线偏振光、圆偏振光和椭圆偏振光？

2. 正交反光偏光显微镜下，石墨球和 SiO_2 玻璃球的显微组织特征有何不同？

【实验报告要求】

1. 实验目的。

2. 实验内容：

（1）球墨铸铁中石墨球在明场照明下的组织特征。

（2）插入起偏镜、检偏镜，转动检偏镜，观察石墨球的组织特征有何变化。

（3）描述试样中氮化钛夹杂物在明场照明、偏振光照明下的组织特征。

（4）描述试样中透明球形夹杂物在明场照明、偏振光照明下的形态特征。

(5) 描述 T8 渗硼试样的渗硼层在微分干涉照明下的组织形态特征。

3. 查阅资料，谈谈偏光显微镜在材料研究中的应用。

偏振片的发明

偏光片诞生于美国，是由埃德温·赫伯特·兰德(Edwin Herbert Land，1909—1991年)发明的。兰德是20世纪伟大的科学家和多产的发明家，也是一位成功的企业家和精明的商人，他的发明专利多达535项，是知名度仅次于最伟大的发明家爱迪生的发明家。

兰德从小就喜欢读光学书，早就知道光的偏振性，13岁那年参加夏令营活动就看到过方解石双折射现象，并与人讨论要解决晚上汽车灯晃眼导致交通不安全问题。到1926年，他就读于哈佛大学物理系一年级，那时候还没有大面积廉价的偏振光起偏器件，于是兰德打定主意要发明这种实用的大面积偏光片。

为了发明制造偏光片，兰德决定休学，专心致志做实验。兰德在纽约公立图书馆开始了他的偏振光学和化学研究工作，发现哥伦比亚大学的实验室晚上经常不关窗户，于是爬进去做实验。

兰德看了一篇由英国医生赫拉帕斯(William B. Herapath)1852年发表的一篇论文，内容提到赫拉帕斯的一位学生曾不小心把碘掉入奎宁的硫酸溶液中，发现立即就有许多小的绿色晶体产生，赫拉帕斯于是将这些晶体放在显微镜下观察，发现当两片晶体重叠时，其光的透过率会随晶体相交的角度而改变：当它们相互垂直时，光被完全吸收；相互平行时，光可以完全透过。这种晶体就是碘硫酸奎宁，又称为碘硫酸金鸡纳碱。

赫拉帕斯花了将近十年的时间来研究怎样才能做出较大的偏光晶体，但是没有获得成功。兰德重复过赫拉帕斯的实验后确定这条路是不可行的，于是他采用了不同的方式：把大颗粒碘硫酸奎宁晶体研磨成微小晶体，并将这些小晶体粉末悬浮在液体中；将一塑料片放入这种悬浮液中，之后再放入磁场或电场中定向排列这些小晶体；将这个塑料片从悬浮液中捞出，偏光晶体就会定向黏附在塑料片表面，干燥后就制成了偏光片。这种方法是将许多小的偏光微晶有规则排列好，也就相当于一个大的偏光晶体。兰德采用这种方法在1928年成功获得了最先问世的J型偏光片。研磨的碘硫酸奎宁针状晶体粉末尺寸还嫌太大，大于光波波长时制品就模糊不透明。而且这种方法的缺点是费时且成本高。

经过不断研究改进，兰德终于在1938年发明了到现在还在沿用的H型偏光片制作方法。兰德制作这种偏光片的方法是把聚乙烯醇(PVA)薄膜在水蒸气浴中均匀加热并拉伸，使那些无序的相互纠合在一起的长链分子在沿同一方向拉伸过程中排列整齐。之后在含碘溶液中浸泡经过拉伸的PVA薄膜，使碘分子嵌入已被拉直的分子上去，形成很多条碘分子链，晾干后便成为性能优良的H型人造偏光片。

兰德为了发明偏光片两度从哈佛大学退学，虽然后来获得了很多大学的名誉学位，但并没有拿到一张哈佛大学的毕业文凭。

实验 6　光学显微镜图像分析系统应用

【实验目的】

1. 了解光学显微摄影的基本原理。
2. 掌握光学显微镜图像采集的软硬件。
3. 掌握图像分析软件功能。

【实验原理】

显微摄影的目的是将所观察到的影像记录下来，方便研究、保存、写报告或论文等。在数码照相机诞生前，光学显微摄影主要靠胶片进行摄影，即拍摄后对底片进行冲洗，然后再用底片进行印相或放大，最终得到一张鉴别率高、反差适中、层次分明的照片。传统显微摄影成像原理如图 2-31 所示，物体 AB 在物镜后 I_1 处形成一个放大而倒立的实像$A'B'$。由于 I_1 处位于目镜的前焦点以外，所以 $A'B'$经目镜后在投影屏 I_2 处形成一个放大的实像 $A''B''$。待 $A''B''$聚焦清晰，换上胶片即可进行拍摄，胶片经过曝光后，需要在暗室进行显影和定影操作，再经过水洗、上光获得金相照片。传统的光学显微摄影技术使用胶卷，拍摄完成后必须对胶片进行冲洗及印相，拍摄过程中可能由于各种原因导致拍摄效果不佳，在冲洗的过程中无法对图像进行处理，总之工作效率很低。

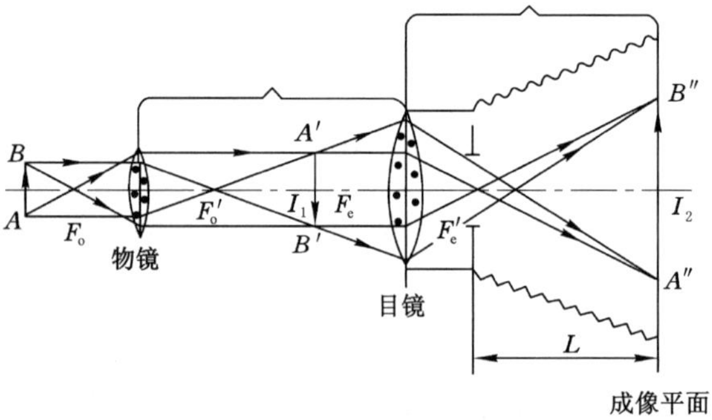

F_o、F_o'—物镜的前、后焦点；F_e—目镜的前焦点；F'_e—目镜的出射光瞳；

L—显微镜的目镜后焦点与成像平面的距离。

图 2-31　显微摄影成像原理图

观察物体时所看到的影像是放大的虚像，而显微摄影时，投射到影屏上的影像是实像。显微摄影放大倍数的计算与显微观察有所不同，摄影时放大倍数的计算公式为：

$$M_{摄} = M_{物} \cdot M_{目} \cdot D/250 \tag{2-20}$$

式中　$M_{物}$——物镜放大倍数；

$M_{目}$——目镜放大倍数；

D——目镜到底片平面的距离，mm；

250——人眼的明视距离，mm。

由式(2-20)可知：当物镜、目镜放大倍数一定时，摄影放大倍数随 D 改变。

随着数码技术、计算机技术和数字技术的发展，现在多采用光学显微分析系统进行同步观察、拍照、图像处理、组织定量测量等。完整的光学显微分析系统除光学显微镜外，还需要配备 CCD 摄像头、电脑及相关图像分析软件等，还可以根据实际需要配备不同的显示终端。随着网络技术的发展，多台光学显微镜可以建立显微互动教室，实现多人互动学习。

光学显微分析系统（图 2-32）主要是利用数码显微摄影成像，和传统胶片显微摄影成像的原理基本相同，区别是用数码相机或 CCD 摄像头取代传统相机或承影屏。镜头将光线汇聚到感光器件 CCD 上，代替了普通相机中胶卷的位置，将光信号转变为电信号，即得到对应于拍摄景物的电子图像。电子图像不能马上进行计算机处理，需要按照计算机的要求通过 ADC（模数转换器）器件执行从模拟信号到数字信号的转换，接下来 MPU（微处理器）对数字信号进行压缩并转化为特定的图像格式，图像文件被存储在内置存储器中，可通过数码相机的液晶显示器查看拍摄到的照片，也可以连接到计算机用软件查看。

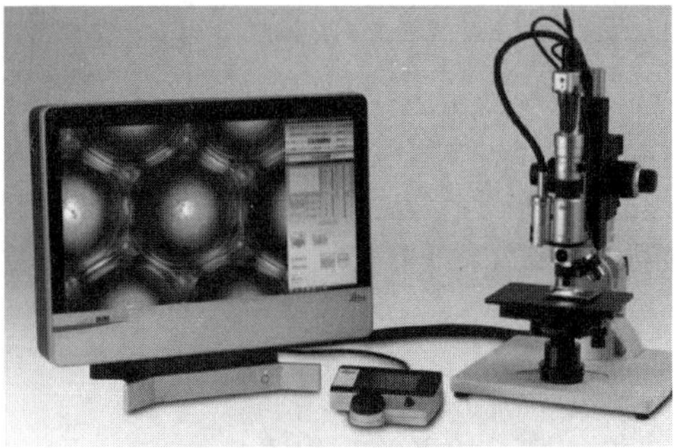

图 2-32　光学显微分析系统

光学显微分析系统中最重要的技术参数是摄像头的像素，像素越高，采集到的图像质量越高。目前国内外显微镜制造厂商都在开发自己的图像处理软件和显微评级软件等，功能主要包括图像获取、图像处理、图像测量、数据分析等。

【实验准备】

1. 准备观察用试样。
2. 标尺。

【实验内容与步骤】

1. 按照金相显微镜操作步骤观察试样。
2. 打开电脑，打开图像分析软件同步显示观察试样。
3. 选择合适区域，进行拍照。
4. 利用标尺对图像分析软件中的比例尺进行标定。
5. 对拍摄的图片添加比例尺。
6. 保存金相图片。
7. 使用金相互动软件，体验人机互动。

【安全提醒与注意事项】

1. 金相显微镜操作安全注意事项同前面实验。

2. 电脑图像分析软件中比例尺使用前需要进行准确性评估，标尺轻拿轻放，不弄脏尺子刻度及周边区域。

3. 营造良好的学习氛围,学生端电脑只允许存放课堂实验相关内容。

4. 实验完成后注意实验场所打扫和设备归位。

【交流与评价】

1. 分组讨论

指导教师根据班级人数将学生分成若干小组,每个小组 5～6 人,各组推荐组长 1 人。评价内容包括实验态度、实验完成度、实验完成质量,总分 100 分。小组内成员对本次实验进行互评,组长完成组内互评的成绩统计,各组员签字确认(表 2-3)。

表 2-3 光学显微镜图像分析系统应用实验评价表

评价内容	组员 1	组员 2	组员 3	组员 4	组员 5	组员 6	……
实验态度(10 分)							
实验完成度(20 分)							
实验完成质量(70 分)							
总分							

组号:____________ 实验日期:____________ 组长签字:____________

组员签字:____

2. 集中展示

利用金相互动教室,各小组展示拍摄的金相照片。

【拓展思考题】

1. 光学显微镜分析系统中哪些因素会影响拍摄图片的质量?

2. 为什么拍摄的图片必须加上比例尺?

【实验报告要求】

1. 实验目的。

2. 实验内容:

(1) 如何对金相分析软件中的标尺进行标定?

(2) 拍摄一张合适的带标尺的金相照片,并对展示的金相照片进行实际放大倍数计算。

实验 7　金相显微试样的制备与分析

【实验目的】

1. 掌握金相试样的制备原理。

2. 熟悉金相试样制备方法。

3. 能够分析所制备金相存在的缺陷及产生原因。

【实验原理】

在金相学发展史中，人们借助光学显微镜研究材料。近年来电子显微镜发展迅速，但是光学显微金相技术仍是科研和生产中研究金属内部组织的最重要的方法之一。

用光学显微镜观察和研究任何金属内部组织，一般要分为两个阶段：第一阶段制备金相观察用的合格试样；第二阶段用金相显微镜观察和研究金相组织。第一阶段合格试样的制备尤其关键，涉及许多技巧，不同的材料制备方法有所不同，需要有长期的实践经验才能较好地掌握。金相显微镜的使用比生物显微镜晚二百年的原因是长期没有解决试样制备问题。

试样表面一般比较粗糙，不适合直接用显微镜观察其内部组织，因为粗糙的表面会对入射光产生漫反射导致观察不清，因此需对表面进行磨光和抛光处理，得到光亮的镜面（这个表面还必须能完全代表取样前所具有的状态，不能在制样过程中使表层发生任何组织变化）。仅具有光滑表面的试样，在显微镜下只能看到白亮一片，而看不到其组织细节，需用一定的化学试剂对试样表面进行浸蚀处理，使试样表面有选择性地溶解掉某些部分（如晶界），从而呈现微小的凸凹不平，这些凸凹不平都在光学系统的景深范围内，即可以通过金相显微镜看清楚试样组织的形貌、大小和分布。

金相试样制备过程一般包括取样、镶嵌、磨光、抛光、浸蚀等步骤。

(1) 取样

取样部位及检验面的选择取决于被分析材料或零件的特点、加工工艺过程及热处理过程，应选择有代表性的部位。例如，对锻、轧及冷变形的工件一般进行由表面到中心有代表性的纵向检验，以观察组织和夹杂物等的变形情况；对于检验脱碳层、化学热处理的渗层、淬火层、表面缺陷、碳化物网、晶粒度测定等，可截取横向截面进行检验；对于一般热处理后的零件，由于组织比较均匀，可在任意截面截取；对于失效零件进行分析的试样，应该根据失效的原因，在材料失效部位和完好部位分别取样，以便对比分析。

不同的材料要采用不同的截取方法，确保金相观察的面不因截取而产生组织变化。对于软材料，可以用锯、车、刨等加工方法；对于硬材料，可以用砂轮切割机切割或电火花切割等方法；对于硬而脆的材料，如白口铸铁，可以用锤击方法；在大工件上取样，可用氧气切割等方法。在用砂轮切割或电火花切割时，应采取冷却措施，以减少受热而引起的试样组织变化。试样上由于截取而形成的变形层或烧损层必须在后续工序中去掉。

截取金相试样的大小以便于握持和易于磨制为宜。通常显微试样为直径 10～15 mm、高 10～15 mm 的圆柱体或边长为 10～15 mm 的立方体。

(2) 镶嵌或机械夹持

对于尺寸细小而不易握持的试样，例如线材、细管材、薄板等，必须进行镶嵌或机械夹持;对于形状特殊或需要边缘保护(如渗碳层、脱碳层)的试样,也需要进行镶嵌或机械夹持;对于较软、易碎的试样,必须镶嵌保护,镶嵌目前主要有热镶法和冷镶法两种。

① 热镶法

热镶法采用热固性塑料(如电木粉,又称为胶木粉)或热塑性塑料(如聚氯乙烯)等作为镶嵌材料,在镶样机内加热加压成型,冷却脱模。金相镶样机有半自动和全自动两种,包括加压、加热及压模三个部分,外形如图 2-33 所示,镶样机剖面示意图如图 2-34 所示。使用时需要将试样需要观察的面朝下放在下模上(不容易站立的试样也需要想办法使观察面朝下),在套模中加入胶木粉,加入量要超过样品高度,然后将上模放入套模。全自动和半自动镶样机操作规程稍有不同,按照说明书操作即可。热镶法只适用于在 200 ℃以内加热不发生显微组织变化的试样,用胶木粉热镶嵌的试样如图 2-35 所示,不透明,可以有各种颜色。胶木粉比较硬,经镶嵌的试样不易倒角,但抗强酸强碱的耐腐蚀性能比较差;用聚氯乙烯镶嵌的试样为半透明或透明,抗酸碱的耐腐蚀性能好,但是较软。

图 2-33　XQZ-2 全自动镶嵌机

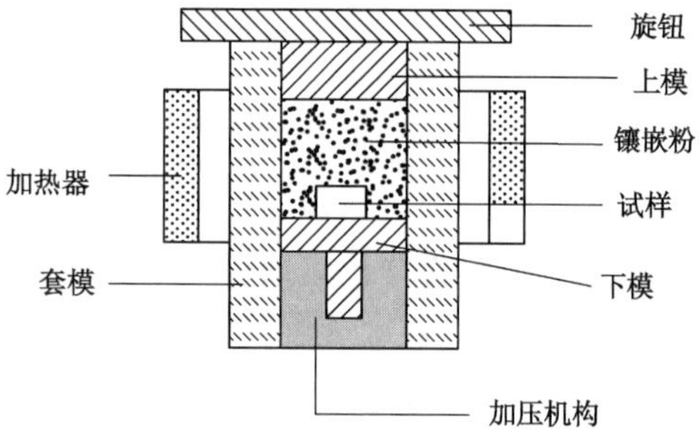

图 2-34　镶样机剖面示意图

图 2-35　热镶嵌试样(胶木粉热镶嵌)

② 冷镶法

对温度和压力极其敏感的材料及微裂纹试样,应采用冷镶法。冷镶不需要专用设备,通常将直径大于试样尺寸的钢管、铜管、塑料管、纸壳管截取一定长度,放在平滑的玻璃上,试样面朝下置于管内,然后向管内注入树脂和固化剂(树脂及固化剂在镶嵌前必须仔细计量,并充分混匀),在室温下固化成型。或采用专用的模具或夹子对材料进行冷镶嵌,具体操作流程如图 2-36 所示。冷镶不会引起试样组织发生变化,但这种材料比较软。

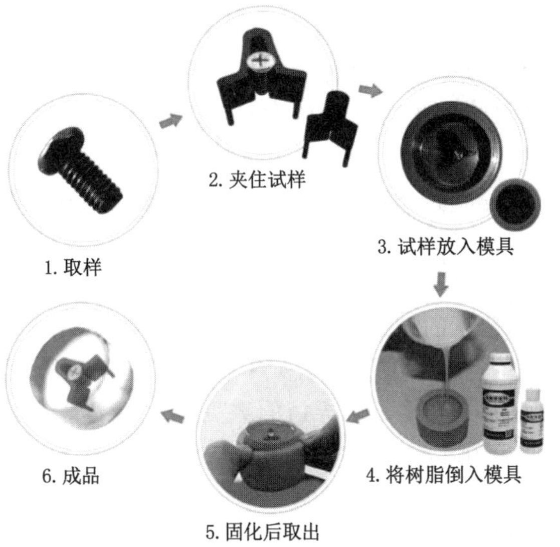

图 2-36　冷镶法操作流程

③ 机械夹持

机械夹持又称为机械镶嵌法，即用夹具夹持试样。一般选用低碳钢、不锈钢等材料做成夹具，如图 2-37 所示。利用夹具可以增大试样与砂纸的接触面积，增加磨制的平稳程度，以确保磨面的平整，适用于截面比较小的试样、薄板试样等。为了保护试样边缘，可在试样的一层面或两侧面放置软金属垫片，机械夹持力不宜太大，以免引起试样塑性变形。根据材料形状可以用不同外形的夹具。

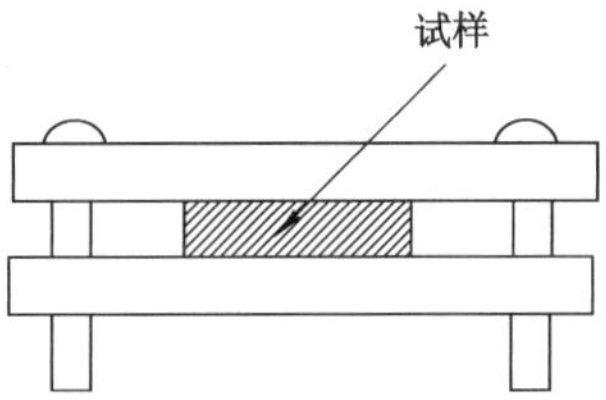

图 2-37　机械夹持图

(3) 磨制

磨制是利用固定磨粒对试样表面进行打磨，从而得到平整的磨面，为后面的抛光做准备。一般分为粗磨和细磨。

① 粗磨

粗磨可以整平试样，同时磨去截取试样时影响组织变化的部分，为细磨做准备。粗磨一般在砂轮机上进行，对于很软的材料(如铝、铜等有色金属)，可用锉刀锉平。用砂轮粗磨试样时应利用砂轮的侧面，并使试样沿砂轮径向缓慢往复移动，施加压力要均匀，压力不宜过大，用力过大会在试样表面留下很深的磨痕，还有可能使砂轮碎裂，造成人身和设备事故。试样沿砂轮缓慢往复均匀用力既可以保证试样表面磨平，还可以防止砂轮侧面磨出凹槽。砂轮粗磨试样时使得磨面温度升高，会导致组织变化和磨痕加深，金属扰乱层增厚，给细磨抛光带来困难，所以在粗磨过程中试样要不断用水冷却。未镶嵌的试样边缘一般需要用砂轮机倒角，软金属要用砂轮或锉刀磨成圆角，以免在后续磨光及抛光时将砂纸和抛光织物划破，增大飞试样的风险。粗磨完成后需要将试样和双手冲洗干净，防止粗砂粒带到细磨用的砂纸上，造成难以消除的深磨痕。粗磨使用的磨料粒度，对试样表面粗糙度和磨削效率有很大的影响。试样经过粗磨后，表面基本平整，但仍存在较深的磨痕和表面加工变形层。

② 细磨

细磨可以除去粗磨时留下的较深磨痕和加工变形层，为接下来的抛光做准备。细磨通常使用金相砂纸，砂纸上的每颗磨粒可以看成一个具有一定迎角（磨粒的前导面与试样平面之间的夹角）的单点刨刀，迎角大于临界值的磨粒才能切除金属，小于临界值的只能压出磨痕（钢铁材料的临界迎角为 90°）。迎角大于临界值的磨粒占一小部分（约 20%），迎角小于临界值的磨粒使金属表层产生很大流变，容易造成试样表层的组织变化（又称为变形层）。新砂纸产生的变形层较深，但经过磨 50～100 下之后就基本稳定不变，磨光速率则随着使用次数的增加而下降。因此，新砂纸稍加使用后即处于最佳使用状态，当用得太多时，就不宜再使用。目前金相砂纸主要有两类：一类是干砂纸，磨料多数是混合刚玉；另一类是水砂纸，磨料为碳化硅，规格见表 2-4。

表 2-4　金相砂纸规格

磨料微粉粒度号	砂纸代号	砂粒尺寸/μm	磨料微粉粒度号	砂纸代号	砂粒尺寸/μm
280	1	＞40	1400(M3.5 或 W3.5)	07	3.5～3.0
320(M40 或 W40)	0	40～28	1600(M3 或 W3)	08	3.0～2.5
400(M28 或 W28)	01	28～20	1800(M2.5 或 W2.5)	09	2.5～2.0
500(M20 或 W20)	02	20～14	2000(M2 或 W2)	10	2.0～1.5
600(M14 或 W14)	03	14～10	2500(M1.5 或 W1.5)	—	1.5～1.0
800(M10 或 W10)	04	10～7	3000(M1 或 W1)	—	1.0～0.5
1000(M7 或 W7)	05	7～5	3500(M0.5 或 W0.5)	—	＜0.5
1200(M5 或 W5)	06	5～3.5	4000(M0.1 或 W0.1)	—	—

常规的细磨方法有手工磨光和机械磨光两种，其中手工磨光可以干磨也可以湿磨，而机械磨光都需要湿磨。

手工干磨具体操作如图 2-38 所示，将砂纸平铺在玻璃板上或专用磨样台上，一只手按住砂纸，另一只手握持试样，将试样磨面轻压在砂纸上，直线向前推移磨制。磨面与砂纸要完全接触，手用力要均匀，拉回时试样离开砂纸，接着在砂纸上单方向磨制。

图 2-39 为试样经过切割加工及四道磨光工序后表面变形层厚度变化示意图，图中 A、B、C 均为变形层，D 为未受损伤的组织。由图 2-39 看出从材料表面往内变形程度变小。每一道磨光工序应尽可能除去前一道工序造成的变形层，而不是仅把前一道工序的磨痕除去，同时应做到尽可能减少本道工序的损伤。每换一道磨光工序都需要更换更细的砂纸，同时将试样和双手冲洗干净，并且将试样磨制方向改变 90°，即本道磨制方向与上一道磨痕

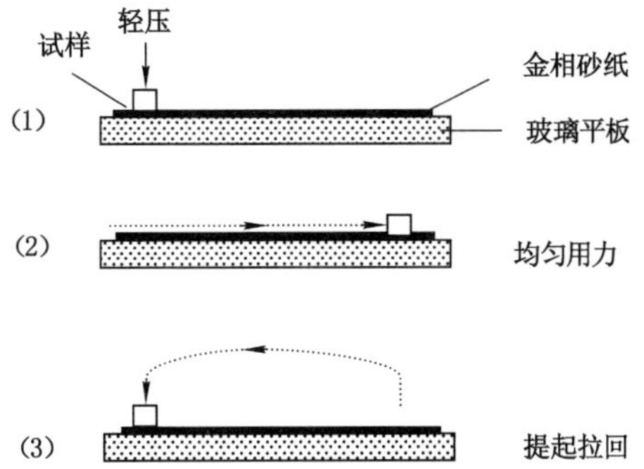

图 2-38　手磨试样操作示意图

方向垂直，以便观察上一道磨痕是否被磨去。最后一道磨光工序产生的变形层深度应非常浅，保证能在下一道抛光工序中除去。

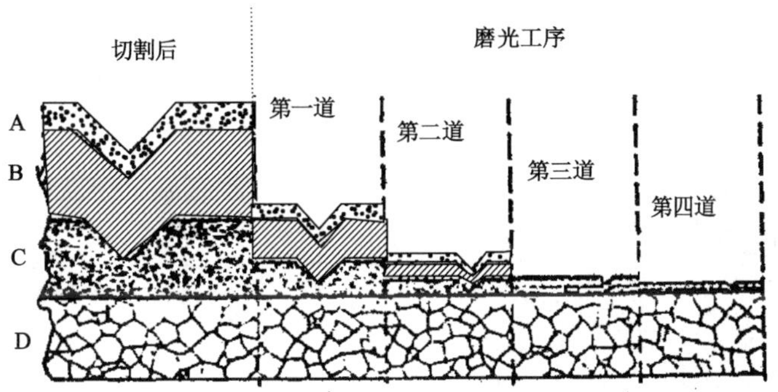

A—严重形变层；B—形变大的层；C—形变微小的层；D—原始组织层。

图 2-39　试样经切割及磨光后变形层厚度变化示意图

手工湿磨法是利用流动的水及时把绝大部分磨屑和脱落的磨粒从砂纸表面冲走。湿磨法的优点：① 在整个磨光操作过程中，磨粒的尖锐棱角始终与试样的表面接触，保持其良好的磨削作用；② 水的冷却作用可以减少磨光时在试样表面产生的摩擦热，避免显微组织发生变化；③ 可以显著改善实验室的清洁卫生条件。手工湿磨可以将平板玻璃斜靠在水池中，打开水龙头，保证磨屑能够被及时冲走，具体磨制方法同手工干磨。也可以借助湿磨设备完成。图 2-40 是早期手工操作的砂纸湿磨设备，使用时将砂纸粘贴在平板上，整个四道磨光工序可以在同一设备上完成。这种湿磨设备结构简单，可根据实验室条件自制手工湿磨小设备。

机械磨光目前普遍使用预磨机来完成，如图 2-41 所示。将不同型号水砂纸贴在预磨机的旋转圆盘上，磨制时手握试样，将试样沿盘的径向来回移动，用力均匀，边磨边用水冲。水可以冷却试样，同时可借助离心力的作用将磨制产生的砂粒、磨屑冲到转盘边缘。每换一道砂纸，都需要将试样和双手洗干净，同时将试样的磨制方向旋转 90°。

(4) 抛光

金相试样细磨后仍有细微磨痕，需要抛光除去，使磨面无磨制缺陷，呈现光亮表面。抛

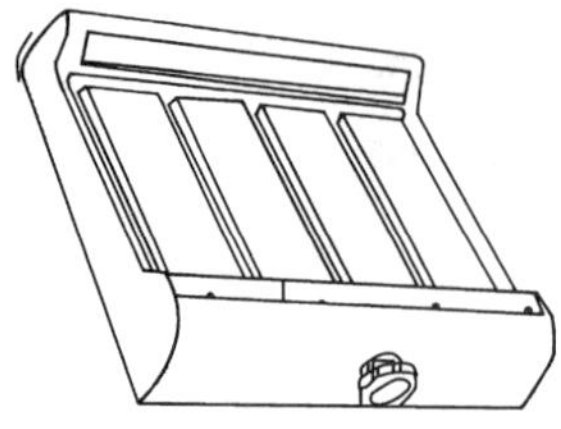

图 2-40　手工操作的砂纸湿磨设备

图 2-41　预磨机

光方法有机械抛光、电解抛光和化学抛光三种，其中机械抛光应用最广。

① 机械抛光

机械抛光在专用的抛光机上进行(图 2-42)。抛光机主要由电动机和抛光盘组成，抛光盘的转速一般为 250～1 400 r/min，抛光盘上要根据需要铺上不同材料的抛光布，在抛光布上抹上抛光膏或滴加抛光液。抛光原理与磨光的原理基本相同，即嵌在抛光织物纤维上的每颗磨粒可以看成一把刨刀，根据它的取向，有的可以切除金属，有的则只能使表面产生划痕。由于磨粒只能以弹性力与试样作用(图 2-43)，它所产生的切屑、划痕及变形层都要比磨光时细小和浅得多。

图 2-42　金相抛光机

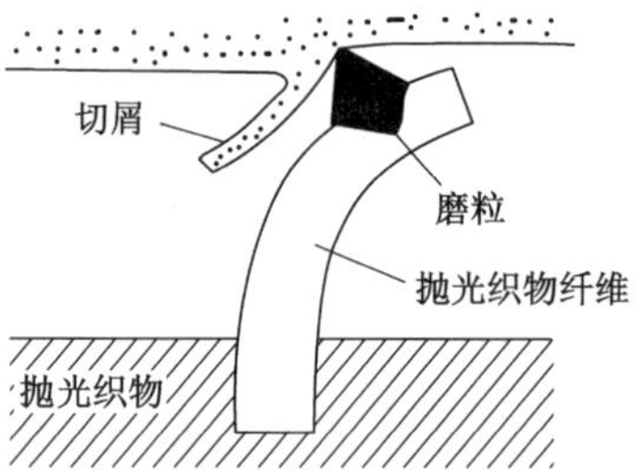

图 2-43　抛光时磨粒在试样表面产生切削示意图

抛光尽可能快速除去磨光时产生的损伤层，同时尽可能少产生新的抛光变形层。前者要求使用较粗的磨料，但会使抛光变形层较深；后者要求使用最细的磨料，但抛光速率较低。解决这个矛盾的最好办法就是把抛光分为粗抛和精抛两个阶段来进行，粗抛应具有最大的抛光速率，快速除去磨光的变形层。粗抛本身形成的变形层是次要考虑的，不过也尽可能小。精抛(又称为终抛)去除粗抛产生的变形层，将抛光损伤层降到最小。

抛光时需要选择合适的抛光布、抛光磨料、抛光盘转速以及抛光方法。

抛光布有尼龙、呢绒、细帆布、金丝绒、天鹅绒、丝绸、海军呢等，粗抛可采用尼龙、呢绒或细帆布等作为抛光布，精抛采用金丝绒、天鹅绒、丝绸等作为抛光布。目前，有些材质的抛光布带背胶，使用起来更方便。

抛光磨料有氧化铝、氧化镁、氧化铬、金刚砂、金刚石颗粒等。主要将抛光颗粒加水配成悬浮液使用，或直接使用抛光膏剂或喷雾。实际抛光时根据材料性质选择磨料的类型和粒度。目前人造金刚石研磨膏使用广泛，其具有以下优点：① 与氧化铝等相比，粒度小得多的金刚石磨粒，抛光速率要大得多，例如 4～8 μm 金刚石磨粒的抛光速率与 10～20 μm 氧化铝或碳化硅的抛光速率相近；② 表面变形层较浅；③ 抛光质量最好。金刚石磨料的价格虽高，但抛光速率大，切削能力保持的时间也长，因此它的消耗量较少。

抛光前安装好抛光布，在抛光布上涂抹抛光膏(以使用抛光膏抛光为例)，涂抹抛光膏可采用散点形、十字形、螺旋形等抹到抛光布的纤维上，涂抹量适中，再加入适量的水润湿抛光布。不管是粗抛，还是精抛，抛光前都需要将手和试样冲洗干净，抛光时手必须握稳试样，试样磨面与抛光布紧密接触，注意磨痕方向与抛光盘的转动方向垂直，用力均匀，并从边缘到中心不断地做径向往复移动，同时试样可逆着抛光盘的转动方向而自身转动。抛光时压力不宜太大，压力过大抛光时间过长会增加磨面的扰乱层；压力也不宜过小，过小则磨痕抛不干净。抛光盘不宜太湿，太湿会冲走部分磨粒而降低磨削力，使试样的硬质相呈现浮雕，也不宜太干，太干由于摩擦生热会使试样升温产生晦暗现象。抛光布湿度以提起试样后磨面上的水膜在 3～5 s 内蒸发完为宜，抛光盘过干要及时添加水。抛光时间不宜过长，待试样表面磨痕全部消失且呈现光亮镜面时抛光完成，及时用清水将试样冲洗干净，然后用酒精滴洗，再用吹风机或烘干机吹干。若只需要观察金属中的各种夹杂物或铸铁中的石墨形状等，金相制样过程到此结束，将试样直接置于金相显微镜下观察。

抛光完成的试样在金相显微镜下观察时大部分是光亮的表面(除材料内含有不需浸蚀即可观察到的相)，如发现有划痕，需要重新抛光，有特别粗大的划痕时需要返回磨光工序，具体情况视划痕粗细而定。

近年来已有全自动抛光机，可按抛光试样要求设定抛光参数，如转速、压力、润滑剂、磨料喷撒频率等，还可以随时间而改变。对于某种材料的金相试样，只要建立了最佳制样参数，制样效果的重现性就很好，工作效率则得到大幅度提高。不过这种制样设备并不能完全取代金相技术人员的工作，只能按照人们预制定的程序进行工作。

② 电解抛光

电解抛光主要是电化学的溶解过程，没有机械力的作用引起金属的表面变形层，因而能够真实地显示金相组织。电解抛光速度快、效率高，对试样磨光程度要求低(一般用 800 号水砂纸磨平即可)。电解抛光适用于有色金属及其他硬度低的单相合金，如铝合金、奥氏体不锈钢、高锰钢等，但不适用于化学成分不均匀、显微偏析严重的金属及金属基体的非金属夹杂物的金相试样，用塑料镶嵌的试样等，会造成局部腐蚀严重。

电解抛光的装置如图 2-44(a)所示，试样接阳极，耐蚀金属作为阴极(如不锈钢板、铂、铅等)。将两极放入电解液中，接通电源后，阳极发生溶解，金属离子进入溶液中。电解抛光的原理一般可用薄膜假说的理论来解释，如图 2-44(b)所示，电解抛光时，在原来高低不平的试样表面上形成一层具有较高电阻的薄膜，试样凸起部分的膜比凹下部分的薄，膜越薄电阻越小，电流密度越大，金属溶解速度越快，从而使凸起部分渐趋平坦，最后形成光滑平整的表面。

电解抛光时采用专用的自动电解抛光仪，选择合适的电压，控制好电流密度(过低和过高的电压都不能达到正常抛光的目的)，控制好电解抛光的时间，抛光完成后将试样从电解液中取出并迅速用清水冲洗干净，吹干即可。

不同材料选用的电解液不同，电解抛光规范也不同，可根据被抛光材料的成分及状态查阅有关手册。

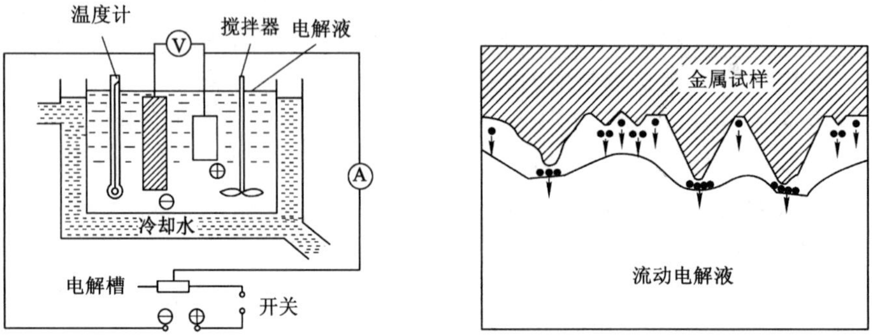

(a) 电解抛光装置　　(b) 电解抛光原理

图 2-44　电解抛光装置与原理

③ 化学抛光

化学抛光是用化学试剂对试样表面凹凸不平的区域进行选择性溶解，从而将磨痕去除的一种方法。实际操作时用棉花蘸化学抛光液涂在经过粗磨的试样上来回擦拭，或将试样浸在化学抛光液中，经过一段时间后依靠化学腐蚀作用使试样表面发生选择性溶解，从而得到光滑的抛光表面。化学抛光的原理与电解抛光类似，是化学药剂对试样表面不均匀溶解的结果。在溶解的过程中表层也产生一层氧化膜，但是化学抛光无外加电流通过，对试样原来凸起部分的溶解速度比电解抛光慢，因此经化学抛光后的磨面虽光滑，但不够平整，有波浪起伏感。这种起伏一般在物镜的垂直鉴别能力之内，可用金相显微镜观察，多适于低倍和中倍观察。

化学抛光兼有化学腐蚀的作用，能显示金相组织，抛光后可直接在显微镜下观察。这种方法操作简单，成本低廉，不需要特别的仪器设备，对原来试样表面的粗糙度要求不高。对于一些软金属，如锌、铅、锡、铜等，采用化学抛光比采用机械抛光和电解抛光的效果好。目前，其应用范围逐渐扩大。

化学抛光液的成分随抛光材料的不同而不同，一般为混合酸溶液，为了提高金属表面的活性以利于化学抛光的进行，还加入一定量的过氧化氢。抛光液温度对化学抛光影响较大，提高温度可加速化学抛光速度，但抛光速度太快则不宜控制，抛光速度太慢则效率低。温度控制得当，能提高化学抛光的效果。抛光时间取决于材料本身的性质，例如钢中含碳量不同，所需的抛光时间也不相同。化学抛光液经使用后，溶液内金属离子增多，抛光作用减弱，需常更换新溶液。不同材料选用的抛光液不同，常见化学抛光液见表 2-5。

表 2-5　常用的化学抛光液

成分	使用说明	适用范围
过氧过氢 100 mL、氢氟酸 14 mL、蒸馏水 100 mL	室温	适用于 ω_C=0.1%～0.8%的碳钢及合金钢
蒸馏水 100 mL、草酸 5 g、过氧过氢(30%)4～6 mL、硫酸铜(分析纯)0.5 g	室温，3～4 min	适用于高锰钢
铬酸 200 g、硫酸钠 15 g、蒸馏水 1 000 mL	室温，30 s～3 min	适用于锌及锌合金

（5）浸蚀（腐蚀）

试样经过抛光后（化学抛光除外），在显微镜下只能看到光亮的磨面及空洞、裂纹、夹杂物等。若想用显微镜辨别出试样的组织组成和组织特征，必须对抛光合格的试样进行浸蚀（腐蚀），把金相组织显示出来。常用的浸蚀（腐蚀）方法有化学浸蚀法和电解浸蚀法。

① 化学浸蚀

化学浸蚀是将抛光好的样品磨面用化学腐蚀剂浸蚀一定时间，从而显示显微组织的过程。浸蚀时可将腐蚀液滴在抛光面表面（滴蚀法），或用棉花蘸上腐蚀液在磨面上轻轻擦拭（擦蚀法），也可以将抛光面浸入化学腐蚀液中（浸蚀法）。

纯金属及单相合金的化学浸蚀是一个化学溶解过程。化学腐蚀液首先把抛光面表面很薄的变形层溶解掉，接着由于晶界处缺陷和杂质较多，原子排列不规则，具有较高的自由能，将优先溶解晶界，将晶界溶解成凹沟（槽），此时被化学浸蚀过的试样在显微镜下观察时可以看到黑色的晶界线（因为凹坑处光线漫反射）和白亮色的晶粒，如图 2-45 所示。若延长化学浸蚀时间，部分晶粒内部被化学溶解，由于各晶粒位向不同，不同的晶面溶解速率不同，被化学浸蚀后的显微平面与原磨面的角度不同，如图 2-46 所示，在垂直光线照射下，反射进入物镜的光线不同，因此可看到明暗不同的晶粒，例如工业纯铁的显微组织，如图 2-47 所示。

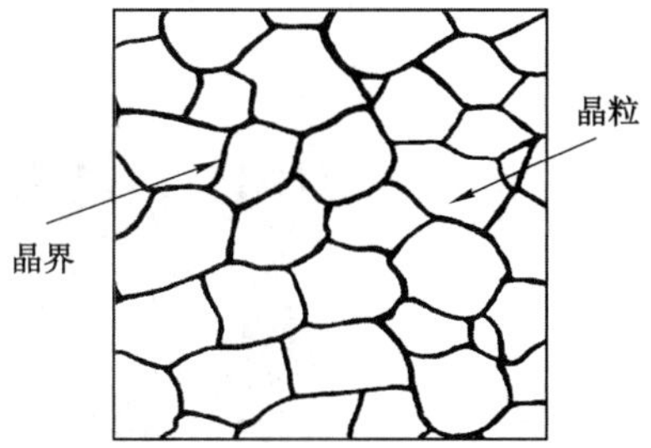

图 2-45　纯金属及单相合金显微组织示意图

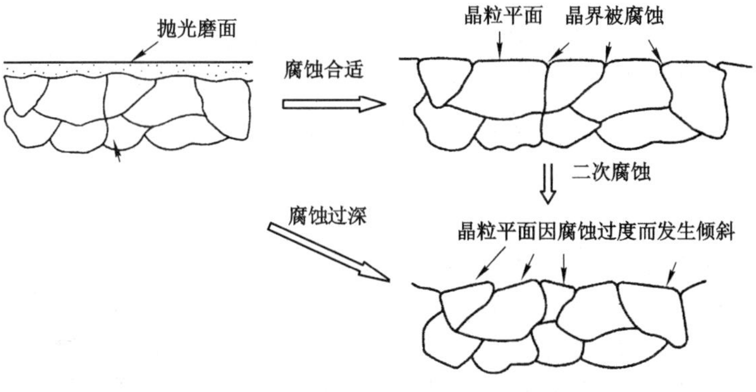

图 2-46　纯金属及单相合金化学浸蚀示意图

两相合金的腐蚀主要是电化学溶解过程。两个组成相具有不同的电极电位，在腐蚀剂中形成极多微小的局部电池。具有较高负电位的一相成为阳极，被溶入电解液中而逐渐凹下去；具有较高正电位的另一相为阴极，不被腐蚀，保持原来的平面高度。在显微镜下两个相就形成了不同的颜色，凹的相呈现黑色，凸出的相呈现白亮色。两相形成的电位差越大，腐蚀速度越快，两相差别越明显。图 2-48 所示为珠光体组织与锡锑合金两相被腐蚀后的显微组织。

多相合金的腐蚀也是一个电化学溶解过程。在腐蚀过程中腐蚀剂对各个相有不同程

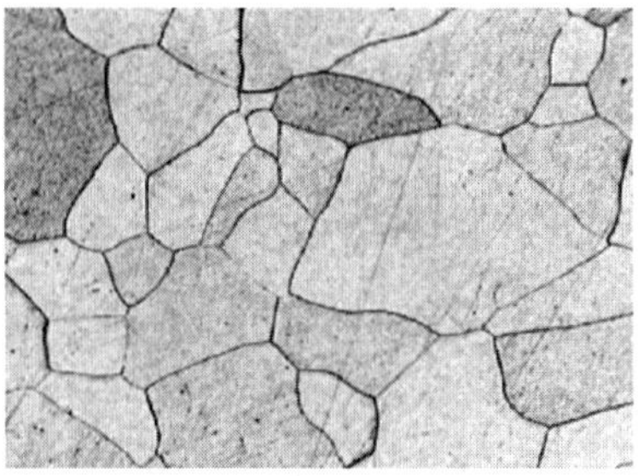

图 2-47　工业纯铁显微组织

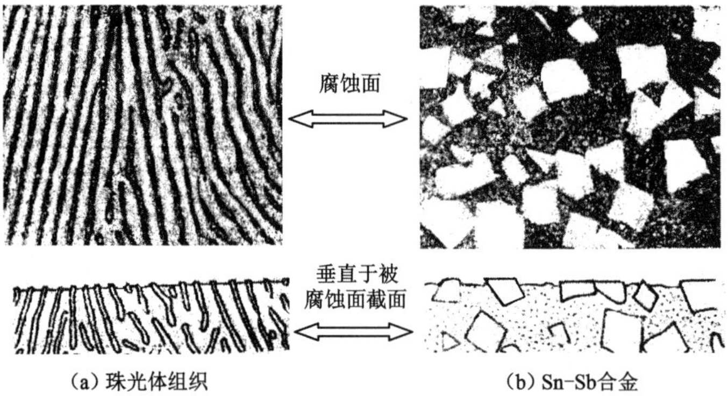

图 2-48　两相合金的腐蚀

度的溶解。必须选用合适的腐蚀剂,如果一种腐蚀剂不能将全部组织显示出来,就应采取两种或更多的腐蚀剂依次腐蚀,使之逐渐显示出各相组织,这种方法也称为选择腐蚀法。另一种方法是薄膜染色法。此方法是利用腐蚀剂与磨面上各相发生化学反应,形成一层厚薄不均的膜(或反应沉淀物),在白光的照射下,光的干涉使各相呈现不同的色彩,从而达到辨认各相的目的。

化学浸蚀(腐蚀)方法是显示金相组织最常用的方法。具体操作方法:将抛光好的试样用水冲洗干净,再用酒精擦掉表面残留的脏物,吹干,然后将腐蚀剂滴在试样抛光面上或用竹夹子夹住棉花球蘸取腐蚀剂在试样磨面上擦拭(也可以将需要腐蚀的面浸入腐蚀液中),抛光面即逐渐失去光泽,待试样腐蚀合适后马上用水冲洗干净,接着用酒精冲洗,最后用吹风机或烘干机吹干,即可放在显微镜下观察。

试样腐蚀的深浅要根据试样的材料、组织和显微分析的目的确定,还与观察者所需要的显微镜的放大率有关。放大率高,可腐蚀浅一些,放大率低可腐蚀深一些。单相组织腐蚀重一些,双相组织腐蚀轻一些。腐蚀宁浅勿深,腐蚀太浅可以重复腐蚀,腐蚀稍深需要重新抛光再腐蚀,腐蚀过深则需要重新磨光和抛光后再腐蚀。不同材料需要选择不同的腐蚀液,常用的腐蚀剂见表 2-6。即使是可用同种腐蚀液腐蚀的不同材料,腐蚀的时间也不尽相同,需要操作者多次尝试,积累丰富的经验,才能腐蚀适度。

表 2-6　常用的化学腐蚀剂

腐蚀剂	成分	腐蚀条件	适用范围
硝酸酒精溶液	硝酸 1～5 mL， 酒精 100 mL	硝酸含量按材料选择，腐蚀数秒钟	碳钢及低合金钢的组织显示
苦味酸酒精溶液	苦味酸 2～10 g， 酒精 100 mL	腐蚀几秒至几分钟	对钢铁材料的细密组织显示较清晰
碱性苦味酸溶液	苛性钠 2～5 g， 苦味酸 20～25 g， 蒸馏水 100 mL	加热使用，腐蚀时间为 5～30 min	渗碳体呈暗黑色
混合酸酒精溶液	盐酸 10 mL， 硝酸 3 mL， 酒精 10 mL	腐蚀 2～10 min	显示高速钢淬火及淬火回火后晶粒大小
氯化铁盐酸水溶液	氯化铁 5 g， 盐酸 50 mL， 水 100 g	腐蚀几秒至几分钟	显示不锈钢、奥氏体高镍钢、铜及铜合金组织
王水溶液	$V_{盐酸}:V_{硝酸}=3:1$	浸入腐蚀液内数次，每次 2～3 s，并抛光，用水和酒精冲洗	显示高合金组织，用于铬-镍不锈钢组织
氢氟酸水溶液	氢氟酸 0.5 mL， 水 99.5 mL	用棉花擦拭 10～20 s	显示铝及铝合金组织
草酸溶液	草酸 2 g，水 98 mL	腐蚀 1～2 s	显示铸造及形变后镁合金组织

② 电解浸蚀

电解浸蚀（腐蚀）所用的设备与电解抛光相同，只是工作电压和工作电流比电解抛光时小。这时在试样磨面上一般不形成一层薄膜，由于各相之间和晶粒与晶界之间电位不同，在微弱电流作用下各相腐蚀程度不同，因而显示出组织。电解浸蚀既可以单独进行，也可以和电解抛光联合进行，即电解抛光后随即降低电压进行电解浸蚀。此方法适用于抗腐蚀性能强、难于用化学浸蚀法腐蚀的材料，如不锈钢、耐热钢、镍基合金等。

腐蚀合格的试样应及时放在干燥防潮柜内，以防止被潮湿空气氧化，被氧化的试样需要重新抛光腐蚀。若试样制备好后需要长期保存，则需要在腐蚀过的试样观察面上涂一层保护膜，常用的有硝酸纤维漆加香蕉水、指甲油等。

（6）金相试样制样缺陷分析

一个合格的金相试样要求制样缺陷尽可能少甚至没有，作为金相工作者，会识别金相组织中常见的制样缺陷，并能够分析引起制样缺陷的原因，才能够将金相制备技术不断提高。常见的制样缺陷主要包括以下几种：

① 划痕

在磨试样过程中要求每一道磨光工序必须完全磨去上一道工序带来的划痕，粗抛光去除磨光最后一道工序的划痕，细抛去除粗抛带来的划痕，否则，砂纸的磨痕和抛光的划痕容易保留下来。另外，磨光或抛光过程中，砂纸表面或抛光布表面被掉落的砂粒等污染，也有可能造成划痕，划痕多呈现黑色直线，如图 2-49 所示。

② 变形层

变形层又称为形变干扰层，是假象的一种，主要是细磨和抛光时磨料的尖角比较圆滑、不尖锐，挤压变形作用大，切削作用小，制样时间过长造成的。使用显微镜观察时发现晶粒表面不光滑，似有一些小黑点分布在晶粒中，好像是第二相析出，容易给分析金相组织造成干扰。比较软的相在制样过程中容易产生变形层，例如工业纯铁制备时铁素体相易变形，产生严重的变形层，如图 2-50 中箭头所指部分。

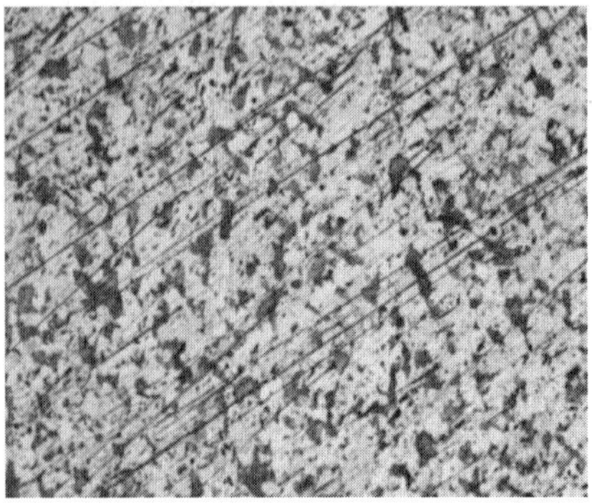

图 2-49　划痕样缺陷

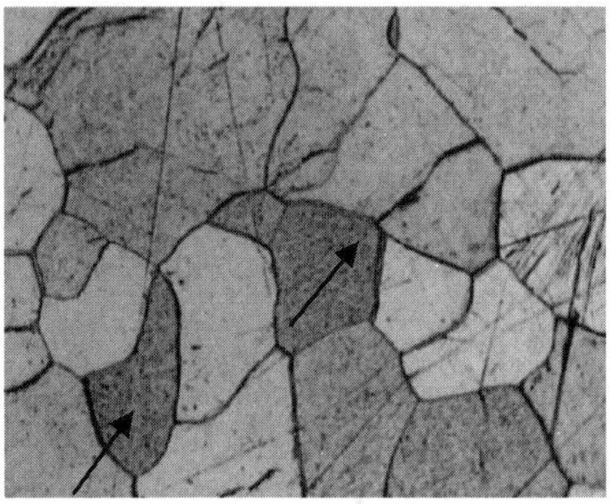

图 2-50　工业纯铁中变形层缺陷

③ 拖尾

拖尾又称为曳尾，主要是由于抛光时抛光布太干，表面不湿润，试样在抛的过程中没有有效沿径向来回移动，造成抛光产物或磨料嵌入试样表面，没有得到及时清除，当积攒到一定量后被甩出，在试样表面留下痕迹，如图 2-51 所示。避免拖尾的有效方法是保持抛光布湿润，试样要不停移动，避免长时间抛光。抛光产生拖尾后继续浸蚀，金相组织显示的同时拖尾不会消失，仍留在金相组织中。

④ 嵌入

嵌入是指研磨颗粒进入试样表面的现象，对于比较软的材料，在抛光过程中研磨颗粒更容易嵌入，当嵌入较深时不容易被甩出而保留在材料表面。图 2-52 所示是工业纯铁经过抛光腐蚀留下的研磨颗粒及研磨颗粒坑。当嵌入较浅时，可以被甩出，但是要注意抛光方法，操作不当容易产生拖尾现象。

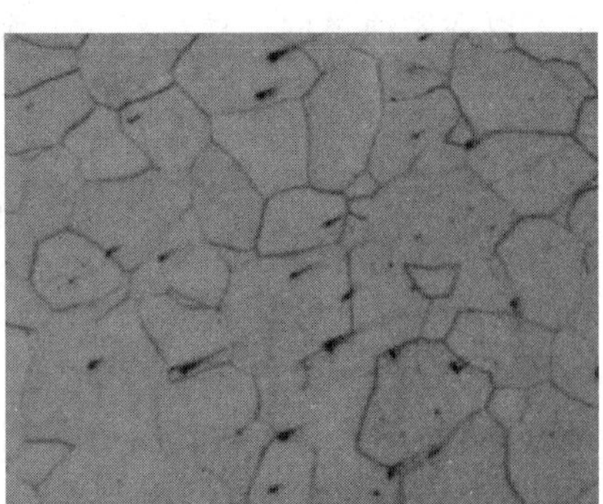

图 2-51　工业纯铁制备后留下大量拖尾

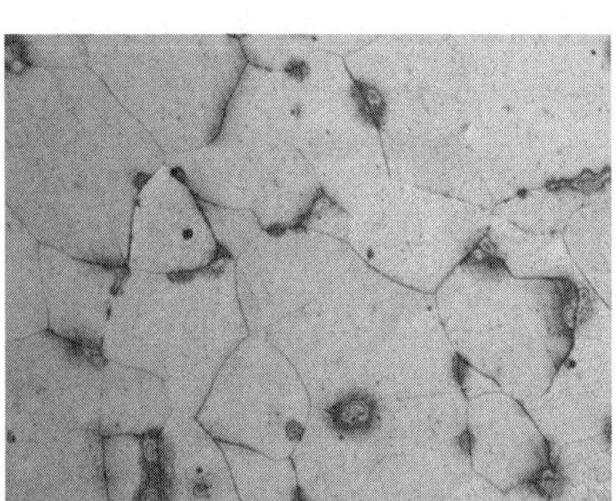

图 2-52　工业纯铁中研磨颗粒嵌入

⑤ 剥落

材料中有软、不致密的相或硬、脆相时，在金相制样过程中，该相极容易从试样表面脱落，在试样表面形成一个小坑，称为剥落。试样产生剥落后，不能显示出真实组织形态。例如球磨铸铁中石墨相是软、不致密的相，制样过程容易产生剥落现象，如图 2-53 所示，可以看到石墨球颜色不均匀，箭头所指石墨球中间部分颜色较浅，是石墨剥落后的剥落坑的垂直高度超过显微镜的景深，不能清晰成像造成的。硬而脆的陶瓷制备也容易产生大量剥落坑，如图 2-54 所示，图中浅黑色部分就是主晶相剥落后的剥落坑。容易产生剥落的材料制样时，选用硬度高、尖角锋利的磨料，避免转速高、长时间的抛光以及保持抛光布湿润，可有效减少制样过程中产生的剥落。

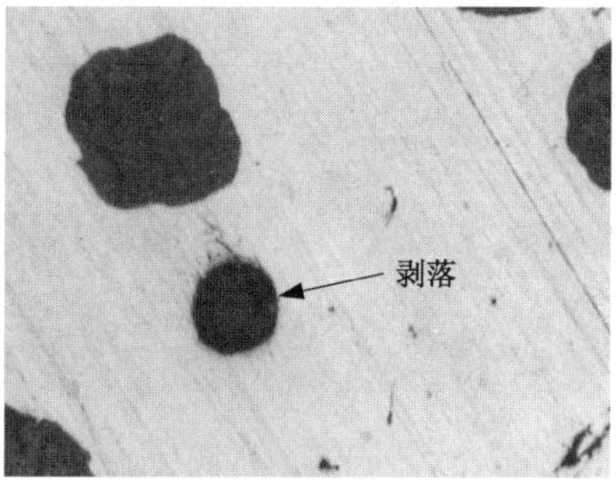

图 2-53　球磨铸铁抛光造成的剥落

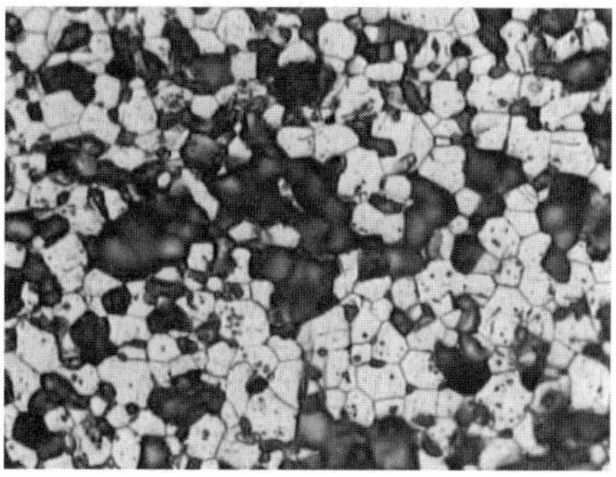

图 2-54　铁氧体陶瓷制备后留下大量剥落坑

⑥ 腐蚀不当

腐蚀不当分为腐蚀过深、腐蚀过浅和腐蚀不均匀。腐蚀过浅时部分组织腐蚀不出来，显微镜下不能看全组织的具体形态，如图 2-55 所示，20 钢的铁素体晶界未显示或只有少部分显示；腐蚀过深，组织中各相都被腐蚀过度，不能正确区分组织细节，如图 2-56 所示，20 钢腐蚀过度后铁素体晶界出现双晶界；腐蚀不均匀，造成组织混乱。所以腐蚀时间要掌握得恰到好处，才能显示出真实的组织形态。不同材料需要的腐蚀时间不同，需要凭借丰富的经验才能掌握好腐蚀时间。

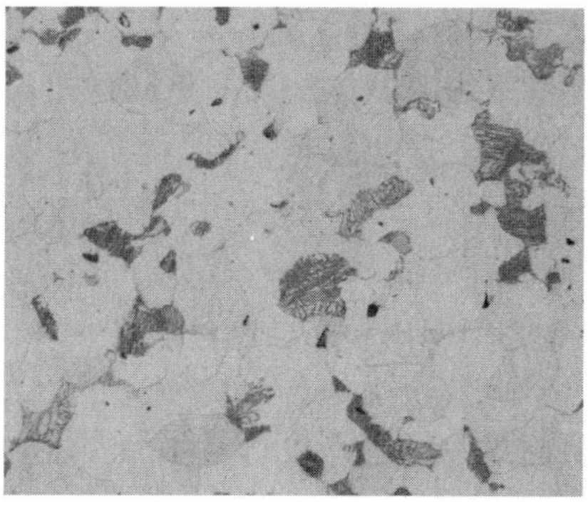

图 2-55　20 钢腐蚀过浅

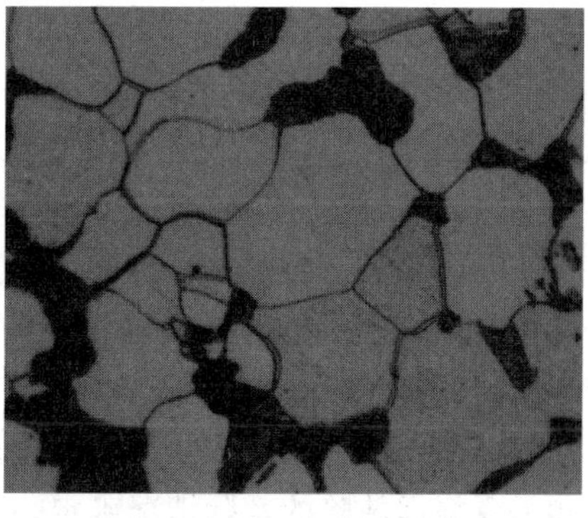

图 2-56　20 钢腐蚀过深

⑦ 污染

抛光完成后，试样表面研磨颗粒、磨屑等没有清理干净，继续腐蚀，污染物会残留在试样表面。抛光完成后用流动的清水多次清洗，必要时辅助棉花擦洗，然后用酒精进一步滴洗，确保表面清洁到位，再进行腐蚀操作。图 2-57 所示是工业纯铁制备后留下的污染物。

⑧ 水迹

水迹是因为试样腐蚀后清洗后表面残留水，经热吹风干燥后，水点形成一层氧化膜，显微镜观察时，由于光线的干涉作用，可看到彩色的水痕迹，如图 2-58 所示。清洗完试样不要反复擦拭表面，试样表面水迹要一次性吹干，最好的方法是先用清水冲洗干净，再用酒精清洗一遍，然后一次性吹干，这样可有效避免水迹的产生。

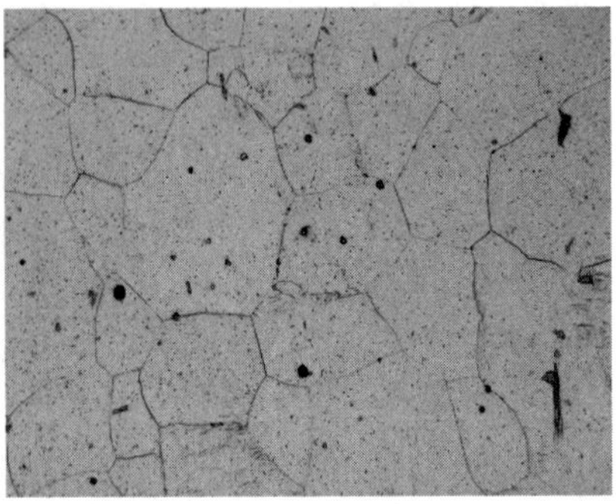

图 2-57　工业纯铁制备后留下的污染物

图 2-58　水迹

【实验准备】

1. 准备实验用金相砂纸（180#、320#、600#、1 000#、1 500#）、钢化玻璃板、金刚石研磨膏（2.5 μm）、抛光膏、抛光布（φ20 mm，带背胶）、脱脂棉球、竹夹子、洗瓶、烧杯。

2. 配置 4%硝酸酒精溶液，装入棕色滴瓶，贴上试剂四要素标签。无水乙醇装入白色滴瓶，贴上标签。

3. 检查砂轮机、预磨机、抛光机、金相显微镜、吹风机是否运行正常。

4. 低碳钢试样。

【实验内容与步骤】

1. 领取实验用试样，用砂轮机粗打磨，将试样表面打磨平整。

2. 领取各种规格的砂纸，按照从粗到细的顺序手工细磨试样。若采用预磨机磨制，砂纸选择由粗到细，使用前安装到位，使用过程中不断用水冲洗和冷却试样。

3. 用抛光机对试样进行抛光，将试样抛光成光亮镜面。

4. 用 4%硝酸酒精浸蚀试样表面，将表面腐蚀到合适程度。

5. 用金相显微镜观察所制备的显微组织，观察金相组织中存在的制备缺陷并分析缺陷的产生原因。

6. 若金相试样制备缺陷严重，影响显微组织观察，需要进行金相制备操作，具体返回哪一步骤需要根据缺陷的实际情况确定。

7. 对制备的金相组织进行拍照，拍摄多张金相照片，含制样缺陷最少区域和较多区域。

【安全提醒与注意事项】

1. 使用砂轮机时，做好安全防护，穿实验服，戴护目镜，女生盘发，拿稳试样，站在砂轮机侧面操作，试样发烫时及时用水冷却，使用完毕及时关闭电源。

2. 细磨按照规范操作，注意砂纸表面不被粗磨粒污染。

3. 抛光前需将手和试样冲洗干净，避免将粗磨粒带入抛光盘，抛光膏添加量合适，避免浪费，拿稳试样，避免飞试样。

4. 浸蚀试样需要借助竹夹子，避免将腐蚀液沾到手上。

5. 腐蚀好的金相试样需要保护好观察面，以防被弄脏或刮伤。

6. 显微镜观察时应保持双手干燥，显微镜使用注意事项同前面实验。

7. 实验完成后打扫实验场所、将设备归位。

【交流与评价】

1. 分组讨论

指导教师根据班级人数将学生分成若干小组，每个小组 5～6 人，各组推荐组长 1 人。评价内容包括实验态度、实验完成度、实验完成质量，总分 100 分，小组内成员对本次实验进行互评，组长完成组内互评的成绩统计，各组员签字确认（表 2-7）。

表 2-7　金相显微试样的制备与分析实验评价表

评价内容	组员 1	组员 2	组员 3	组员 4	组员 5	组员 6	……
实验态度（10 分）							
实验完成度（20 分）							
实验完成质量（70 分）							
总分							

组号：＿＿＿＿＿＿　实验日期：＿＿＿＿＿＿　组长签字：＿＿＿＿＿＿

组员签字：＿＿＿＿＿＿＿＿＿＿＿＿＿＿＿＿＿＿＿＿＿＿＿＿

2. 集中展示

利用金相互动教室，各小组长展示每组金相制备质量最高同学的金相组织，最后共同评出班级金相技能能手。

【拓展思考题】

1. 金相显微试样的制备主要有哪几个步骤？每个步骤都是必需的吗？

2. 金相显微试样如何截取？

3. 什么情况下需要对金相试样进行镶嵌？镶嵌常见的方法有哪些？

4. 磨光与抛光的原理是否相同？

5. 各浸蚀方法有何优缺点？是否所有金相观察的试样都需要经过浸蚀？

【实验报告要求】

1. 实验目的。

2. 实验原理。

简述磨光、抛光和浸蚀的原理。

3. 实验内容。

【实验内容与步骤】

(1) 简述砂轮机粗磨试样操作注意事项，粗磨合格试样表面特征。

(2) 简述手工磨制用砂纸规格选择、磨制方法、磨制顺序、每一道砂纸磨制合格的试样表面特征。

(3) 简述用抛光机抛光试样的方法,试样抛光合格的表面特征。

(4) 简述腐蚀试样表面的操作步骤及要求。

(5) 拍摄所制备的金相试样显微组织照片(带标尺),对图中任意组织进行测量。

(6) 记录所制备试样存在的缺陷,分析各缺陷的可能形成原因。

4. 分析高质量金相试样制备的关键点及金相技能对材料研究的重要性。

全国大学生金相技能大赛

全国大学生金相技能大赛最初是由清华大学、北京科技大学、天津大学、国防科技大学、昆明理工大学、重庆大学、东南大学、中南大学、湖南大学、郑州大学、上海应用技术学院等高校联合发起的一项大学生赛事。第一届全国大学生金相技能大赛于2012年12月在北京科技大学举办,此后每年举办一届。2015年8月,教育部高等学校材料类专业教学指导委员会正式发文,决定作为大赛的主办单位对大赛的组织工作进行具体指导。自此,全国大学生金相技能大赛成为一项得到教育部有关部门认可的全国性大学生赛事。2020年2月22日,中国高等教育学会发布2019年全国普通高校大学生学科竞赛排行榜,全国大学生金相技能大赛被正式纳入排行榜,历届大赛基本数据见表2-8。

表2-8 历届全国大学生金相技能大赛基本数据

届次	举办时间	承办单位	参赛高校/所	预赛参赛人数/人	复赛选手人数/人
13	2024年7月25日至7月29日	黄冈师范学院	571	40 488	1 458
12	2023年7月9日至7月14日	郑州大学	507	约40 000	1 431
11	2022年11月1日至12月25日	大赛秘书处(线上)	414	未统计	未统计
10	2021年10月9日至10月14日	上海交通大学	370	约40 000	1 109
9	2020年10月9日至10月14日	太原理工大学	290	约30 000	869
8	2019年7月25日至7月30日	常熟理工学院	254	约35 000	755
7	2018年8月25日至8月30日	西北工业大学 西安理工大学	210	约30 000	633
6	2017年10月10日至10月13日	南昌大学 南昌航空大学 江西科技师范大学	167	约20 000	497
5	2016年7月24日至7月28日	清华大学	133	约14 000	396
4	2015年10月9日至10月11日	昆明理工大学	102	约10 000	304
3	2014年9月26日至9月28日	北方民族大学	59	未统计	176
2	2013年10月9日至10月11日	东南大学	48	未统计	165
1	2012年12月5日至12月7日	北京科技大学	23	未统计	71

第 3 章　晶体学与结晶学基础实验

实验 8　晶体结构模型搭建与分析

【实验目的】

1. 掌握面心立方、体心立方和密排六方晶体结构。
2. 掌握三种晶体结构中常用晶面及晶向上的原子排列特征。
3. 掌握三种晶体结构中四面体间隙和八面体间隙的特征、位置及分布。
4. 掌握面心立方和密排六方晶体结构中最密排面的堆垛顺序。
5. 掌握金刚石结构、NaCl 结构和 CsCl 结构。

【实验原理】

一、晶体

原子、分子或它们的集团，在三维空间做有规则的周期性重复排列，即构成晶体。在金属晶体中，结合键是金属键，由于金属键具有无饱和性和无方向性的特点，因而金属内部的原子区域紧密排列，构成高度对称性的简单晶体结构。最典型的金属晶体结构主要是三种：面心立方、体心立方和密排六方。将金属晶体中的金属原子看成直径相等的刚性圆球，这些等径圆球在三维空间中堆积而成的模型称为金属晶体的堆积模型，如图 3-1、图 3-2、图 3-3 所示。

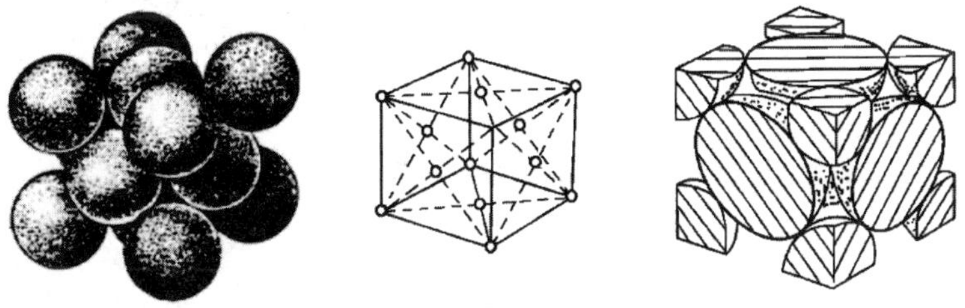

(a)　　(b)　　(c)

图 3-1　面心立方晶体结构

二、晶向

晶体中任一原子列均构成一晶向，任一晶向指数代表晶体中平行并同向的所有原子列。不同指数的晶向有不同的空间方位和原子间距。立方晶系和六方晶系的常见晶向如图 3-4 所示。

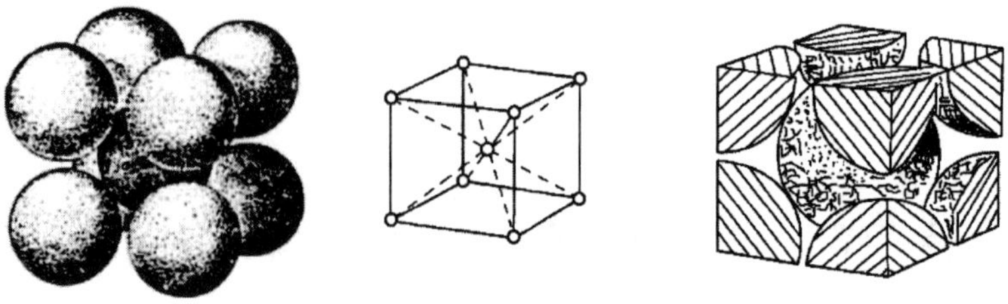

(a)　　(b)　　(c)

图 3-2　体心立方晶体结构

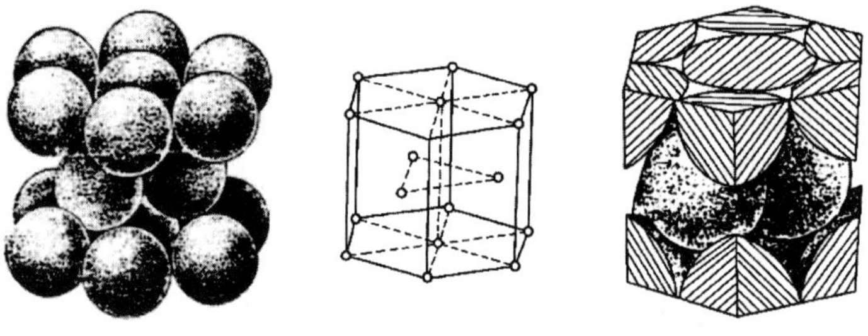

(a)　　(b)　　(c)

图 3-3　密排六方晶体结构

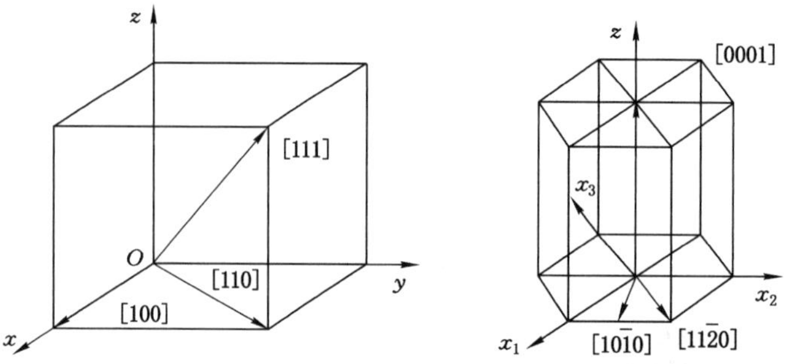

(a)　　(b)

图 3-4　立方晶系和六方晶系的常见晶向

三、晶面

同处于一个平面中的原子构成晶面，任一晶面指数表示晶体中平行的所有晶面。不同指数的晶面空间方位、原子排列方式和原子面密度不同。立方晶体结构中常用晶面如图 3-5 所示。

四、原子堆垛方式

原子密排面的层层堆垛就构成了晶体的空间结构，而堆垛方式的差异会形成不同的晶体结构。如果把第一层密排面记作 A 层，第二层密排面在 A 层堆垛时既可以位于间隙 B 上，也可以位于间隙 C 上，同样，第三层原子也可以位于第二层的两种间隙位上方。因此密排面在空间重复堆垛时可以有两种方式：一是按 ABAB…或 ACAC…的顺序堆垛，即密排

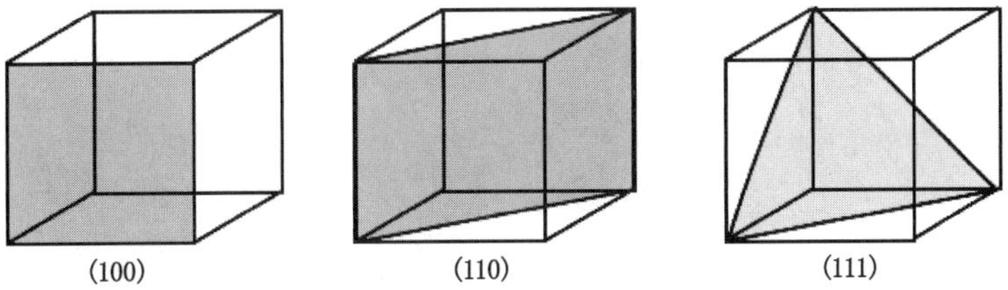

图 3-5　立方晶系中的常见晶面

六方结构；二是按 ABCABC…的顺序堆垛，即面心立方结构，如图 3-6 所示。

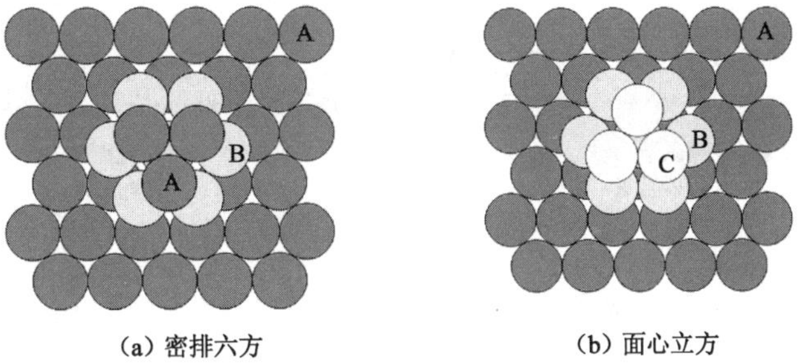

图 3-6　密排堆垛方式

五、间隙

金属晶体存在许多间隙，这种间隙对金属的性能、合金相结构、扩散、相变等都有重要影响。图 3-7、图 3-8 和图 3-9 分别为三种典型晶体结构的间隙位置示意图。图中实心圆代表原子，半径为 r_A；空心圆代表间隙，半径为 r_B，表示能放入间隙内的小球的最大半径。位于 6 个原子所组成的八面体中的间隙称为八面体间隙，而位于 4 个原子所组成的四面体中的间隙称为四面体间隙。可利用空间几何关系求出三种晶体结构中四面体和八面体间隙的数量和尺寸，见表 3-1。

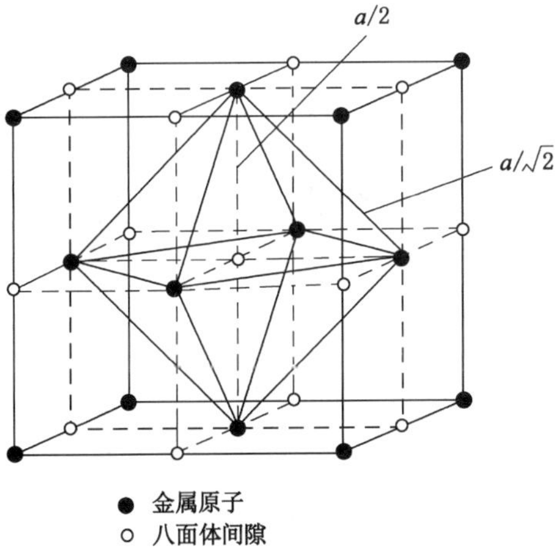

图 3-7　面心立方结构中的间隙

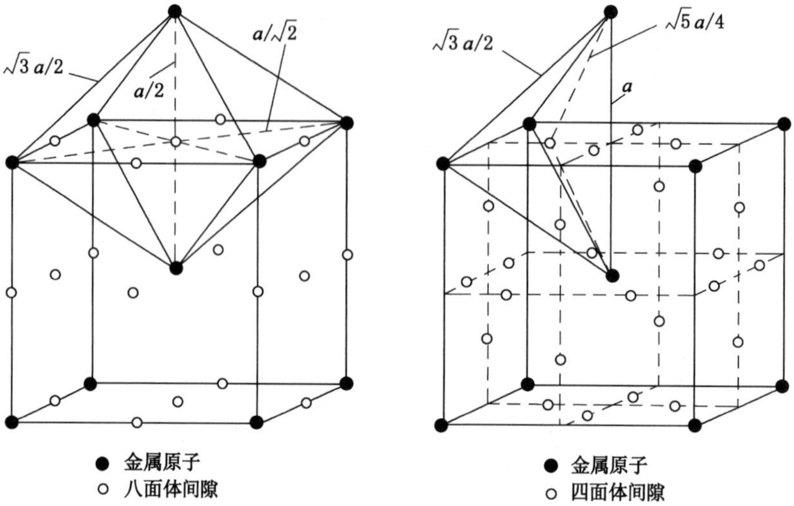

图 3-8　体心立方结构中的间隙

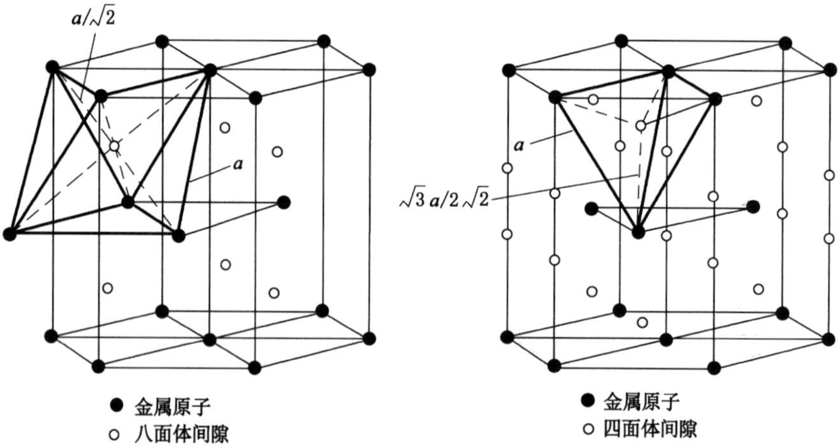

图 3-9　密排六方结构中的间隙

表 3-1　三种典型晶体中的间隙

晶体结构类型	间隙类型	间隙数目/个	间隙大小(r_B/r_A)
面心立方 (fcc)	四面体间隙	8	0.225
	八面体间隙	4	0.414
体心立方 (bcc)	四面体间隙	12	0.291
	八面体间隙	6	0.154<100> 0.633<110>
密排六方(c/a=1.633) (hcp)	四面体间隙	12	0.225
	八面体间隙	6	0.414

六、其他典型晶体结构

1. 金刚石结构

金刚石是最典型的共价晶体(图 3-10)，其中每个碳原子与 4 个等距最近邻碳原子按共价键结合。金刚石结构为复杂面心立方结构，可以看作由两个面心立方排布的 C 晶格在空间嵌套而成，两个晶格在空间方位上是沿体对角线方向错动四分之一的距离。碳原子除按 fcc 排列外，还有 4 个原子分别按坐标：$\frac{1}{4}\frac{1}{4}\frac{1}{4}$、$\frac{3}{4}\frac{3}{4}\frac{1}{4}$、$\frac{3}{4}\frac{1}{4}\frac{3}{4}$、$\frac{1}{4}\frac{3}{4}\frac{3}{4}$分布在立方体内，即占据了体对角线四分之一处 8 个位置的一半，或者说位于 4 个四面体间隙中心。金刚石结构晶胞内共含 8 个原子，空间点阵为面心立方。

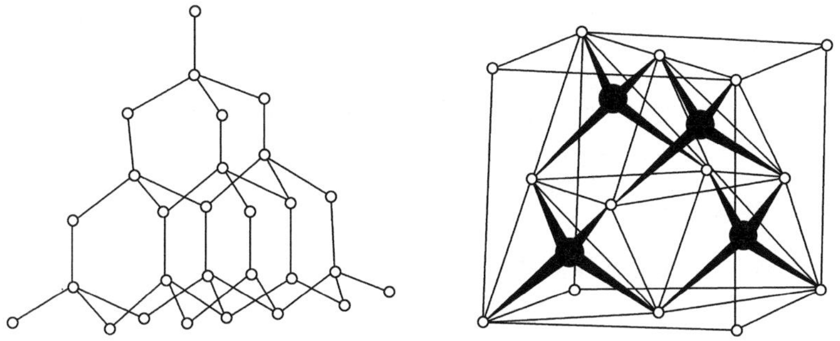

(a) 共价键结构　　(b) 晶胞结构

图 3-10　金刚石晶体的结构

2. NaCl 结构

NaCl 结构属于面心立方点阵(图 3-11)，Na^- 和 Cl^- 的半径比为 0.525，Cl^- 以面心立方进行排列，而 Na^- 位于 Cl^- 形成的八面体空隙中。一个晶胞中包含 4 个 Na^- 和 4 个 Cl^-。

3. CsCl 结构

CsCl 结构属于简单立方点阵，其中 Cs^- 和 Cl^- 的半径比为 0.933，Cs^- 和 Cl^- 的配位数均为 8，Cl^- 在 Cs^- 周围形成正六面体，六面体以共面形式连接。晶体的一个晶胞中包含 1 个 Cs^- 和 1 个 Cl^-(图 3-12)。

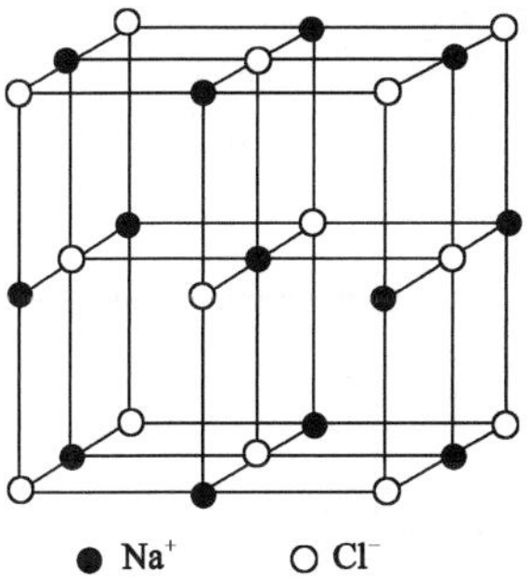

图 3-11　NaCl 晶体结构

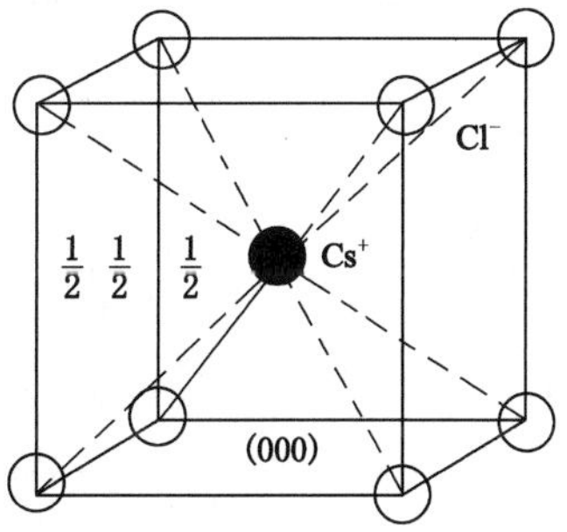

图 3-12　CsCl 晶体结构

【实验准备】

磁力球棍模型、小磁片。

【实验内容与步骤】

1. 用磁力球棍搭建面心立方晶体、体心立方晶体和密排六方晶体结构，拍照或绘制。

2. 观察球棍模型，分别描绘面心立方晶体、体心立方晶体的(100)、(110)、(111)晶面的原子分布图，并在每个面上标出三个不同方位的晶向(也可用钢球加磁力片搭建并拍照表示)。

3. 用钢球和磁力片堆垛面心立方晶体，密排六方晶体最密排面的堆垛顺序，拍照或描绘。

4. 用球棍模型在面心立方晶胞、体心立方晶胞及密排六方晶胞中搭建四面体间隙和八面体间隙，用钢球加磁力片搭建面心立方结构及体心立方结构的四面体间隙和八面体间隙，并进行对比、拍照或描绘。

5. 用磁力球棍搭建金刚石结构，包括其共价键结构和晶胞结构，并绘制晶胞结构。

6. 用磁力球棍搭建 NaCl 和 CsCl 晶体结构，拍照或描绘。

【安全提醒与注意事项】

1. 用磁力棒将球从模型盒中吸出。

2. 爱惜实验材料，轻拿轻放，用完归位。

3. 所有磁片用完需从钢球上取下，吸在一起存放。

【拓展思考题】

1. 体心立方结构的间隙与面心立方的间隙有何不同？

2. 根据面心立方和密排六方晶体的堆垛特点论证这两种晶体中的八面体间隙和四面体间隙的尺寸相同。

3. 指出面心立方结构、体心立方结构及密排六方结构的密排面及密排方向。

4. 比较 fcc 晶体的(111)和 hcp 晶体(0001)面的原子面密度，并解释原因。

【交流与评价】

指导教师根据班级人数将学生分成若干小组，每个小组 3 人，各组推荐组长 1 人。评价内容包括实验态度、实验完成度、实验完成质量，总分 100 分。小组内成员对本次实验进行互评，组长完成组内互评的成绩统计，各组员签字确认(表 3-2)。

表 3-2　金相显微试样的制备与分析实验评价表

评价内容	组员 1	组员 2	组员 3	组员 4	组员 5	组员 6	……
实验态度(10 分)							
实验完成度(20 分)							
实验完成质量(70 分)							
总分							

组号：__________　实验日期：__________　组长签字：__________

组员签字：______________________________

【实验报告要求】

1. 实验目的。
2. 实验材料及设备。
3. 实验内容(按照实验内容与步骤部分完成)。
4. 拓展思考题(四选二)。
5. 实验收获与体会,意见与建议。

奥古斯特·布拉菲:布拉菲点阵

奥古斯特·布拉菲(August Bravais,1811—1863 年),法国物理学家,于 1850 年用数学群论的方法推导出空间点阵只能有十四种:简单三斜、简单单斜、底心单斜、简单正交、底心正交、体心正交、面心正交、简单六方、简单菱方、简单四方、体心四方、简单立方、体心立方、面心立方,根据对称性它们分别属于 7 个晶系。他首次将群的概念应用到物理学,为固体物理学做出了重大贡献。为了纪念他,后人称这 14 种点阵为布拉菲点阵。除此之外,布拉菲还对磁性、极光、气象、植物地理学、天文学和水文学等方面进行过研究。

实验 9　结晶过程观察与金属铸锭组织分析

【实验目的】

1. 掌握盐溶液的结晶过程和规律。
2. 掌握金属铸锭组织的特征。
3. 了解铸锭组织的影响因素。

【实验原理】

金属或合金由液态转变为固态晶体的过程称为结晶。晶体在结晶时遵循形核与长大的规律。熔化状态的金属进行冷却时，当温度降到 T_m(熔点)时并不立即开始结晶，而是当降到 T_m 以下的某一温度 T_n 才开始结晶，这一现象称为过冷，将熔点 T_m 与开始结晶的温度 T_n 之差 ΔT 称为过冷度。形核有两种方式：一种是均匀形核，即新相晶核在母相内自发形成；另一种是非均匀形核，即新相晶核在母相与外来夹杂物的相界面处优先形核。晶核形成后，固液界面上不断进行着两相之间的原子迁移，当液相原子迁移到固相的量比固相原子迁移到液相的量多时，固相不断长大。

由于金属不透明且结晶是在温度较高的情况下进行的，通常不能直接观察液态金属的结晶过程。由于透明盐类结晶过程和金属结晶过程类似，因此可通过观察盐溶液的结晶过程来想象金属的结晶过程。

一、氯化铵溶液结晶过程

在玻璃片上滴上饱和的氯化铵水溶液，随着饱和氯化铵溶液中水分的不断蒸发，溶液逐渐达到过饱和，不断从液体中结晶出氯化铵晶体。可以用生物显微镜、放大镜或肉眼直接观察其结晶过程。

液滴边缘处最薄，蒸发最快，最先达到过饱和，因此可以在短时间内形成大量晶核，在液滴的最外层先形成一圈细小的等轴晶体，如图 3-13(a)箭头所示区域。

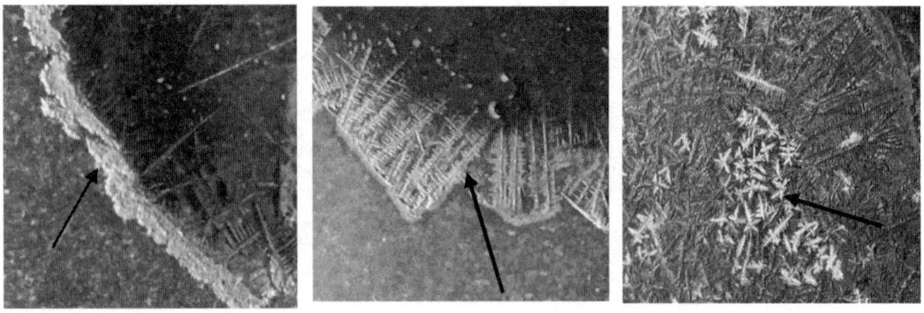

(a)　　(b)　　(c)

图 3-13　氯化铵溶液的结晶过程

结晶的第二阶段是形成较为粗大的柱状晶体，其成长的方向是伸向液滴的中心。主要是由于此时液滴的蒸发已比较慢，而且液滴的过饱和顺序是由外向内的，最外层的细小等轴晶中只有少数位向有利的才能向中心生长，而其横向生长则受到了彼此间的限制，因而形成了比较粗大、带有方向性的柱状晶体，如图 3-13(b)所示。

结晶的第三阶段是在液滴中心部分形成不同位向的等轴晶体，这时液滴的中心变得较薄，蒸发也较快，是液体补充不足造成的，可以看到明显的等轴晶体，如图 3-13(c)所示。

氯化铵水溶液的结晶依靠水分的蒸发使溶液过饱和，而金属的结晶则是液态金属在冷却过程中在一定过冷度下发生的。典型纯金属在结晶过程中具有粗糙的微观固-液界面，当界面前沿的液体有负温度梯度时，由于界面变得不稳定，晶体将以枝晶形态生长；若金属纯度不高，在正温度梯度下也可以枝晶形态生长，因为这时的金属相当于溶质原子溶于其中的合金，服从固溶体的结晶规律，即在正温度梯度下也可以枝晶形态生长。

结晶三个阶段的分布情况受液滴形状、厚度、玻璃表面粗糙度等影响。

二、金属铸锭组织

虽然金属通常以枝晶形态生长，但是只要液态金属始终能充满枝晶间的空隙，晶粒能生长充分，可以看到外形不规则的晶粒，而看不清枝晶。在铸锭表面，尤其是缩孔处，由于缺少液态金属的补充，可以清晰看到枝晶组织，如工业纯铝铸锭表面缩孔处看到的枝晶组织，如图 3-14 所示。

金属不透明，因此不能直接观察铸锭内部的组织，可将铸锭沿纵向或横向剖开，经过磨制和腐蚀，将内部组织显示出来，用肉眼或低倍放大镜等观察其内部组织，如晶粒大小、形状及分布等。

(1) 三晶区特征

典型的金属铸锭截面的宏观组织一般是由 3 个晶区组成的。由外向内依次为表层细晶区、柱状晶区和中心等轴晶区，如图 3-15 所示。

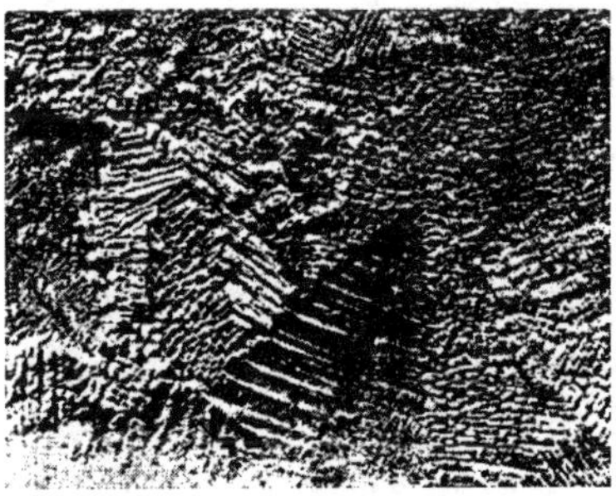

图 3-14　工业纯铝表面的枝晶组织

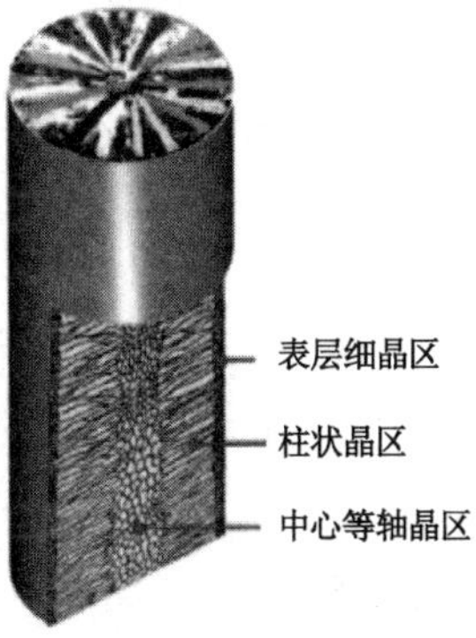

图 3-15　铸锭的典型组织示意图

表层细晶区由细小等轴晶粒(枝晶)组成。当液体金属浇铸到铸模中，由于铸模温度较低，具有较大的过冷度，且模壁可作为非均匀形核的中心，可以在靠近模壁大量形核，并迅速长大至各枝晶主轴彼此相互接触，使晶粒不能继续长大，因此晶粒的尺寸细小，在铸锭表层形成由细小等轴晶粒组成的表层细晶区。

随着细晶区外壳形成，铸模温度升高，对液态金属的冷却作用减缓，同时由于结晶潜热的释放，细晶区前沿的过冷度降低，形核困难。结晶继续依赖外壳层上原有晶粒长大，由于散热是沿着垂直于模壁的方向进行的，而结晶时每个晶粒的成长又受到四周正在成长的晶体的限制，只能在垂直于模壁的方向向内生长，形成彼此平行的柱状晶区。柱状晶区各晶粒朝向中心液体生长时，由于其他方向的长大都受到阻碍，使树枝晶得不到充分发展，树枝的分枝很少。因此结晶后的显微缩孔少，组织较致密。但由于柱状晶较粗大，因而较脆，又由于方向一致，导致热加工困难。柱状晶除对热加工有不良影响外，对不进行热加工的铸件也是不利的，柱状晶发达时将使铸件在性能上呈现方向性。

随着柱状晶的发展，模壁温度进一步升高，散热变慢，而柱状晶前沿不断释放出结晶潜热使得整个截面的温度逐渐变得均匀。当剩余液态金属都过冷到熔点以下时，就会在整个残留的液态金属中同时出现晶核而进行结晶。由于铸锭中心散热已无方向性，形成的晶核向各个方向自由生长，形成许多位向不同的等轴晶粒。在这种情况下由于冷却较慢，过冷度不大，形成的晶核不多，因此在铸锭的中心区域形成比较粗大的等轴晶粒区。中心等轴晶与柱状晶相比，各个晶粒彼此嵌入，结合比较牢固，铸锭易进行压力加工，铸件性能没有方向性。但是由于中心等轴晶树枝晶较发达，分枝较多，结晶后显微缩孔较多，组织不够致密。重要的工件需要在锻压时将中心压实。

(2) 三晶区影响因素

由于实际铸造条件不同(如浇铸温度、铸模材料、铸模壁厚、铸模温度、铸锭大小以及是否加晶粒细化剂等)，三个晶区发展的程度不同。在某些情况下，可能只有两个晶区，有时甚至只有一个晶区。

浇铸温度越高，内外温差就越大，使柱状晶有充分的时间和机会得到发展。采用金属模及增加其模壁厚度，可使液态金属获得较大的冷却速率，造成较大的内外温差，有利于柱状晶区的发展。如果结晶前沿液态金属的过冷与柱状晶的长大速度相适应，则柱状晶一直能生长到铸锭的中心，直到与对边的柱状晶相碰为止，可以形成穿晶组织。

加入一定的晶粒细化剂，可促进非均匀形核，提高形核率，在其他条件相同的情况下有利于得到细小的等轴晶粒。机械震动、磁场搅拌、超声波处理等，可促进形核，减弱柱状晶的发展。

图 3-16 为不同铸造条件下工业纯铝的铸锭组织(浇注温度 750 ℃，铸模壁厚 25 mm，铸锭尺寸：直径 50 mm，长 100 mm)。由图 3-16 可看出铸模材料和加入晶粒细化剂对金属铸锭组织的影响。

【实验准备】

1. 氯化铵试剂、培养皿、玻璃板、玻璃棒、烧杯、试管、量筒、天平等。
2. 配置氯化铵饱和溶液。
3. 不同浇铸条件下的铝铸锭(铝铸锭磨光、腐蚀)。
4. 放大镜。

【实验内容与步骤】

1. 将氯化铵饱和溶液涂抹在玻璃板上，观察氯化铵过饱和水溶液的结晶，用手机或相机记录结晶过程，分析影响结晶形态的因素。

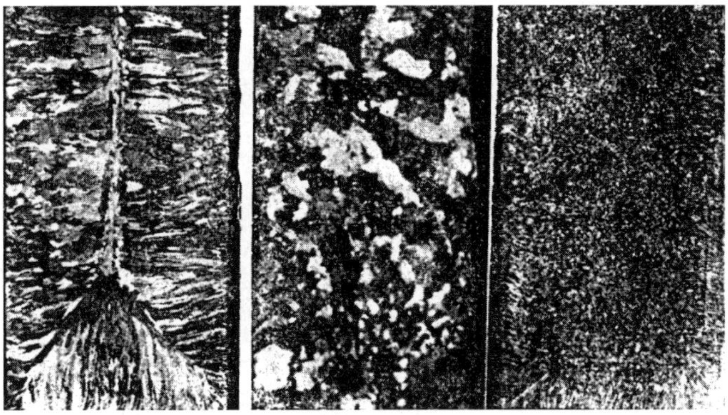

(a) 黄铜模　　(b) 耐火砖模　　(c) 加0.05%Ti，黄铜模

图 3-16　工业纯铝的铸锭组织

2. 肉眼或放大镜下观察不同浇铸条件下的铝锭组织，描述宏观组织组成(表 3-3)，并画出组织示意图(组织示意图根据实际情况可画横截面图，也可以画纵截面图)。

表 3-3　不同浇铸条件铝锭试样

试样号	浇铸温度/℃	铸模材料	条件备注	组织组成
1	700	金属		
2	800	金属		
3	900	金属		
4	700	砂		
5	800	砂		
6	900	砂		
7	800	金属	模壁短时间冲水	
8	800	金属	模壁短时间冲水	
9	800	金属	加细化剂搅拌后浇铸	

3. 分析影响铝锭组织特征的因素。

【安全提醒与注意事项】

1. 请勿直接用手接触氯化铵溶液和晶体，结晶完成后用水清洗玻璃板。
2. 铝铸锭腐蚀必须在通风柜中进行。
3. 所观察的样品不使用时放入电子防潮柜保持清洁，干燥。
4. 观察试样轻拿轻放，请勿用手直接接触试样观察面。

【交流与评价】

指导教师根据班级人数将学生分成若干小组，每个小组 5～6 人，各组推荐组长 1 人。

评价内容包括实验态度、实验完成度、实验完成质量，总分 100 分，小组内成员对本次实验进行互评，组长完成组内互评的成绩统计，各组员签字确认(表 3-4)。

表 3-4　结晶过程观察与金属铸锭组织分析评价表

评价内容	组员 1	组员 2	组员 3	组员 4	组员 5	组员 6	……
实验态度(10 分)							
实验完成度(20 分)							
实验完成质量(70 分)							
总分							

组号：＿＿＿＿＿＿　实验日期：＿＿＿＿＿＿　组长签字：＿＿＿＿＿＿

组员签字：＿＿＿＿＿＿＿＿＿＿＿＿＿＿＿＿＿＿＿＿＿＿＿＿＿＿

【拓展思考题】

1. 液态金属结晶的必要条件是什么？
2. 金属结晶过程受哪些因素影响？
3. 金属结晶大多数以树枝状方式生长，为何只在铸锭表面可见此形态？
4. 控制铸锭(件)各晶区组织可以采用哪些工艺措施？
5. 采用哪些方法可以获得细晶粒组织？
6. 铸锭组织对金属性能有什么影响？

【实验报告要求】

1. 实验目的。
2. 实验内容(按照实验内容与步骤的要求完成)。
3. 查阅资料了解铸造工艺，简述国内外铸造技术发展历程。谈谈铸造工艺对制造业的影响。

结晶作品欣赏

纯铝经过 800 ℃加热熔化，再浇注于石墨坩埚后，表面形成枝晶形貌。这看似稀松平常的结构形成过程，却因西安理工大学葛利玲老师的一次注目而变得不同，如图 3-17 所示葛利玲老师的作品《星空下的大雁塔》，图中左下方的枝晶酷似大雁塔，右上方像极了漫天星空，星光下大雁塔的倒影清晰可见。

除了《星空下的大雁塔》，葛利玲的另外两幅获奖作品《远航》和《水晶之恋》也很绝美。过饱和氯化铵水溶液在室温下结晶，正在结晶的氯化铵晶粒恰似天上的星星，氯化铵的结晶组织则组成了一艘远航的帆船，故命名为《远航》，如图 3-18 所示；同样是过饱和氯化铵水溶液在室温下结晶，已结晶氯化铵枝晶组成了海洋丛林，而正在结晶的氯化铵晶粒宛如飘雪，在蓝色的海洋中奔向丛林，故命名为《水晶之恋》，如图 3-19 所示。

图 3-17　葛利玲老师作品《星空下的大雁塔》，体视显微镜拍摄

图 3-18　葛利玲老师作品《远航》

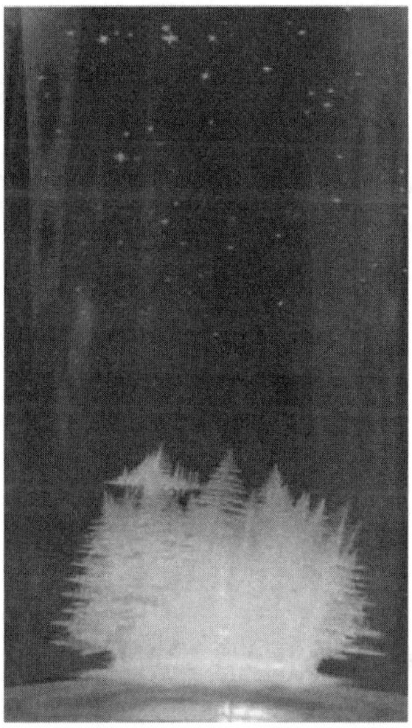

图 3-19　葛利玲老师作品《水晶之恋》

实验10 金属塑性变形与再结晶

【实验目的】

1. 掌握回复与再结晶的原理。
2. 了解金属塑性变形对显微组织和性能的影响。
3. 掌握变形度、退火温度对金属再结晶晶粒大小的影响。

【实验原理】

金属及合金的塑性变形规律具有十分重要的理论意义和实际意义，一方面可以揭示金属材料强度和塑性的实质，并由此探索强化金属材料的方法和途径；另一方面对生产中各种有关塑性变形问题提供重要的线索和参考，或作为改进加工工艺和提高加工质量的依据。经过冷塑性变形的金属和合金，从热力学角度来看，内部储存有较高的能量，处于不稳定状态，有自发向冷变形前稳定状态转变的趋势。因此，只要温度较高，原子具有相当的扩散能力时，形变后的金属和合金的内部就会产生一系列的变化：回复、再结晶和晶粒长大。

一、金属和合金的塑性变形

金属在外力（载荷）作用下，先发生弹性变形，荷载增大到一定值之后，除了产生弹性变形外，还产生塑性变形，继续增大荷载，塑性变形也将逐渐增大，直至金属断裂。金属在外力作用下的变形过程可分为弹性变形、弹塑性变形和断裂三个连续的阶段。金属在外力作用下的表现可以反映在应力-应变关系曲线上，低碳钢的应力-应变关系曲线如图3-20所示。

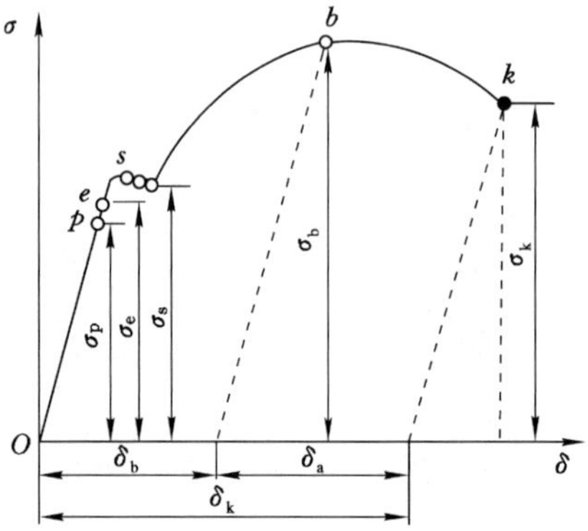

图3-20 低碳钢的应力-应变关系曲线

不同的金属材料可能有不同类型的应力-应变关系曲线。铝、钢及其合金，经热处理的钢材的应力-应变关系曲线如图3-21(a)所示，其特点是没有明显的屈服平台；铝青铜和某些奥氏体钢，在断裂前产生一定量的塑性变形，但是不形成颈缩，如图3-21(b)所示。而某些脆性材料，如淬火状态下的中、高碳钢，灰口铸铁等，拉伸时几乎没有明显的塑性变形就断裂，如图3-21(c)所示。

金属除受拉伸作用外，还受到压缩、歪曲、剪切、扭转等外力作用，同样可测得其他形式

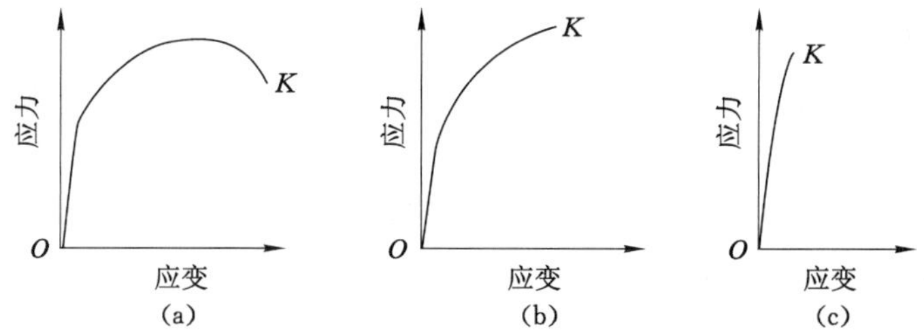

图 3-21　不同材料的应力-应变关系曲线

的外力和变形之间的应力-应变关系曲线。

金属和合金的应力超过弹性极限时就会产生塑性变形。单晶体塑性变形有滑移和孪生两种基本方式。工程上使用的金属通常都是多晶体，由许多形状、大小、位向都不相同的晶粒组成，晶粒之间以晶界毗邻，多晶体塑性变形主要是以滑移和孪生的方式进行的，由于晶界处原子排列不规则，使多晶体的变形变得复杂。

经过塑性变形的金属，不但外形和尺寸发生变化，内部的晶粒形状也发生变化，使得材料性能明显变化。在塑性变形过程中，随着金属内部组织的变化，金属的机械性能将产生明显变化，即随着变形程度的提高，金属的强度、硬度增大，而塑性、韧性下降，这一现象即加工硬化或形变强化。金属材料塑性变形后，其物理性能发生明显变化，如果金属及合金的比电阻增大，导电性能和电阻温度系数下降，导热系数也略微下降。塑性变形还使磁导率、磁饱和度下降，但磁滞和矫顽力增大。

金属冷加工到一定程度后，变形抗力就会增大，进一步的变形就必须加大设备功率，增加动力消耗。另外，金属经加工硬化后，金属的塑性大幅度降低，继续变形就会开裂。为了消除这种硬化现象以便继续冷变形加工，中间需要再结晶退火处理。

二、回复与再结晶

经过塑性变形的金属和合金内部储存有较高的能量，处于不稳定状态，有自发向冷变形前稳定状态转化的趋势。因此，只要温度较高，原子具有相当的扩散能力时，形变后的金属和合金的内部就会发生一系列变化：回复、再结晶和晶粒长大，如图 3-22 所示。

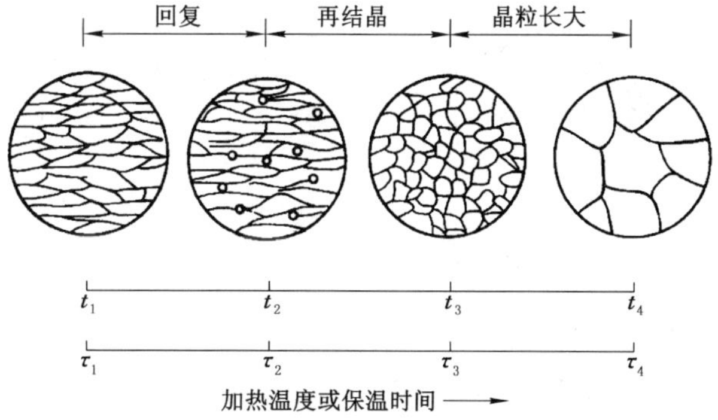

图 3-22　回复、再结晶和晶粒长大示意图

(1) 回复

回复是指冷塑性变形的金属加热时在光学显微组织发生改变前所产生的某些亚结构和性能的变化过程，一般认为回复是点缺陷和位错在退火过程中发生运动。低温回复主要涉及点缺陷的运动，而中温和较高温度回复主要涉及位错的运动。在回复阶段，金属的硬度、强度等机械性能变化很小，而密度、电阻有明显变化。实验表明：温度越高，回复的程度越高。当温度一定时，回复的程度随时间的延长而逐渐提高。每个温度回复程度都有一个相应的极限值。温度越高，这个极限值越大，同时达到这个极限值所需的时间越短。但是在回复初期，变化较大，随后就逐渐变化不大，当达到极限值后，回复停止，进一步延长回复退火时间没有意义。

回复退火工程上称为去应力退火，利用回复过程，使冷加工的金属在基本保留加工硬化效果的前提下，降低其内应力（主要是第一类内应力），减轻工件的翘曲和变形，降低电阻率，提高材料的耐蚀性并改善其塑性和韧性，提高工件的安全性。例如，冷拉钢丝卷制弹簧，在卷成之后要在 250～300 ℃进行退火，降低内应力并使之定性，而硬度和强度基本保持不变。又如其他一些铸件和焊接件，要及时去应力退火，防止变形和开裂；某些精密零件也需要去应力退火，防止变形和翘曲，保持尺寸精度。

(2) 再结晶

冷变形后的金属加热到一定温度后，在原来的变形组织中重新产生了无畸变的新晶粒，而性能也发生了明显变化，并恢复到完全软化状态，这个过程称为再结晶。图 3-23 为再结晶过程中新晶粒的形核和长大过程示意图，影线部分代表塑性变形基体，白色部分代表无畸变的新晶粒，从图中可以看出，再结晶并不是一个简单的恢复到变形前组织的过程，两者的晶粒大小并不一定相同。掌握材料再结晶过程的规律，可以使组织向着更有利的方向变化，从而达到改善性能的目的。

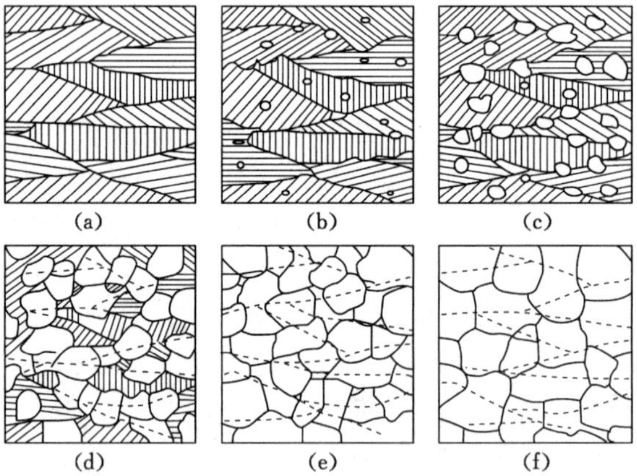

图 3-23　再结晶过程示意图

经严重冷变形（变形量＞70％）的金属或合金，在 1 h 内能够完成再结晶的（再结晶体积分数＞95％）最低温度称为再结晶温度。由于再结晶前后的晶格类型不变，化学成分不变，所以它不是相变，没有一个恒定的转变温度，而是随条件的不同（如变形程度、材料纯度、退火时间等），再结晶温度可以在一个较宽的范围内变化。大量实验结果统计表明金属的最低再结晶温度与熔点之间存在以下经验关系(T_m 表示金属的熔点)：

高纯金属：$T_{再}=(0.25\sim0.35)T_m$。

工业纯金属：$T_{再}=(0.35\sim0.45)T_m$。

合金：$T_{再}=(0.4\sim0.9)T_m$。

为了消除冷加工金属的加工硬化现象，再结晶退火温度一般比最低再结晶温度高 100～200 ℃。再结晶是一个形核和长大的过程。因此，凡是影响形核和长大速度的因素都会影响再结晶温度 $T_{再}$。影响再结晶的因素主要包括：

① 温度

加热温度越高，再结晶转变速度越快，完成再结晶所需的时间越短。

② 变形程度

金属的变形程度越大，储存畸变能越多，再结晶驱动力越大，因此再结晶温度越低。当变形程度提高到一定程度后，$T_{再}$ 基本趋于稳定值，即最低 $T_{再}$。另外，当变形程度小到一定程度时，$T_{再}$趋向熔点，即不会发生再结晶了。

③ 原始晶粒尺寸

金属晶粒越细小，变形抗力越大，冷变形后储存能量越多，再结晶驱动力越大，再结晶温度越低。

④ 微量溶质原子

微量溶质元素溶入基体后，趋向于在位错、晶界处偏聚，阻碍位错的运动和晶界的迁移，还阻碍原子的扩散，不利于再结晶的形核与长大，使再结晶温度升高。故金属纯度越高，其再结晶温度越低。

⑤ 加热速度

加热速度十分缓慢时，变形金属在加热过程中有足够的时间进行回复，使存储能减少，从而减小再结晶的驱动力，使再结晶温度升高；当以极快的速度加热时，在不同温度下的停留时间很短，来不及形核和长大，推迟到更高的温度才会再结晶，使得再结晶温度升高。

⑥ 第二相

当第二相尺寸较大，间距较宽时，再结晶核心能在其表面产生。在钢中可见到再结晶核心在夹杂物 MnO 或第二相粒状 Fe_3C 表面上产生。当第二相尺寸很小且较密集时，则会阻碍再结晶的进行，在钢中常加入 Nb、V 或 Al 形成 NbC、V_4C_3、AlN，这些化合物的尺寸很小，一般在 100 nm 以下，它们会抑制形核。

变形金属经过再结晶退火后，机械性能发生了重大变化，和变形前相比是降低还是升高，主要取决于再结晶晶粒大小。再结晶后的晶粒大小可用再结晶的平均直径表示：

$$d_{再}=K\left(\frac{G}{N}\right)^{1/4} \tag{3-1}$$

式中，K 为比例常数；G 为长大线速度；N 为形核率。

由式(3-1)可知再结晶后的晶粒大小取决于 G/N。影响 N 和 G 的主要因素如下：

① 变形程度

变形程度对金属再结晶晶粒大小的影响如图 3-24 所示，当变形程度很低时，金属材料的晶粒仍保持原状，这是因为变形程度低，畸变能很小，不足以引起再结晶，所以晶粒大小没变化。当变形程度达到某一数值(一般金属均在 2%～10%范围内)时，再结晶后的晶粒变得特别粗大。通常把对应于得到特别粗大晶粒的变形程度称为临界变形程度。临界变形程度时，G/N 很大，因此得到特别粗大的晶粒。

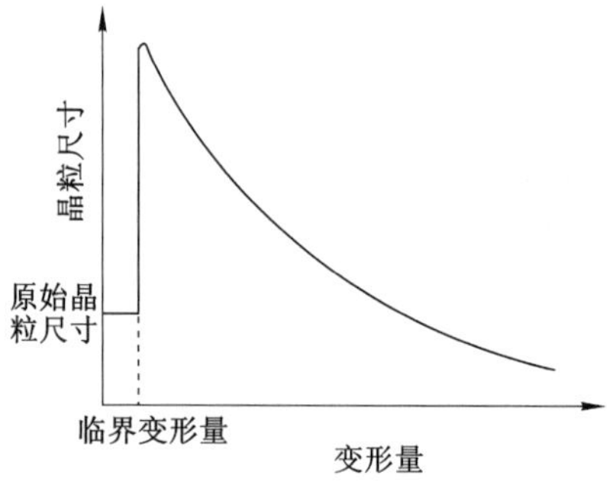

图 3-24　变形程度对金属再结晶晶粒大小的影响

当变形程度超过临界变形程度后，变形程度越大晶粒越细小，主要是因为随着变形程度的增大，储存能增加，N 和 G 同时增大，但是由于 N 的增大率大于 G 的增大率，所以 G/N 减小，使再结晶后的晶粒变细小。当变形程度达到一定程度后，再结晶晶粒大小基本保持不变，然而对于某些金属与合金，当变形程度相当大时，再结晶晶粒又会出现重新粗化现象，这是二次再结晶造成的，这种现象只在特殊条件下产生，不是普遍现象。

粗大的晶粒对金属的机械性能不利，故在压力加工时，应当避免在临界变形程度范围内进行加工，以免再结晶后产生粗晶。此外，在锻造零件时，如锻造工艺或锻模设计不当，局部区域的变形量可能在临界变形度范围内，则退火后造成局部粗晶，使零件工作时在这些部位破坏。有时也需要粗化晶粒，例如，利用临界变形程度多次变形和退火，就可使晶粒一次比一次粗化，最后甚至有可能获得单晶体。

② 原始晶粒尺寸

当变形度一定时，材料的原始晶粒度越细，则再结晶后的晶粒越细。这是由于细晶粒金属存在较多的晶界，而晶界往往又是再结晶形核的有利地区，所以原始细晶粒金属再结晶退火后仍会得到细晶粒组织。

③ 合金元素和杂质

溶于晶体中的合金元素及杂质，一般都起细化晶粒的作用。其原因如下：一方面增加变形金属的储存能，另一方面阻碍晶界的运动。

④ 变形温度

变形温度越高，回复的程度越高，结果使变形后的储存能减小，使晶粒粗化，如图 3-25 所示。

(3) 晶粒长大

再结晶阶段刚结束时得到的是无畸变的等轴的再结晶初始晶粒，随着加热温度的升高或保温时间的延长，晶粒之间会相互吞并而长大，这一现象称为晶粒长大。根据再结晶后晶粒长大过程的特征，可将晶粒长大分为两种类型：一种是随温度的升高或保温时间的延长晶粒均匀连续长大，称为正常长大；另一种是晶粒不均匀不连续长大，称为反常长大或二次再结晶。

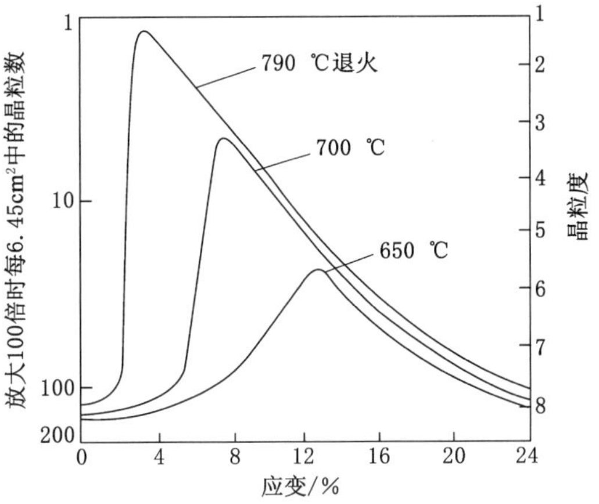

图 3-25　变形温度与晶粒大小的关系曲线

【实验准备】

1. 金相显微镜、硬度计、小型拉伸机、直尺、退火炉、维氏硬度计。

2. 纯铝片若干，500 ℃退火 1 h。

3. 0.5%HF 腐蚀液，丁腈手套，护目镜等。

【实验内容与步骤】

1. 纯铝片标距要清晰，通常不小于 100 mm。

2. 将纯铝片在拉伸机上拉伸不同的变形量(1%、2%～10%、12%等)，取下试样再测量并计算出实际变形量，用针刻写在铝片两头。

3. 测量不同变形量纯铝片的维氏硬度。

4. 绘制铝片变形量-维氏硬度关系曲线。

5. 根据性能要求计算出再结晶的加热温度，并进行再结晶退火。

6. 从炉子中取出试样，冷却后用 0.5%HF 腐蚀浸蚀，显示晶粒。

7. 测量不同变形量铝片再结晶后的平均晶粒大小。

8. 绘制变形量-再结晶晶粒大小关系曲线，并找出临界变形量。

9. 整理同组试样，张贴在 A4 张，写明实验信息(包括实验日期、同组人、实验条件等)。

【安全提醒与注意事项】

1. 用拉伸试验机测量变形量需要多人配合，精确测量，拉伸前需要正确标距，拉伸完成后要对变形量进行复核。

2. 穿实验防护服，佩戴防护目镜，戴手套进行 HF 腐蚀液操作，腐蚀操作要在通风柜中进行。

3. 要按照安全操作规程使用高温退火炉，取样时要关上炉子开关，佩戴高温手套，用夹钳取出试样。

4. 试样需完全冷却后再进行腐蚀操作。

5. 为了降低测量误差，应多次测量取平均值。

6. 晶粒细小看不清楚时可以借助金相显微镜观察。

【交流与评价】

指导教师根据班级人数将学生分成若干小组，每个小组5～6人，各组推荐组长1人。评价内容包括实验态度、实验完成度、实验完成质量，总分100分，小组内成员对本次实验进行互评，组长完成组内互评的成绩统计，各组员签字确认(表3-5)。

表3-5　金属塑性变形与再结晶实验评价表

评价内容	组员1	组员2	组员3	组员4	组员5	组员6	……
实验态度(10分)							
实验完成度(20分)							
实验完成质量(70分)							
总分							

组号：__________　实验日期：__________　组长签字：__________

组员签字：______________________________

【拓展思考题】

1. 金属从拉伸开始至断裂经历几个阶段？
2. 室温下的塑性变形有几种方式？
3. 再结晶晶粒大小受哪些因素影响？
4. 研究临界变形程度对实际生产中的材料有何意义？

【实验报告要求】

1. 实验目的。
2. 实验内容：

(1) 列表记录原始数据。

(2) 计算纯铝的最低再结晶温度。

(3) 分析本次再结晶工艺的温度、时间与计算的最低再结晶温度的关系。

(4) 根据本组的测量数据绘制变形程度对金属再结晶晶粒大小的影响曲线，找到临界变形程度。

3. 设计实验方案，研究以下几个方面内容：

(1) 铝板冷塑性变形对显微组织与性能的影响。

(2) 冷塑性变形后的金属加热时显微组织与性能的变化。

(3) 再结晶晶粒的组织、性能与再结晶温度的关系。

第 4 章　金相显微组织分析实验

实验 11　二元合金显微组织观察与分析

【实验目的】

1. 掌握典型二元合金相图，分析二元相图平衡状态下的显微组织。
2. 掌握典型二元合金平衡凝固后的显微组织特征。
3. 分析二元合金不平衡凝固组织，掌握非平衡组织与平衡组织的差别。

【实验原理】

相图是合金熔炼、锻压及热处理工艺规范制定的重要依据，也是研制和开发新材料的理论基础。二元合金可根据相图的不同分为不同的类别，如匀晶、共晶、包晶、熔晶、偏晶、合晶、共析、包析等系。本实验对几种常见的相图及显微组织进行介绍。

一、匀晶系相图及其合金显微组织

由液相结晶出单相固溶体的过程称为匀晶转变。某些二元合金，如 Cu-Ni，Au-Ag，Au-Pt 等，只发生匀晶转变，即两个组元可无限固溶。两种金属组元发生无限固溶的条件为：晶体结构相同，原子尺寸相近，具有相同的原子价和相似的电负性。绝大多数复杂二元相图中都包括匀晶转变部分。

图 4-1 为 Cu-Ni 合金的平衡相图。由相图分析可知：Cu-30％Ni(wt％)合金由液态温度冷却到 1 245 ℃，液体中原子通过扩散、偏聚，在一些满足成分条件的位置处析出 Cu-41％Ni 合金，当温度降到 1 220 ℃，溶液中和先析固相中多余的 Ni 原子扩散到某些区域，偏聚并形成新的 Cu-36％Ni 固体合金，达到平衡状态时溶液平均成分调整至 Cu-24％Ni，继续降温至 1 210 ℃时液体全部凝固，得到均匀的单相固溶体(此时固溶体成分为均一的原合金成分 Cu-30％Ni)。

匀晶系二元合金凝固与纯金属类似，需要经过过冷、结构起伏与能量起伏，并通过形核与长大的方式进行。但是由于二元合金中存在第二个组元，凝固比纯金属复杂，形核除结构与能量起伏还需要成分起伏，凝固会优先在三种起伏均能满足的地方形核。整个凝固过程在一个温度区间内进行，各温度下析出的固相成分与液体不同，每一个温度下的平衡凝固主要包括液相内的原子扩散，固相的结晶和长大，固相内的原子扩散三个过程。在凝固完成后，得到的晶粒内成分和各晶粒间的成分都相同，显微组织和纯金属相同，金相观察时只能看到一些晶界和晶粒。

实际生产中的合金凝固速度往往较快，各组元不能充分扩散，使凝固过程偏离平衡相

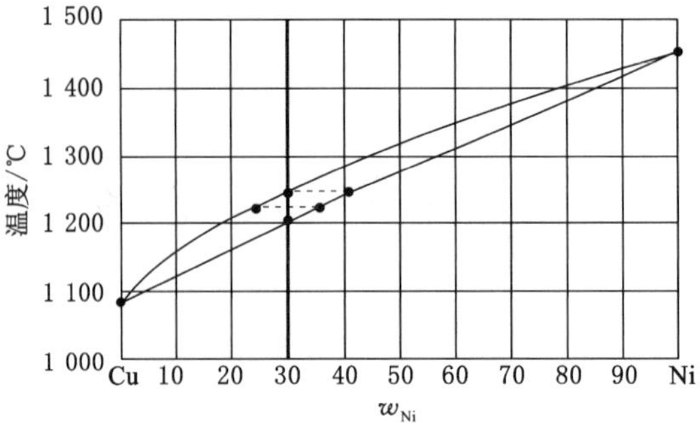

图 4-1　Cu-Ni 合金的平衡相图

图，即发生非平衡凝固。图 4-2 为非平衡凝固时液、固相线变化示意图。

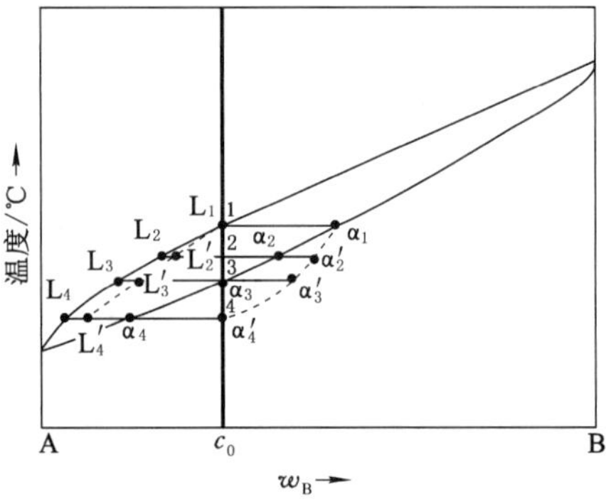

图 4-2　非平衡凝固时液、固相线变化示意图

由图 4-2 可知：液相合金 L_1 在 T_1 温度时开始凝固析出固相 α_1；温度降至 T_2 时，固相的平衡成分本应为 α_2，液相成分为 L_2，但由于冷却速度快，液相和固相，尤其是固相中的 Ni 组元扩散不充分，其内部成分可能仍然保持为 α_1，从而出现成分不均匀现象，此时整个结晶固体（包括先析和新析部分）的平均成分 α'_2 在 α_2 和 α_1 之间，而整个液相的平均成分 L'_2 在 L_2 和 L_1 之间；继续冷却时溶液以类似的方式凝固；当达到平衡相图对应的完全凝固温度时，仍有部分液体未凝固，其成分 L'_3 在 L_3 和 L_2 之间，固相成分为 α'_3（在 α_3 和 α_2 之间）；当合金冷却到温度 T_4 时凝固才结束，此时固体成分 α'_4 即原合金成分。整个凝固过程中组织变化如图 4-3 所示。

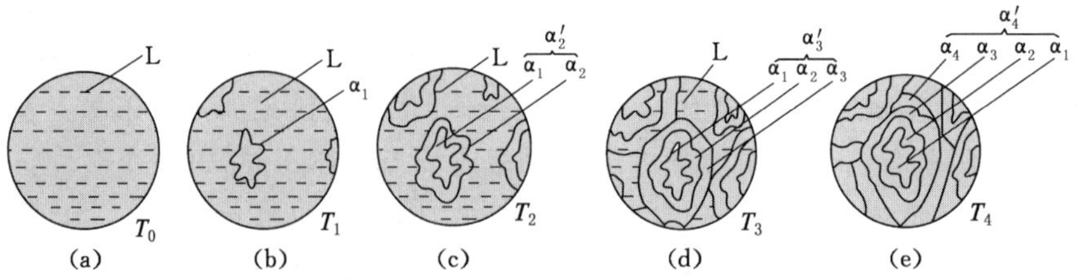

图 4-3　非平衡匀晶转变组织变化示意图

固溶体非平衡凝固时,冷却速度越快,固相和液相平均成分偏离平衡相图中成分越严重,先凝固含高熔点组元多,后凝固含低熔点组元多,凝固终了温度低于平衡凝固终了温度。固溶体通常以树枝状生长方式结晶,非平衡凝固会导致先结晶的枝干和后结晶的树枝间的成分偏析,称为枝晶偏析(枝晶偏析属于晶内偏析)。枝晶偏析导致合金的强度和塑性下降,消除枝晶偏析的方法是在固相线以下较高的温度下经过长时间保温使原子充分扩散,使之转变为平衡组织,即均匀化退火或扩散退火。

图 4-4 为 Cu-Ni 合金铸态非平衡显微组织,先凝固的部分(枝晶主干及二次轴)含镍多,不容易被腐蚀,反光能力强,在显微镜下呈白色,后凝固的部分(各枝晶轴之间的空隙处)含铜多,被腐蚀较深,表面比较粗糙,反光能力弱,在显微镜下呈黑色。

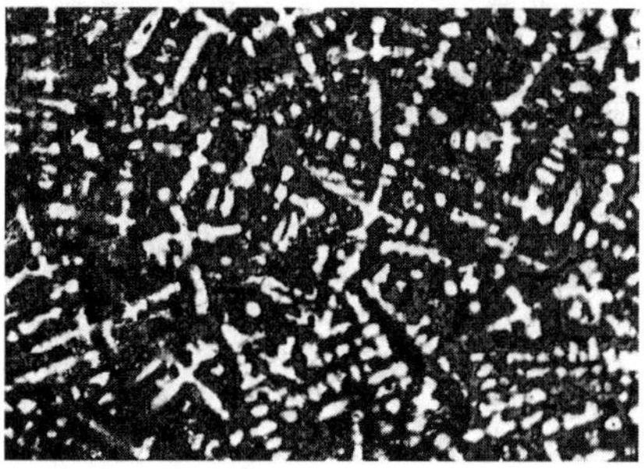

图 4-4　Cu-Ni 合金铸态非平衡显微组织

二、共晶系相图及其合金显微组织

具有共晶反应的二元合金系有 Pb-Sb、Pb-Sn、Al-Si、Al-Cu、Zn-Mg 等,根据合金成分在相图中的位置,可分为端部固溶体合金、共晶合金、亚共晶合金和过共晶合金。

以 Pb-Sn 合金为例讨论各种典型成分合金的形成及显微组织,图 4-5 为 Pb-Sn 合金二元相图。

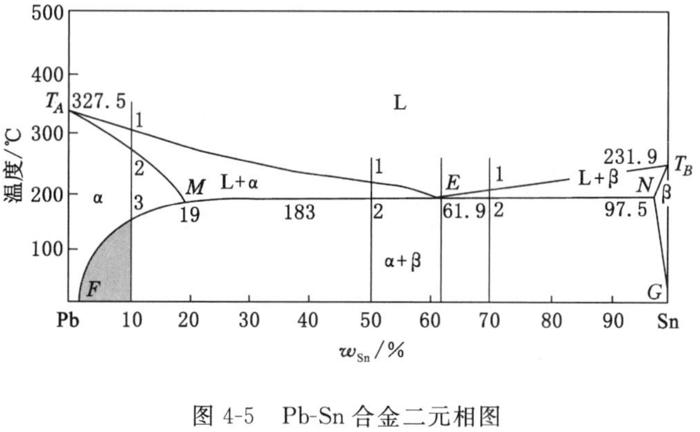

图 4-5　Pb-Sn 合金二元相图

(1) 端部固溶体合金

Pb-Sn 合金相图中含 Sn 低于 19%的合金和含 Sn 高于 97.5%的合金称为端部固溶体合金,以 Pb-10%Sn 合金分析平衡凝固过程及显微组织特征。当 Pb-10%Sn 合金由液相缓

慢冷却到 T_1 温度时，开始结晶出 α 固溶体。随着温度降低，α 相增多，液相减少。当冷却到 T_2 时凝固结束，液相全部转变为单相 α 固溶体；在 T_2 到 T_3 之间，α 固溶体不发生变化（T_1～T_3 这一过程和匀晶相图中的平衡转变相同）。当温度降低到 T_3 以下时，β 固溶体开始从 α 固溶体中析出，将其称为次生 β 固溶体，为了与从溶液中直接析出的初生 β 固溶体区别开，用 β_{II} 表示，β_{II} 优先沿 α 固溶体晶界或晶内缺陷析出，如图 4-6 所示，其平衡组织为 $\alpha+\beta_{II}$，其中暗黑色为固溶体 α（铅基固溶体），亮白色颗粒为 β_{II}（锡基固溶体）。

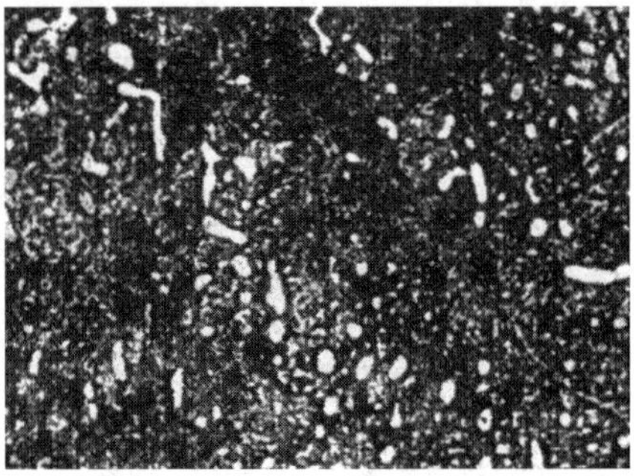

图 4-6　Pb-10%Sn 合金显微组织

（2）共晶合金

Pb-61.9%Sn 合金为共晶合金，图 4-5 相图中的 E 点称为共晶点。该合金从液相缓冷到 183 ℃时，液相 L_E 中同时析出 α 和 β 两种固溶体，这个过程在恒温下持续进行，直至凝固结束，此时两相的相对量可以由杠杆定理计算。继续冷却时，从 α 和 β 中分别析出 β_{II} 和 α_{II}，因此合金的平衡组织为 $(\alpha+\beta)_{共晶}+\alpha_{II}+\beta_{II}$。由于共晶体中的次生相常与共晶体中的同类结合在一起，在显微镜下难以分辨，平衡组织可简写为 $(\alpha+\beta)_{共晶}$。图 4-7 为 Pb-Sn 共晶显微组织图，其中黑色为 α 相，白色为 β 相，α 相与 β 相呈层片状交替排列。

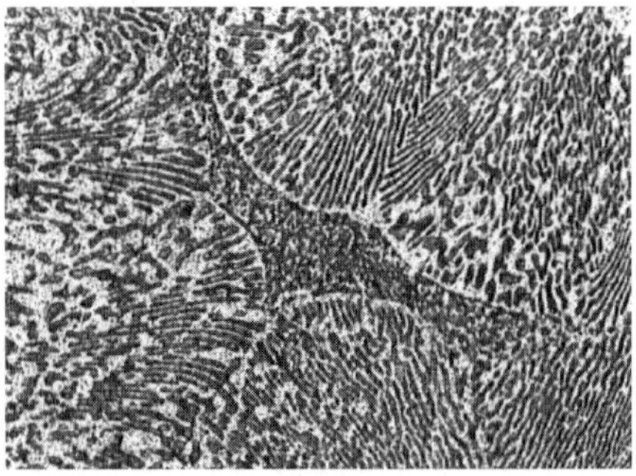

图 4-7　Pb-Sn 共晶合金的显微组织

共晶形态取决于组成相的本质和相对数量。金属-金属型共晶组织凝固时，液-固界面均为微观粗糙型，生长速度较快，凝固后常形成规则共晶体，如片状、棒状等。由一个共晶晶核长成的具有相同位向的区域称为共晶领域，几个共晶领域可组成共晶集团。在共晶领域或共晶集团相邻处片层粗大，主要是由于该处最后凝固放出的结晶潜热使过冷度减小，形核率降低，故组织粗化。金属-非金属型共晶组织凝固时，液-固界面多数为微观光滑型，生长速度较慢，金属相的超前生长迫使后生长的非金属相产生分枝，因而形成多种比较复杂的形态。还有观点认为复杂的共晶形态是非金属相生长时强烈的各向异性造成的。

几种典型的二元合金共晶组织有层片状、棒状(纤维状)、针状、球状、花朵状、鱼骨状等,如图 4-8 所示。

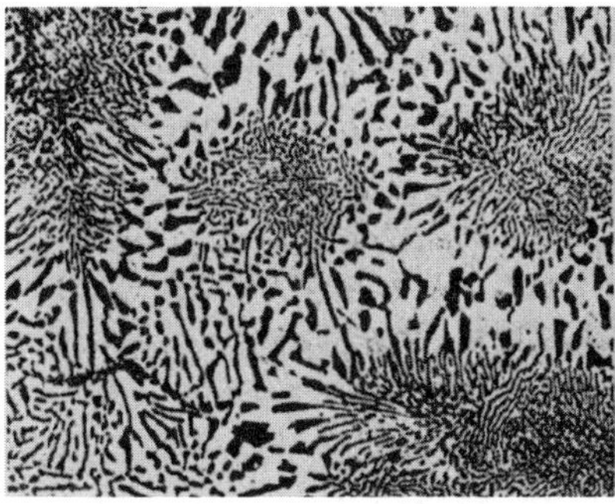

(a) Cu-Ag合金(α+β)共晶(菊花状),
腐蚀剂:三氯化铁盐酸水溶液

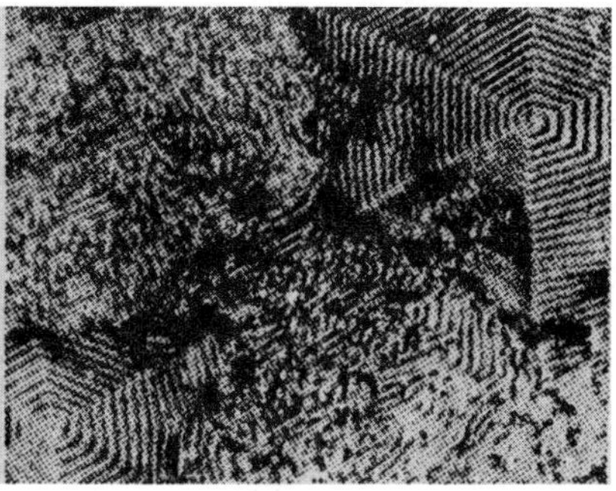

(b) Zn-Mg合金共晶组织形态(螺旋状),
腐蚀剂:4%硝酸酒精

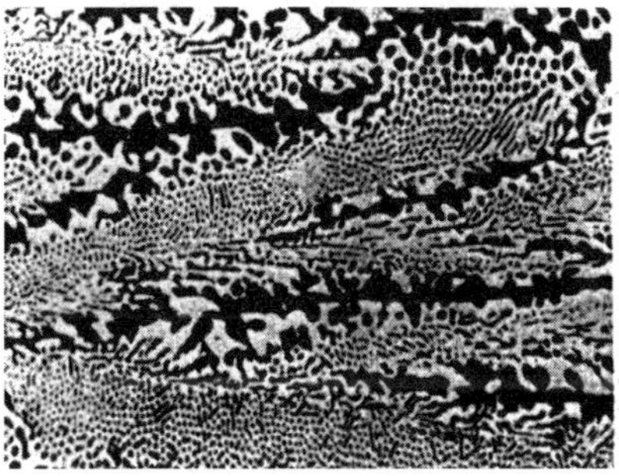

(c) 白口铁共晶形态(棒状),
腐蚀剂:4%硝酸酒精

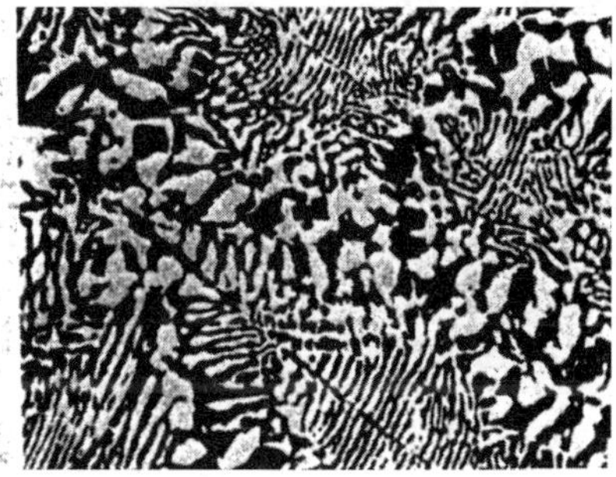

(d) Al-Cu合金共晶组织形态(鱼骨状),
腐蚀剂:0.5%氢氟酸水溶液

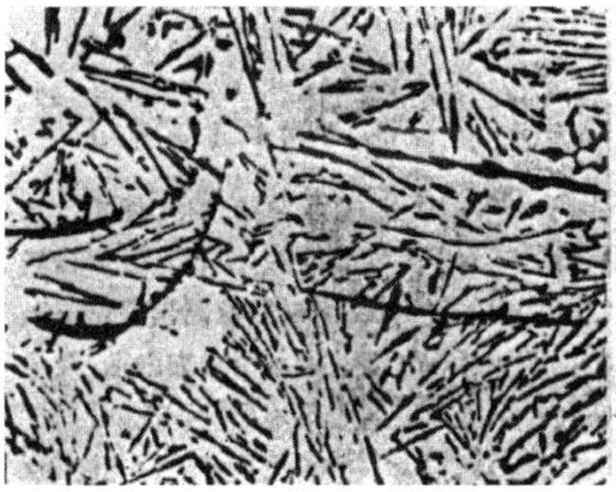

(e) Al-Si合金共晶组织形态(针状),
腐蚀剂:0.5%氢氟酸水溶液

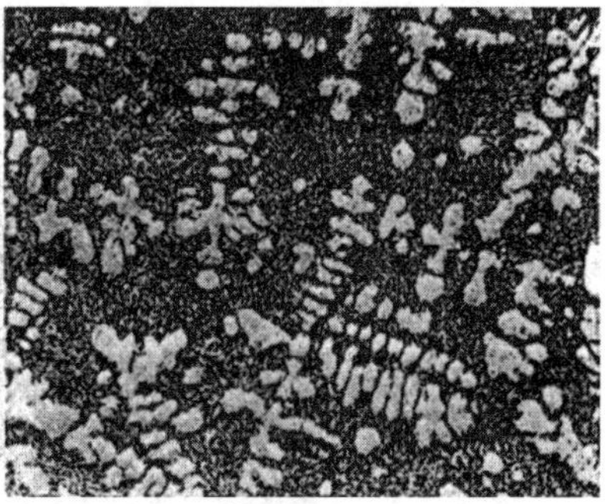

(f) Al-Si亚共晶加入变质剂后组织形态,
腐蚀剂:0.5%氢氟酸水溶液

图 4-8　几种典型的二元合金的共晶组织

金属-非金属型共晶体系中如果加入第三组元,共晶组织可能发生很大变化。例如,通常 Al-Si 共晶组织中的硅相呈针状,如图 4-8(e)所示,如在溶液中加入变质剂进行变质处理,硅相就会变成粒状,如图 4-8(f)所示,从而改善强度与塑性。

(3) 亚共晶和过共晶合金

图 4-5 中成分位于 M、E 两点之间的合金称为亚共晶合金，位于 E、N 两点之间的合金称为过共晶合金。以 Pb-50%Sn 合金分析平衡凝固过程及显微组织特征。当 Pb-50%Sn 亚共晶合金冷却到温度 T_1 和 T_2 之间时，先结晶出 α 固溶体；当冷却到 T_2 即共晶温度时，剩余的液相发生共晶转变形成共晶体，共晶转变结束后合金的平衡组织为 $\alpha_{初}+(\alpha+\beta)_{共}$；当温度降至 T_2 温度以下时，初生相 α 和共晶体 α 相中将析出 β 次生相($\beta_{\rm II}$)，共晶体 β 相中将析出 α 次生相($\alpha_{\rm II}$)，因此合金的室温组织为 $\alpha_{初}+(\alpha+\beta)_{共}+\alpha_{\rm II}+\beta_{\rm II}$，初生相 α 固溶体中可看到少量 $\beta_{\rm II}$，共晶组织中由于 $\alpha_{\rm II}$、$\beta_{\rm II}$ 的析出量较少，基本无法辨认，所以可认为室温组织为 $\alpha_{初}+(\alpha+\beta)_{共}+\beta_{\rm II}$，有时可简写为 $\alpha_{初}+(\alpha+\beta)_{共}$。图 4-9 为 Pb-50%Sn 合金中亚共晶组织，黑色树枝状为 $\alpha_{初}$，黑白相间组织为共晶体。过共晶合金的平衡凝固过程及平衡组织与亚共晶合金相似，其室温组织为 $\beta_{初}+(\alpha+\beta)_{共}+\alpha_{\rm II}$ 或 $\beta_{初}+(\alpha+\beta)_{共}$。图 4-10 为 Pb-70%Sn 合金中过共晶组织，$\beta_{初}$ 晶体呈白色，为椭圆形，黑白相间组织为共晶体。

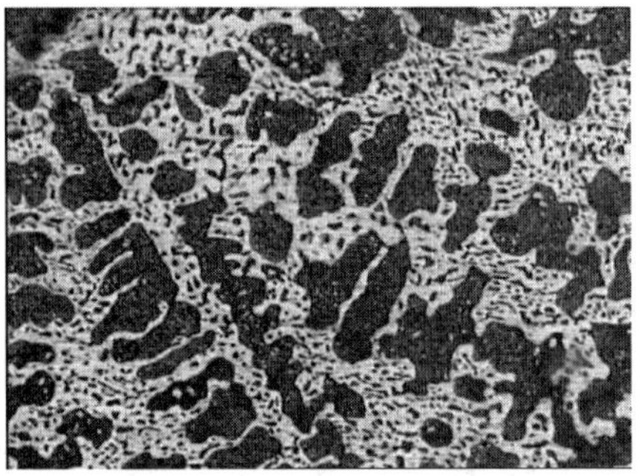

图 4-9　Pb-50%Sn 亚共晶合金显微组织

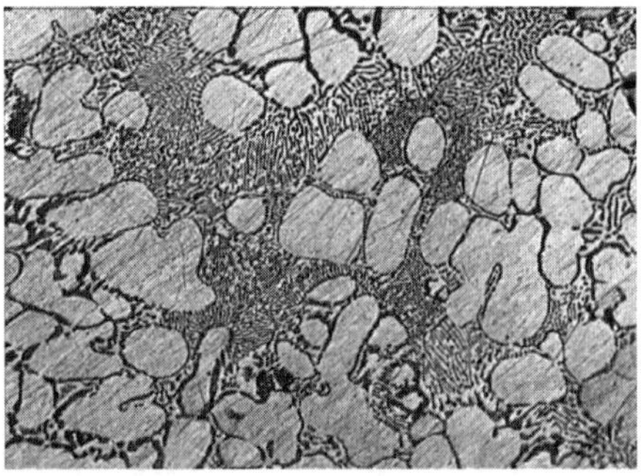

图 4-10　Pb-70%Sn 过共晶合金显微组织

亚共晶和过共晶合金中初生晶体(初晶)的形态在很大程度上取决于其液、固相界面的性质。如果初晶是固溶体或纯金属，一般呈树枝状。在显微磨面上因截取的方向、位置不同，看到的是枝晶断面，呈完全树枝形、部分树枝形(椭圆形、卵形或其他不规则形态)。若初晶为非金属、亚金属或中间相，一般具有较规则的外形，如多边形、三角形、正方形、针形、菱形等。例如 Pb-Sb 合金的过共晶组织中 Sb 初晶具有规则的几何外形，如图 4-11 所示，产生这种规则外形的原因是初生晶的表面张力小，生长速度慢。

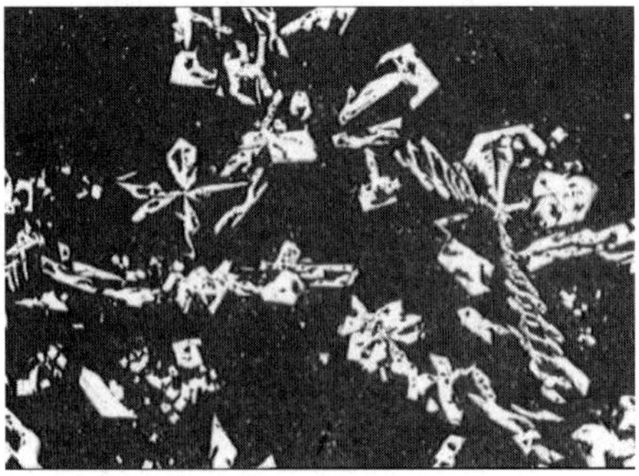

图 4-11　Pb-Sb 过共晶合金显微组织

(4) 伪共晶

在平衡凝固条件下，只有共晶成分合金才能完全得到共晶组织，但是在非平衡凝固条件下某些亚共晶或过共晶成分合金也能得到完全共晶组织，这种由非共晶成分合金得到的完全共晶组织称为伪共晶。

对具有共晶转变的合金，当合金熔液过冷到两条液相线延长线包围的影线区时就可以得到共晶组织，因此影线区称为伪共晶区。在影线区外，得到的是共晶体加先共晶相的显微组织。过冷度越大，伪共晶区就越大。

伪共晶区的分布通常由实验测定，不同合金中的伪共晶区分布不同。当两组元熔点相近时，伪共晶区近似呈对称分布，如图 4-12 所示；当两组元熔点相差较大时，则伪共晶区将偏向高熔点组元一侧，如图 4-13 所示。通过伪共晶区的分布可以解释平衡相图无法解释的异常现象。如在 Al-Si 合金中，共晶成分的合金快冷时得到的不是完全共晶组织，而是亚共晶组织，过共晶成分的合金则可能得到共晶组织或亚共晶组织。

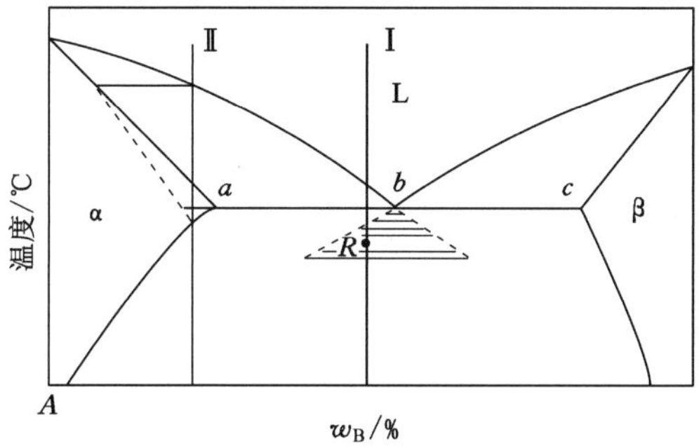

图 4-12　共晶合金的不平衡凝固

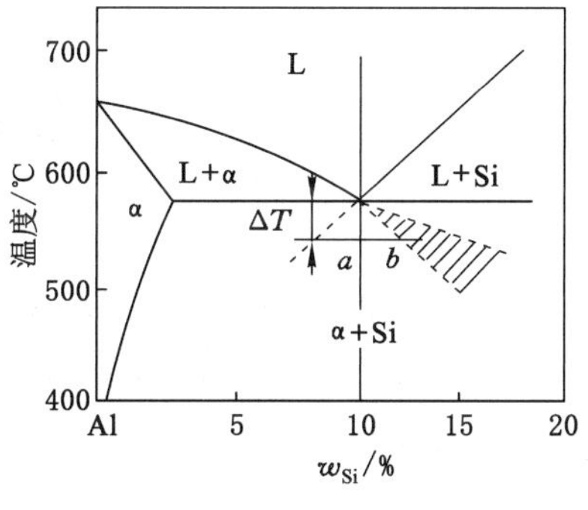

图 4-13　Al-Si 合金的伪共晶区

(5) 离异共晶

某些合金在平衡凝固时得到的是单相固溶体，但是在快冷时可能出现少量的非平衡共晶体，如图 4-11 中的Ⅱ型合金。合金Ⅱ快速冷却时，相图中的固相线将发生偏离。温度降至共晶平台时，仍有少量液体未发生凝固，且其成分达到共晶点，发生共晶转变，生成的非平衡共晶组织分布在初生 α 相晶界和枝晶间。但由于非平衡共晶组织量极少，通常共晶体中的 α 相依附于初生 α 相生长，而将共晶 β 相分离并推至晶界，最终导致共晶体的组织特征消失，这种两相分离的共晶体称为离异共晶。

此外,在平衡凝固中也可能产生离异共晶。如靠近固溶体极限的亚共晶或过共晶合金,先共晶相数量较多,共晶相很少,共晶组织中与初晶相相同的那一相会依附在先共晶相上生长,剩下的另一相单独存在先共晶相晶界处,形成共晶相中两相分离的离异共晶。

离异共晶的存在将严重影响材料的性能,应该尽量消除。由于离异共晶在热力学上不稳定,因此可以通过在稍低于共晶温度下的扩散退火来消除,得到均匀的单相固溶体。

三、包晶系相图及其合金显微组织

二元相图中包晶转变就是已结晶固相和剩余液相反应生成另外一种固相的恒温转变。具有包晶转变的二元合金有 Fe-C,Cu-Zn,Ag-Sn,Ag-Pt 等。

以 Pt-Ag 合金为例说明具有包晶反应的合金的结晶过程及其组织特征,Pt-Ag 合金的平衡相图如图 4-14 所示。

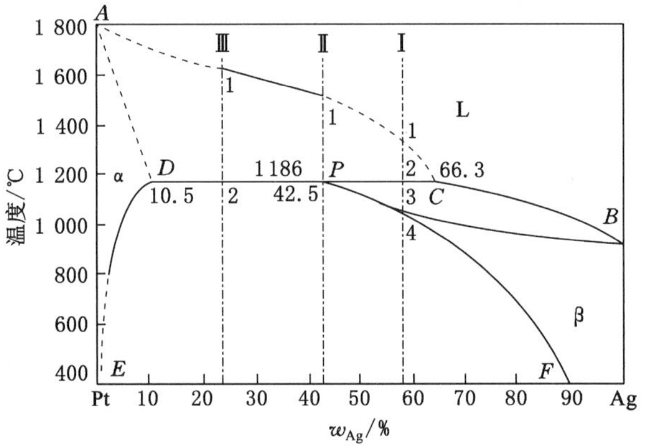

图 4-14　Pt-Ag 合金相图

Pt-42.4%Ag 合金(图中合金Ⅰ)由液态冷却到液相线温度时,开始由液相析出初生相 α;继续冷却,随温度下降析出 α 相数量不断增加,液相数量不断减少,α 相和液相的成分分别沿固相线 *AD* 和液相线 *AC* 变化。当温度降到 1 186 ℃时合金中初晶 α 相的成分到达 *D* 点,液相成分到达 *C* 点,开始发生包晶反应,生成新相 β,即 $L_C+\alpha_D \rightarrow \beta_P$,包晶反应结束后,液相(L)和初晶 α 相全部消失,全部转变为新生成的 β 固溶体;再继续冷却,由于 Pt 在 β 相中的溶解度随着温度下降,将不断从 β 相中析出次生相 $\alpha_{Ⅱ}$,即该合金的室温组织为 $\beta+\alpha_{Ⅱ}$。

Pt-58%Ag 合金(图中合金Ⅱ)由液态缓慢冷却到 T_1 时,开始由液相析出 α 固溶体;在 $T_1 \sim T_2$ 继续冷却时,从液相中不断析出 α 相;当冷却至 T_2(1 186 ℃)时,开始发生包晶转变生成新的 β 相,由于此时液相量大于包晶转变所需的相对量,所以包晶转变结束后还有部分液相;在 T_{2-3} 继续冷却时剩余的液相将按匀晶转变方式继续结晶出 β 相,其成分沿 *CB* 线变化,而 β 相成分沿 *PB* 先变化,直至 T_3 温度全部凝固,此时 β 相成分为原合金成分;在 T_3 和 T_4 之间,β 相没有变化;在 T_4 温度以下,随着温度下降将从 β 相中不断析出 $\alpha_{Ⅱ}$,即该合金的室温组织为 $\beta+\alpha_{Ⅱ}$。

Pt-23%Ag 合金(合金Ⅲ):当温度由液相线温度 T_1 缓慢冷却到固相线温度 T_2 时,从液相中不断析出 α 固溶体;冷却至 1 186 ℃,开始发生包晶转变生成新的 β 相,由于此时 α

相的量大于包晶转变所需的相对量，所以包晶转变结束后除新生成的 β 相，还有部分 α 相；T_2 温度下继续冷却，剩余的 α 相在继续冷却的过程中将析出次生相 β_{II}，而包晶 β 相中析出 α_{II}，即该合金的室温组织为 $\beta+\alpha+\alpha_{II}+\beta_{II}$。

合金Ⅰ、合金Ⅱ、合金Ⅲ的金相示意图如图 4-15 所示。

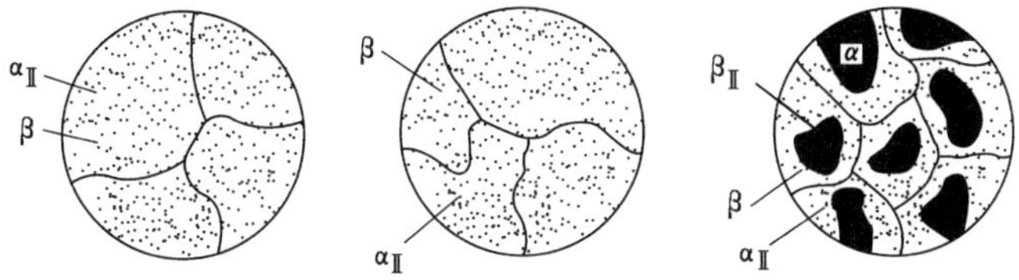

(a) a合金Ⅰ（白色基底为β相，黑色质点为α_{II}相）　(b) b合金Ⅱ（白色基底为β相，黑色质点为α_{II}相）　(c) c合金Ⅲ（白色基底为β相，黑色质点为α_{II}相，黑色块区为α相）

图 4-15　Pt-Ag 合金金相示意图

二元包晶反应，液相(L)和初晶 α 相反应生成的 β 相通常依附于 α 相，继续包晶反应时液相和 α 相之间的相互扩散必须通过 β 相，这导致包晶转变完全的速度十分缓慢。实际生产中冷却速度一般较快，固体中的原子往往来不及扩散，导致包晶反应不完全。在低于包晶温度下将可能同时存在液相和 α 相，其中液相在继续冷却时可以直接结晶出 β 相或参与其他反应，而 α 相仍然保留在 β 相内部，形成包晶反应的非平衡组织。

图 4-16(a)是 Cu-Sn 合金部分相图，当 Cu-65%Sn 合金冷却到 415 ℃时会发生 $L+\varepsilon\rightarrow\eta$ 的包晶转变，剩余的液相 L 到 227 ℃时又会发生共晶转变，所以在平衡凝固时最终室温组织为 η 相+$(\eta+Sn)_{共晶}$。而实际凝固时，由于冷却速度较快得到不平衡组织，不平衡组织中保留相当数量的初生 ε 相(灰色)，包围它的是 η 相(白色)，而外面则是黑色的共晶组织，如图 4-16(b)所示。

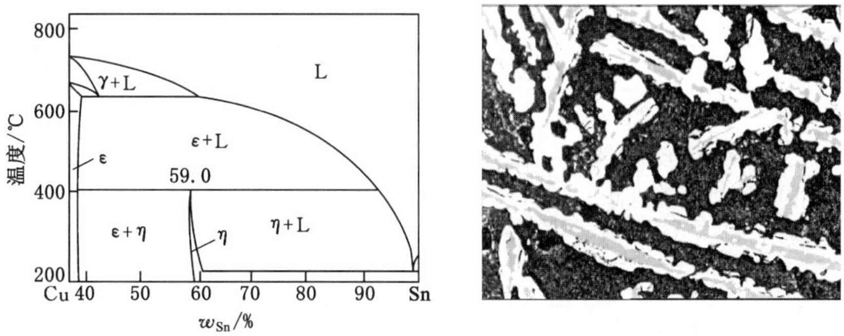

(a) Cu-Sn合金部分相图　(b) Cu-Sn合金非平衡组织

图 4-16　Cu-Sn 合金

此外，一些原来不应发生包晶反应的合金，如图 4-17 中的合金Ⅰ，在快速冷却条件下由于初生相 α 凝固时存在枝晶偏析而使剩余的液相和 α 相发生包晶反应，出现平衡状态下不应出现的相。

包晶反应的不完全性主要在那些包晶转变温度较低或原子扩散速率低的合金中出现，反应温度较高时包晶能较快进行，如 Fe-C 合金在 1 495 ℃发生的包晶反应，某些合金（如 Al-Mn）的包晶单独在液相中形核和长大时，其包晶反应可以迅速完成。包晶转变产生的不平衡组织，通常可采用长时间的扩散退火减少或消除。

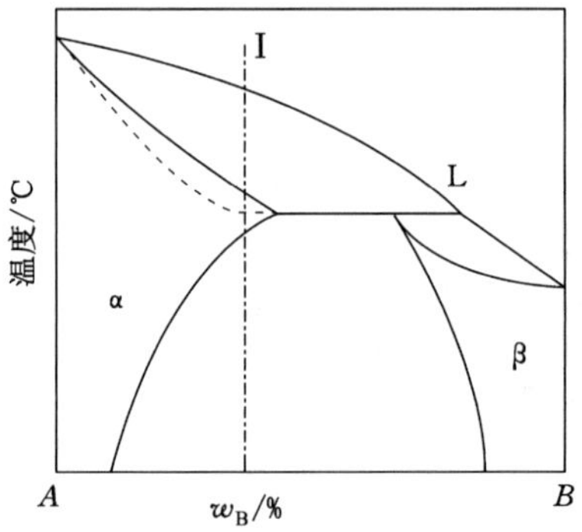

图 4-17 快冷导致的包晶反应示意图

【实验准备】

1. 在金相显微镜下观察实验用所有试样，发现组织不清、刮痕等严重损伤的试样需要重新进行金相制备（注意不同二元合金腐蚀液不同），具体如何制备应根据试样被损坏的实际情况决定。

2. 检查试样标签是否清晰，如有缺损及时做好标记。

3. 将准备好的试样放入防潮干燥柜中备用。

【实验内容与步骤】

1. 在金相显微镜下观察表 4-1 中材料显微组织，分析显微组织组成并填入表中。

表 4-1 实验用二元合金试样

序号	材料	合金成分	状态	室温显微组织组成物
1	Cu-Ni		非平衡	
2	Pb-Sn 亚共晶	30% Sn	平衡	
3	Pb-Sn 共晶	61.9%Sn	平衡	
4	Pb-Sn 过共晶	70%Sn	平衡	
5	Pb-Sb 亚共晶	3.5%Sb	平衡	
6	Pb-Sb 共晶	12%Sb	平衡	
7	Pb-Sb 过共晶	25%Sb	平衡	
8	Al-Si 亚共晶	8%Si	平衡	
9	Al-Si 过共晶	13%Si	平衡	
10	Al-Si 过共晶	16%Si	变质处理	
11	Cu-Sn 包晶	65%Sn	非平衡	

2. 在圆圈内(直径为 35～40 mm,图 4-18)描绘所观察材料的显微组织示意图,标注典型组织组成物,并描述其显微组织特征。

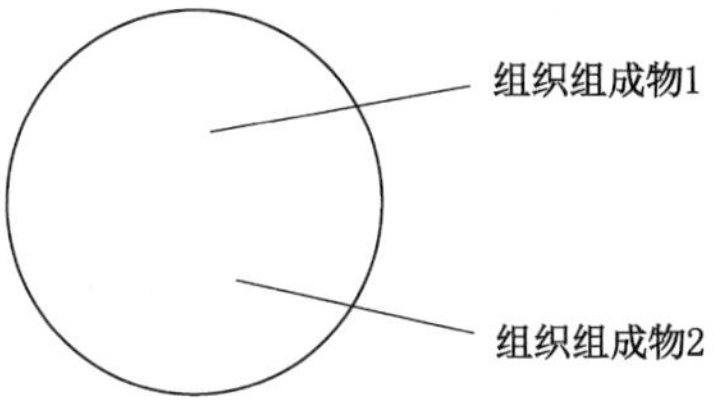

图 4-18　显微组织示意图 1

材料:

状态:

显微组织特征:

3. 结合相图,分析所描绘金相组织的形成过程。

【安全提醒与注意事项】

1. 保护金相试样,轻拿轻放,不用手和其他异物接触被观察面。

2. 充分利用金相互动教室资源,减少试样被移动次数。

3. 显微镜使用注意事项同前面实验。

4. 组织描绘不包含划痕等金相制备缺陷和样品被损伤缺陷。

【交流与评价】

1. 分组讨论

指导教师根据班级人数将学生分成若干小组,每个小组 5～6 人,各组推荐组长 1 人。评价内容包括实验态度、实验完成度、实验完成质量,总分 100 分,小组内成员对本次实验进行互评,组长完成组内互评的成绩统计,各组员签字确认(表 4-2)。

表 4-2　二元合金平衡组织观察与分析实验评价表

评价内容	组员 1	组员 2	组员 3	组员 4	组员 5	组员 6	……
实验态度(10 分)							
实验完成度(20 分)							
实验完成质量(70 分)							
总分							

组号:____________　实验日期:____________　组长签字:____________

组员签字:____

2. 集中展示

各小组展示本组完成质量最好同学的实验记录,班级共同评出本次实验之星(实验完成质量最高的同学)。

【拓展思考题】

1. 初生晶体与共晶体所具有的形态是什么?

2. 共晶系合金成分不同时共晶组织有何不同？
3. 匀晶系二元合金平衡凝固与非平衡凝固组织的区别是什么？
4. 包晶系二元合金平衡凝固与非平衡凝固组织的区别是什么？

【实验报告要求】

1. 实验目的。
2. 实验内容(按照实验内容与步骤部分的要求完成)。
3. 本次实验收获与体会,意见与建议。

金展鹏:轮椅教授,中国的霍金

金展鹏(1938—2020 年),生于广西荔浦,中国科学院院士,粉末冶金专家,“金氏相图测定法”发明人,中南大学教授,博士生导师。他拓展了物理冶金、热化学、动力学和计算机应用的交叉领域;将相图热力学、相变动力学与组织形态学相结合,建立了以热力学计算和动力学模拟为特色的材料设计体系,为材料学科前沿做出了一系列创造性贡献。他发表论文多篇,主编和参编的教材被国内外采用,并为培养我国材料科学人才发挥了重要作用。曾获多项国家和省部级科技进步奖。

1979 年,在中南大学任教的金展鹏被选派去瑞典深造,在相图实验测量方面取得重大突破。德国一科学家曾用 52 个试样测量出一个等温截面,金展鹏只用了一个试样。这就是他首创的“三元扩散偶-电子探针微区成分法”,后被国际上称为“金氏相图测定法”。国外已有 50 多种著名杂志引用他的方法。金展鹏的“热化学磁矩法”及相图数据库,也得到国际同行的广泛引用,其中关于氧化物陶瓷的研究成果已被美国麻省理工学院和美国宇航局成功用于有关材料的设计。

金展鹏教授在国际学术界享有很高的声誉,其研究成果被国际同行广泛引用,被称为“长沙金或者金氏相图法”,受到高度评价,主要体现在下面三个方面:

一、发展了结构特点不同的相的热力学模型和相图计算方法:率先用 3 个亚点阵模拟合金相;提出了国际通用的计算磁性转变的“热化学磁矩法”表达式;改进了硼酸盐液相模型;发展了相图优化方法,计算了大量合金和氧化物相图,建立了镍基合金、氧化锆陶瓷和人工晶体氧化物等热力学数据库。

二、发展了实测相图的扩散偶技术,首次实现用一个试样确定整个三元相图等温截面和无扩散相转变区。提出了确定多元系零变量反应序列的方法,提高了研究多元相图的效率。

三、将动力学与热力学相结合,建立了模拟材料在不同条件下相变和组织演化过程的理论框架。对氧化锆基陶瓷中四方相析出和粗化及四方相马氏体相变进行了模拟和预测;预测了镍基合金中的非晶形成区;提出了阶段性亚稳相转变理论和推导出亚稳相组织图的方法;采用动力学通道模拟材料的界面反应及热腐蚀、晶体生长和合金非平衡凝固等过程。

正当金展鹏教授事业蓬勃之际,1998 年 2 月的某一天,已经在材料研究领域取得一系列标志性成果的金展鹏应邀去做一个学术报告,刚走出家门便觉得步履沉重。学生们赶紧将他送到医院,结果是严重的颈椎病导致他全身瘫痪,整个身体只有脖子以上能够动弹。

羁绊在病床上，金展鹏对守护他的妻子说："我不能就这样躺下去。帮我拿本书来。"

妻子拿来一本《相图与相变的热力学》举在他眼前，但是没有坚持几分钟，妻子的手就开始晃动，字迹也变得模糊起来，他们只好休息片刻。2个小时下来，妻子的手举酸了，金展鹏的眼睛也看痛了，但他却露出生病后的第一个笑容："我可以看书，可以工作了。"他的办公桌就倒悬在床头，是他爱人在废弃的木料里拣了几根木条，钉成一对三角形小木架，固定在床头。需要阅读的书籍，金展鹏就请妻子拿来放在读书架上，自己躺在床上，一行一行扫读。看完一页，他就按下门铃，家里人就跑过来给他翻页。他每天坚持看两个小时，之后就是指导学生修改论文。当他有所得而需要进行研究时，就会在大脑中先仔细琢磨构架，再请学生照他的口述进行记录，以这种常人无法想象的方式完成一个个科研课题。金展鹏完成了1项国家863、3项自然科学基金和1项国际合作项目；培养了20多位博士和硕士；撰写了17份关于中国材料科学发展战略的建议书，被誉为"中国的霍金"。

金展鹏在从教的30多年内一直从事这一研究，并且成果累累，先后发表论文170多篇，并被50多种国外期刊引用。国际上凡研究相图的学者，没有人不知道金展鹏，事业需要他。正是凭借这种顽强和乐观的精神支撑，金教授在轮椅上仍旧坚持读书、教学、带学生、做科研。

实验 12 铁碳合金平衡组织观察与分析

【实验目的】

1. 熟练掌握铁碳合金相图。
2. 掌握铁碳合金在平衡状态下的显微组织特征。
3. 掌握含碳量对显微组织的影响。

【实验原理】

铁碳合金相图是研究碳钢和铸铁的重要工具，是进行组织分析、工艺确定、性能预测的重要依据。铁碳合金中的碳除了以间隙元素固溶方式之外，还以两种形式存在，一种以化合物 Fe_3C 形式出现，另一种以石墨形式存在，相应的相图分别为 Fe-Fe_3C 和 Fe-C 相图，可以将这两个相图画在一起，称为铁碳双重相图。本实验研究铁碳合金平衡组织，碳以 Fe_3C 形式存在，依据 Fe-Fe_3C 相图(图 4-19)进行平衡组织分析。

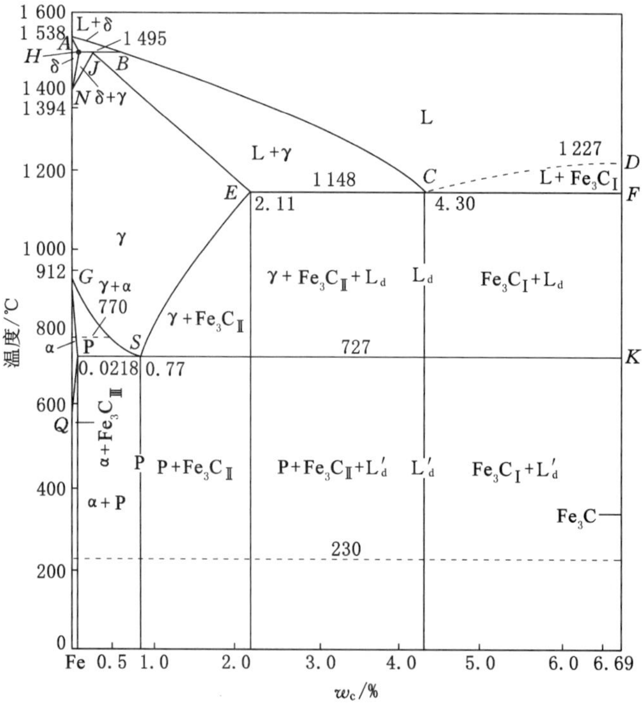

图 4-19 按组织分区的 Fe-Fe_3C 相图

由 Fe-Fe_3C 相图可知：不同含碳量的铁碳合金室温时均由铁素体(用 α 或者 F 表示)和渗碳体($Fe_3C_{Ⅲ}$)两个相组成，但二者的相对数量和混合情况不同，进而导致显微组织有很大差异。

按照含碳量 w_C 和平衡组织的不同，可以将铁碳合金划分为以下 7 种类型的材料：工业纯铁($w_C<0.0218\%$)、共析钢($w_C=0.77\%$)、亚共析钢($0.0218\%<w_C<0.77\%$)、过共析钢($0.77\%<w_C<2.11\%$)、共晶白口铸铁($w_C=4.30\%$)、亚共晶白口铸铁($2.11\%<w_C<4.30\%$)、

过共晶白口铸铁（$4.30\% < w_C < 6.69\%$）。

（1）工业纯铁

工业纯铁的室温组织为铁素体和三次渗碳体。当含碳量低于 0.008% 时，三次渗碳体的析出量偏少而无法分辨，组织表现为单相铁素体，如图 4-20 所示，白色等轴晶为铁素体，黑色线为晶界（晶界原子排列不规则，自由能高，容易被腐蚀液浸蚀成凹槽，在显微镜下呈现黑色）。当含碳量大于 0.008% 时，工业纯铁的组织为铁素体和极少量沿铁素体晶界呈不连续薄片状分布的三次渗碳体。

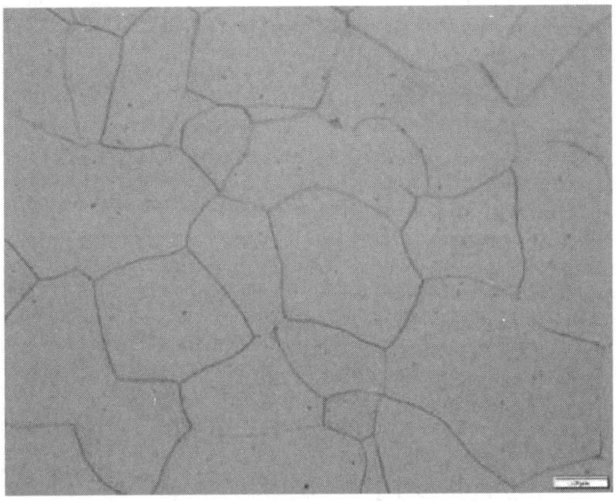

图 4-20　工业纯铁的显微组织

（2）共析钢

含碳量为 0.77% 的铁碳合金冷却到 727 ℃时，发生共析转变 $\gamma_{0.77} \rightarrow \alpha_{0.0218} + Fe_3C$，得到片状铁素体及渗碳体的机械混合物，呈层片状分布，继续冷却时，从铁素体中析出极少量的三次渗碳体，但它们通常依附于共析渗碳体上生长导致无法分辨，将共析钢发生共析转变的室温组织称为珠光体（P）。

由杠杆定理可求得珠光体中铁素体与渗碳体的相对量为 7.9∶1，因此珠光体中较厚的片是铁素体，而较薄的片为渗碳体，如图 4-21 所示（电子显微镜高倍拍摄）。用普通光学金相显微镜观察时，放大倍数不同，珠光体显微特征有所不同，高倍时珠光体中平行相间的宽白条是铁素体，细条是渗碳体，二者皆为白色，只有铁素体和渗碳体的边界为黑色（主要是因为当珠光体被腐蚀液浸蚀时，首先被浸蚀的是铁素体与渗碳体之间的相界面），中倍观察时，白亮色的渗碳体细条和渗碳体两侧的相界面不能被显微镜辨认出，故只看到黑色的线条，铁素体仍为白色（图 4-22），低倍观察时，渗碳体和铁素体条都无法分辨，整个珠光体组织呈暗黑色。珠光体中片层排列方向相同的领域称为珠光体领域或珠光体团。

层片状珠光体如经过适当退火处理，则共析渗碳体可在铁素体的基体上呈球状分布，称为球状或粒状珠光体，如图 4-23 所示。球状珠光体的强度比层片状珠光体的低，但塑形和韧性更好。

（3）亚共析钢

亚共析钢的室温组织为先共析铁素体和珠光体（低于共析温度时，先共析铁素体和珠光体中析出的三次渗碳体数量极少可以忽略）。亚共析钢中的先共析铁素体在冷却时依附

图 4-21　片层珠光体显微组织(金相显微镜拍摄)

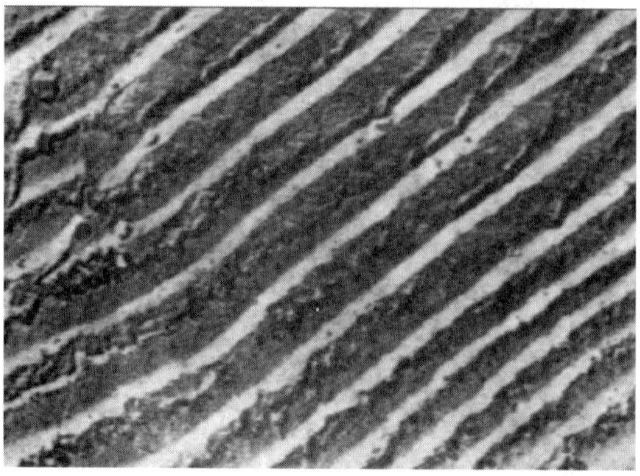

图 4-22　珠光体形貌(电子显微镜拍摄)

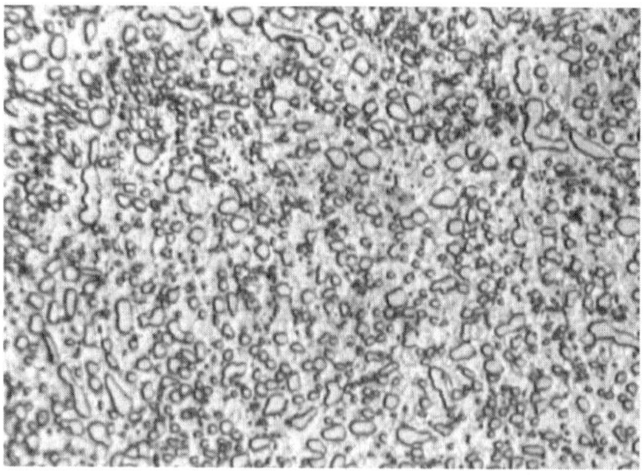

图 4-23　球状珠光体(金相显微镜拍摄)

在奥氏体晶界上形核并等轴长大呈块状(图 4-24)。当亚共析钢中的含碳量较低时,先共析铁素体量较多,沿奥氏体晶界析出的金相特征不明显(图 4-25);当含碳量接近共析成分时,较少的先共析铁素体可构成连续或断续的网络(图 4-26)。不同含碳量的亚共析钢中铁素体均呈白亮色,珠光体呈暗黑色。随着含碳量的增加,铁素体所占比例减小,珠光体所占比例增大。

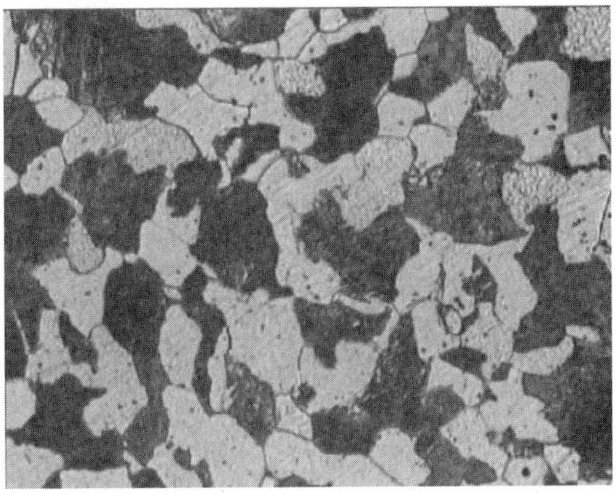

图 4-24　含碳量为 0.45%的亚共析钢平衡组织

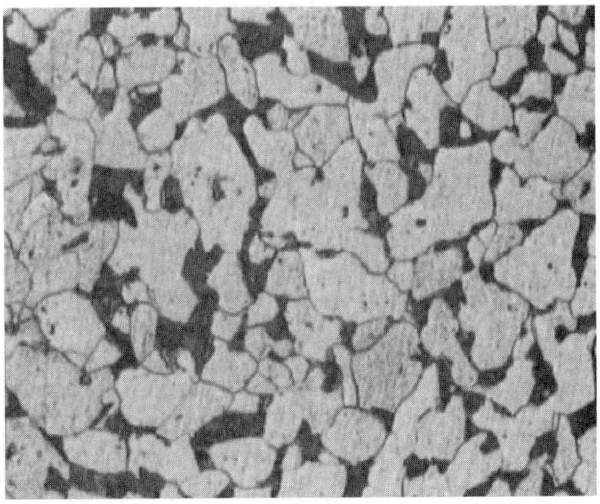

图 4-25　含碳量为 0.20%的亚共析钢平衡组织

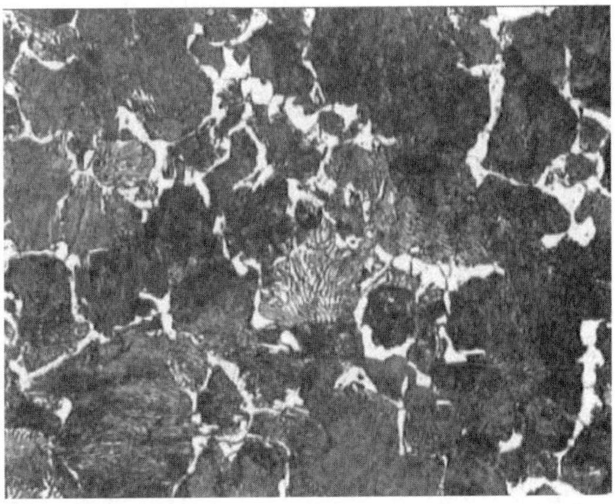

图 4-26　含碳量为 0.60%的亚共析钢平衡组织

根据杠杆定理和亚共析钢平衡组织中先共析铁素体与珠光体所占的相对面积，可以估算出该钢的含碳量 w_C。$w_C = A_A \times 0.77\%$，其中 A_A 表示亚共析钢平衡组织中珠光体组织所占的面积百分比，0.77%是珠光体中碳的质量分数。当亚共析钢以较快速度冷却时，显微组织中珠光体的含量比缓冷时多，不能采用上述方法估算。

(4) 过共析钢

过共析钢的室温组织为二次渗碳体（或先共析渗碳体）Fe_3C_{II} 和珠光体 P（珠光体中析出的三次渗碳体 Fe_3C_{III} 忽略）。二次渗碳体由奥氏体中沿晶界析出，故呈网状分布在随后发生共析转变形成的珠光体周围。随着含碳量增加，先共析渗碳体的量增加，网状略有加宽。图 4-27 为 T12 钢（含碳量约为 1.2%）退火后的显微组织。如果用煮沸的碱性苦味酸钠溶液腐蚀，则渗碳体被染成暗黑色，而铁素体仍为白亮色，如图 4-28 所示。因此可以用这种腐蚀剂浸蚀，将接近共析成分的过共析钢与亚共析钢区分开。

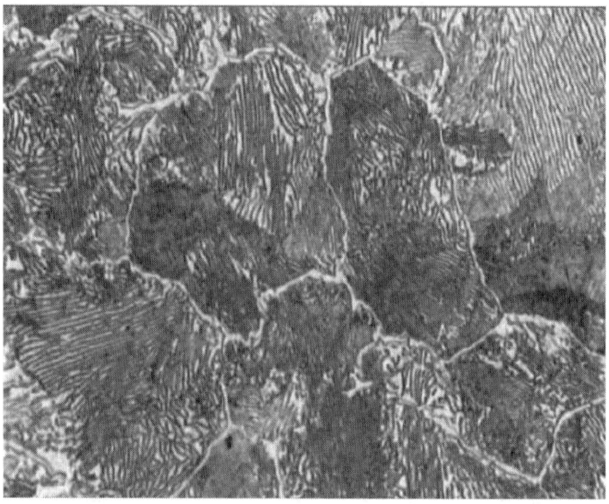

图 4-27　T12 钢的显微组织（4%硝酸酒精溶液腐蚀）

图 4-28　T12 钢的显微组织（碱性苦味酸钠溶液腐蚀）

(5) 共晶白口铸铁

含碳量为 4.3%的铁碳合金冷却到 1 148 ℃时，发生共晶转变 $L_{4.3} \rightarrow A_{2.11} + Fe_3C$，得到短棒状奥氏体分布在渗碳体基体上的莱氏体（Ld）。继续冷却时，共晶奥氏体中不断析出二次渗碳体，通常依附在共晶渗碳体上而不能分辨。当温度降至727 ℃时，剩余共晶奥氏体发生共析转变，转变成珠光体P。忽略继续降温珠光体中析出的三次渗碳体，最后得到的组织为室温莱氏体或变态莱氏体(Ld′)，其保持了高温莱氏体的共晶形态特征，只是共晶奥氏体转变为珠光体，如图4-29所示，该合金的室温组织由珠光体和渗碳体组成，其中黑色的细小颗粒或者条状组织为珠光体，白亮色的组织为渗碳体(二次渗碳体和共晶渗碳体连在一起很难区分)。

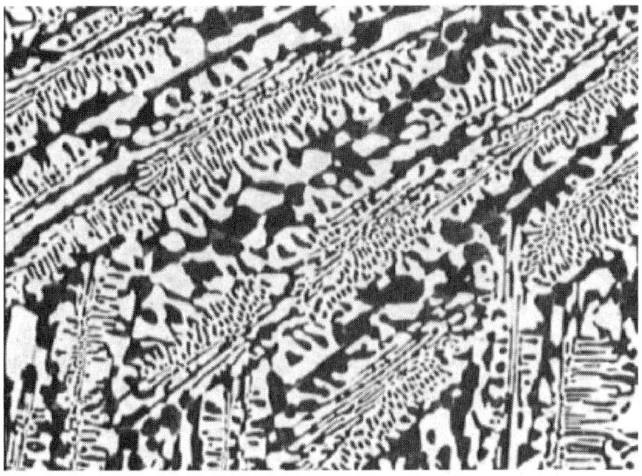

图4-29　共晶白口铸铁显微组织

(6) 亚共晶白口铸铁

该合金凝固时，从液相中首先析出初生奥氏体(先共晶奥氏体)，温度降到共晶平台时，剩余液相发生共晶转变生成高温莱氏体(Ld)，继续降温时初生奥氏体中析出二次渗碳体，当温度降至共析平台时，剩余奥氏体转变为珠光体。共晶平台生成的Ld则随着温度的降低逐渐转变为室温莱氏体(Ld′)。忽略继续降温珠光体中析出的三次渗碳体，最后得到的室温组织为$P+Fe_3C_{II}+(P+Fe_3C_{II}+Fe_3C_{共晶})$，或$P+Fe_3C_{II}+Ld'$。图4-30为该合金的显微组织，图中树枝状或卵形的大块黑色部分是由初生奥氏体转变成的珠光体，其余斑点部分为室温莱氏体，由初生奥氏体中析出的二次渗碳体依附在共晶渗碳体上而无法分辨。

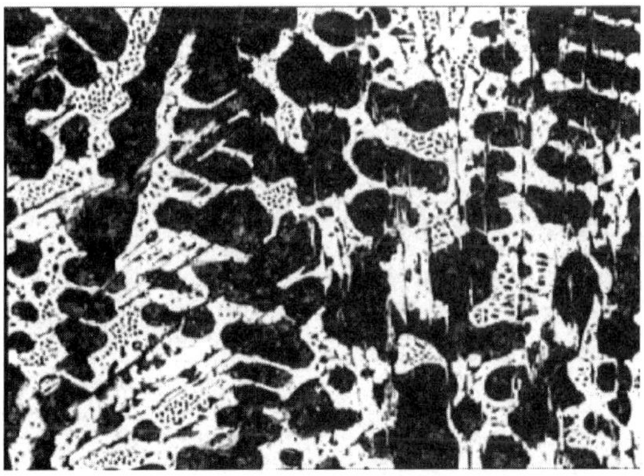

图4-30　亚共晶白口铸铁显微组织

(7) 过共晶白口铸铁

该合金从液相凝固时首先结晶出一次渗碳体(先共晶渗碳体)Fe_3C_I，不是以树枝状生长，而是以条状生长。温度降到共晶平台时，剩余液相发生共晶转变形成高温莱氏体(Ld)；继续降温时一次渗碳体不发生变化，而高温莱氏体(Ld)随着温度的降低逐渐转变成室温莱氏体(Ld′)。忽略继续降温珠光体中析出的三次渗碳体，最后得到的室温组织为 $Fe_3C_Ⅰ$ + (P + $Fe_3C_Ⅱ$ + $Fe_3C_{共晶}$)或 $Fe_3C_Ⅰ$ + Ld′。过共晶白口铸铁的显微组织如图 4-31 所示，亮白色粗大条片状为一次渗碳体，其余斑点部分是室温莱氏体。

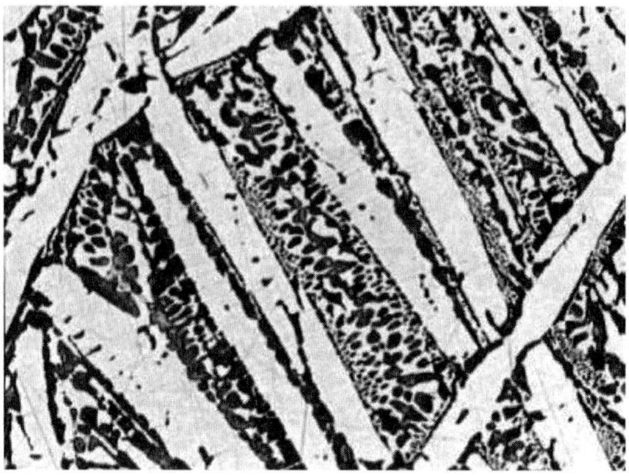

图 4-31　过共晶白口铸铁显微组织

【实验准备】

1. 在金相显微镜下观察实验用所有试样，发现组织不清、刮痕等严重损伤的试样需要重新进行金相制备，具体如何制备根据试样损坏实际情况而定。

2. 检查试样标签是否清晰，如有缺损及时做好标记。

3. 将准备好的试样放入防潮干燥柜中备用。

【实验内容与步骤】

1. 在金相显微镜下观察表 4-3 中材料显微组织，分析显微组织组成，填入表中。

表 4-3　实验用铁碳合金试样

序号	材　料	状态	浸蚀剂	室温显微组织组成物
1	工业纯铁	退火	4%硝酸酒精溶液	
2	亚共析钢(20 钢)	退火	4%硝酸酒精溶液	
3	亚共析钢(45 钢)	退火	4%硝酸酒精溶液	
4	亚共析钢(60 钢)	退火	4%硝酸酒精溶液	
5	共析钢(T8 钢)	退火	4%硝酸酒精溶液	
6	共析钢(T8 钢)	退火	4%硝酸酒精溶液	
7	过共析钢(T12 钢)	退火	4%硝酸酒精溶液	
8	过共析钢(T12 钢)	退火	碱性苦味酸钠溶液	
9	亚共晶白口铸铁	铸态	4%硝酸酒精溶液	
10	共晶白口铸铁	铸态	4%硝酸酒精溶液	
11	过共晶白口铸铁	铸态	4%硝酸酒精溶液	

2. 在圆圈内(直径为 35～40 mm,图 4-32)描绘所观察材料的显微组织示意图,标注出典型组织组成物,并描述其显微组织特征。

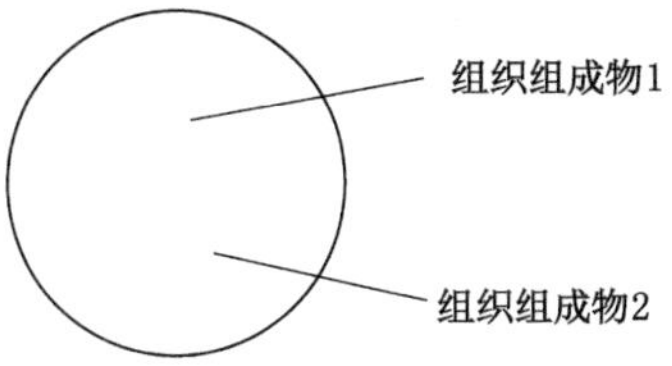

图 4-32　显微组织示意图 2

材料:

状态:

显微组织特征:

3. 结合相图分析所描绘金相组织的形成过程。

【安全提醒与注意事项】

1. 保护金相试样,轻拿轻放,不用手和其他异物接触被观察面。

2. 充分利用金相互动教室资源,减少试样被移动次数。

3. 显微镜使用注意事项同前面实验。

4. 组织描绘不包含划痕等金相制备缺陷和样品被损伤缺陷。

【交流与评价】

1. 分组讨论

指导教师根据班级人数将学生分成若干小组,每个小组 5～6 人,各组推荐组长 1 人。评价内容包括实验态度、实验完成度、实验完成质量,总分 100 分,小组内成员对本次实验进行互评,组长完成组内互评的成绩统计,各组员签字确认(表 4-4)。

表 4-4　铁碳合金平衡组织观察与分析实验评价表

评价内容	组员 1	组员 2	组员 3	组员 4	组员 5	组员 6	……
实验态度(10 分)							
实验完成度(20 分)							
实验完成质量(70 分)							
总分							

组号:____________　实验日期:____________　组长签字:____________

组员签字:____

2. 集中展示

各小组展示本组完成质量最好同学的实验记录,班级共同评出本次实验之星(实验完成质量最高的同学)。

【拓展思考题】

1. 铁碳合金平衡组织有几个基本组成相?

2. 铁碳合金平衡组织有几个室温组织组成物?

3. 珠光体显微组织在高低倍数下的区别？
4. 铁碳合金平衡组织中有几类渗碳体？显微组织的特征分别是什么？
5. 根据亚共析钢显微组织图如何估算材料的含碳量？
6. 网状铁素体与网状渗碳体如何区分？

【实验报告要求】

1. 实验目的。
2. 实验内容(按照实验内容与步骤部分的要求完成)。
3. 实验收获与体会，意见与建议。

索比：显微岩相学之父

索比(H. C. Sorby，1826—1908 年)，英国地质学家，出生于英国钢城 Sheffield 的一个钢铁世家，他酷爱自然，一直是一个从事地质与金属研究的自由研究工作者。晚年热心教育，任谢菲尔德大学的第一任校长。

索比年轻时就对自然界的生物、矿物、地质产生了极大的兴趣，21 岁时发表的论文是“农作物中的硫磷含量”。后来他从一位生物学家那儿学会了使用显微镜观察生物标本及牙、骨等硬物的试片制备方法。1850 年他用显微镜研究岩石从而建立了岩相学，这一新鲜事物很快就受到广泛的重视，推崇他是“显微岩相学之父”，先后选他为英国地质学会、矿物学会、显微镜学会的主席。但是，也有一些思想保守的人讥笑他“用显微镜研究山脉”，坐井观天，但是这并不能阻挡科学向前发展的历史潮流。

由于生活在钢铁世家，索比不可避免会经常接触一些钢铁问题，如用酸蚀缀饰刀具。到 1863 年，索比的岩相研究已经很有成就，他在锻铁中观察到魏氏组织。为了观察不透明的钢铁试片，索比采用反射式垂直照明。可惜当时这件事并未引起钢铁界的关注，直到二十几年后他被要求重新发表其 1863 年的研究成果，才受到普遍重视。他在自传式的论文“科学研究五十年”中用嘲笑的口吻说：“在早年，如果铁路出了一次事故而我建议铁路公司取一段铁轨进行显微镜观察，恐怕他们会认为我是适合送进教养院去的人”。

索比在钢铁的显微镜观察中发现的主要相是：

(1) 自由铁(1890 年美国著名金相学家 Howe 命名为 Ferrite，即铁素体)。

(2) 含碳量高的极硬化合物(1881 年 Apel 用电化学分离方法确定为 Fe_3C，1890 年 Howe 命名为 Cementite，即渗碳体)。

(3) 由前两者组成的片层状珠状组织 Pearly Constituent(Howe 命名为 Pearlite，即珠光体)。

(4) 石墨。

(5) 夹杂物。

索比当年制备并观察过的钢样现在仍有一些保留于 Sheffield 大学。基于索比对于金相学制样和观测方面的贡献，国际金相学者们公认索比是金相学的创建人。为了纪念索比，人们将片层间距较细的珠光体称为索比体(Sorbite)。

索比的主业是地质岩相研究，作为副业能弄清楚钢铁的显微组织与热处理过程中的相变，此外，他还讨论了晶粒、再结晶、形变中晶粒的变化等，不能不说是一件非常伟大的成就，因此人们称他为“金相学的创建人”。

罗伯茨·奥斯汀：第一幅铁碳相图绘制人

罗伯茨·奥斯汀（Sir William Chandler Roberts-Austen，1843—1902 年），英国冶金学家，18 岁进入皇家矿业学院，后在造币厂从事金、银和合金成分的研究。他用量热计法测定银铜合金的凝固点，并首先用冰点曲线表示其实验成果。1875 年当选英国皇家学会会员。1876 年与 J. 洛基尔一起用光谱仪进行定量分析，以辅助传统的试金法。1880 年在皇家矿业学校担任冶金教授。1882 年至 1902 年在伦敦的皇家矿业学院任冶金学教授。1885 年他开始研究钢的强化，同时着手研究少量杂质对金的拉伸强度的影响，并在 1888 年的论文中加以阐述，成为早期用元素周期表解释一系列元素特性的范例。奥斯汀采用 Pt/(Pt-Rh)热电偶高温计，得以测定高熔点物质的冷却速度，创立共晶理论。用显微镜照相研究金属的金相形貌。在造币厂的工作使他成为举世闻名的铸币权威。1896 年获得巴斯三等勋章，并于 1899 年被授予巴斯爵级司令勋章，他也获得过法国荣誉军团勋章骑士勋位。

在 1899—1900 年，罗伯茨·奥斯汀完成了第一幅铁碳相图的绘制。1897 年提出了猜想和初稿，之后通过 2 年多的试验测定和完善，于 1899 年完成了终稿。随着铁碳平衡相图的完成，钢铁的相变和热处理有了更为严谨的理论指导。

为纪念他，把 γ-铁及其固溶体的金相组织命名为奥氏体。

实验 13 常用铸铁显微组织观察与分析

【实验目的】

1. 掌握 Fe-C 和 $Fe\text{-}Fe_3C$ 双重相图。
2. 掌握几种常见铸铁的显微组织特征。
3. 了解铸铁性能的影响因素。

【实验原理】

渗碳体 Fe_3C 在热力学上是亚稳相，石墨(G)是稳定相。但石墨的表面能很大，形核时需要克服很高的能垒，因此在一般条件下铁碳合金中的碳总是以渗碳体形式出现。在特定的条件下，铁碳合金中的碳可以石墨的形式存在，例如极缓慢冷却或加入某些使石墨表面能降低的合金元素。因此铁碳合金中的平衡相有两种形式：一种是 $Fe\text{-}Fe_3C$(铁-渗碳体)亚稳系，$w_C=0\sim6.69\%$；另一种是 Fe-C(铁-石墨)稳定系，$w_C=0\sim100\%$。通常将这两个相图画在一起，用实线表示 $Fe\text{-}Fe_3C$ 系，用虚线表示 Fe-C 系，图 4-33 为铁碳双重相图。

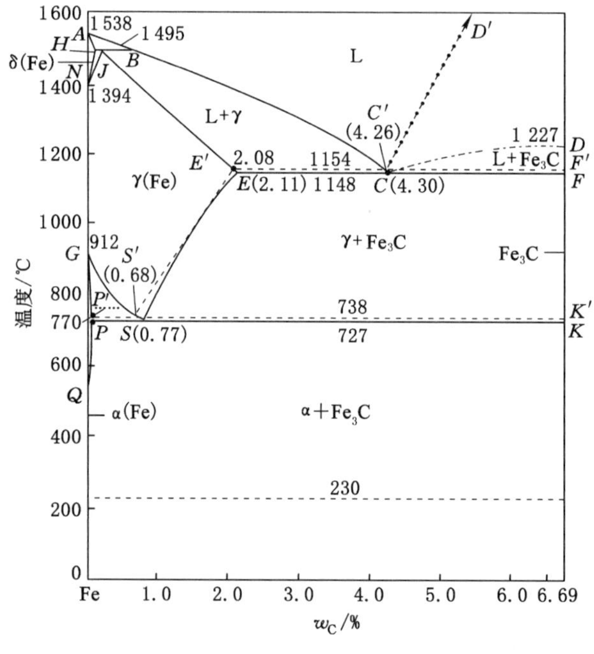

图 4-33 铁碳双重相图

根据 Fe-C 相图，含碳量大于 2.08%并按稳定系统发生共晶转变，将从溶液中沿液相线 $C'D'$ 直接析出的石墨称为初生石墨，通过共晶反应自溶液中形成石墨的过程称为第一阶段石墨化，沿着 $E'S'$ 冷却自奥氏体中析出二次石墨的过程称为中间阶段石墨化，通过共析反应自奥氏体中形成石墨的过程称为第二阶段石墨化。如果冷却过程极其缓慢，各阶段石墨化得以充分进行，最后得到的组织为铁素体＋石墨(F＋G)，如果第一阶段和中间阶段石墨化得以完成，而第二阶段石墨化由于冷速较大而未满足平衡条件，最后可能会得到珠光体＋石墨(P＋G)或珠光体＋铁素体＋石墨(P＋F＋G)。

含碳量大于 2.08％并按稳定系统发生共晶转变的合金，其中石墨呈灰色的条带，称为灰口铸铁。灰口铸铁具有良好的减震性、铸造性、机加工性、导热性、耐磨性和小的缺口敏感性等，且制造工艺简单、成本低廉，被广泛用在机器底座、缸体等构件上。

在一般灰口铸铁的基础上，为改善其组织、性能，可加入变质剂，进行变质处理，得到细小片状石墨的变质铸铁。加入球化剂进行球化处理，获得包含球状石墨的球墨铸铁。此外，也可以对白口铸铁进行可锻化退火，获得具有团絮状石墨的可锻铸铁。

一、灰口铸铁

灰口铸铁是指金相组织中石墨呈片状的铸铁，具体可分为 A 型、B 型、C 型、D 型、E 型、F 型。

根据 Fe-C 相图，当含碳量为 4.26％的共晶合金液体随温度下降到 $T_{E'}$(1 153 ℃)时，发生共晶反应，即 $L_C{}' \rightarrow \gamma_{E'} + G_{共}$。再降温时，从 $\gamma_{E'}$ 中不断析出 $G_{Ⅱ}$，$\gamma_{E'}$ 的成分沿 $E'S'$线变化；当温度下降至共析温度 $T_{S'}$(736 ℃)时，$\gamma_{E'}$ 的成分达到 S'点奥氏体的成分，此时发生共析反应，即 $\gamma_{S'} = \alpha_{P'} + G_{析}$。再降温时，从 $\alpha_{P'}$ 中不断析出 $G_{Ⅲ}$，$\alpha_{P'}$ 的成分沿 $P'Q'$变化。共晶合金的室温平衡组织为：$G_{共} + G_{Ⅱ} + G_{析} + G_{Ⅲ} + \alpha$，简写为 $G+\alpha$。

共晶或接近共晶成分的合金平衡凝固后，得到的共晶石墨有两种形态，一种是片状石墨，称为 A 型石墨，特征是片状石墨均匀分布，如图 4-34 所示；另一种是菊花状石墨，称为 B 型石墨，特征是片状与点状石墨聚集成菊花状，一朵菊花所占据的区域就是一个共晶领域，如图 4-35 所示。

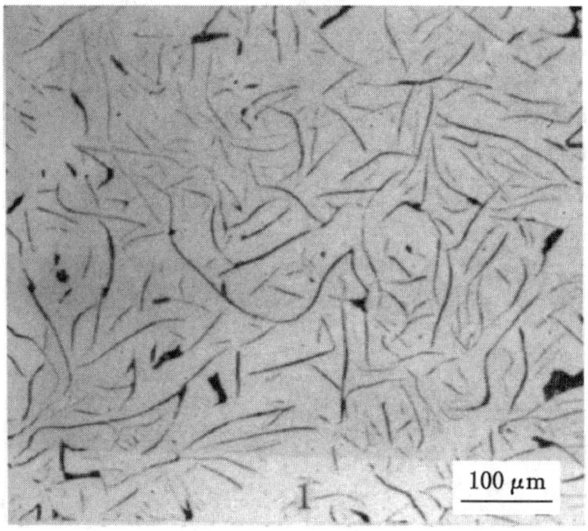

图 4-34　A 型石墨金相组织形貌

当含碳量为 2.08％～4.26％的亚共晶合金液体冷却到液相线温度时，从液相中析出 $\gamma_{初}$，液相 L 的成分沿 BC'线变化；当温度降至共晶温度 $T_{E'}$(1 153 ℃)时，液相 L 的成分达到 C′点共晶成分，发生共晶反应，即 $L_{C'} \rightarrow \gamma_{E'} + G_{共}$；继续降温时，从 $\gamma_{E'}$ 中不断析出 $G_{Ⅱ}$，$\gamma_{E'}$ 的成分沿 $E'S'$线变化；当温度下降至共析温度 $T_{S'}$(736 ℃)时，$\gamma_{E'}$ 的成分达到 S'点奥氏体成分，此时发生共析反应，即 $\gamma_S \rightarrow \alpha_{P'} + G_{析}$；再降温时，从 $\alpha_{P'}$ 中不断析出 $G_{Ⅲ}$，$\alpha_{P'}$ 的成分沿 $P'Q'$变化。亚共晶合金的室温平衡组织为：$G_{共} + G_{Ⅱ} + G_{析} + G_{Ⅲ} + \alpha$，简写为 $G+\alpha$。

如果亚共晶合金的含碳量偏低，在共晶转变之前将有较多的先共晶奥氏体呈树枝晶方

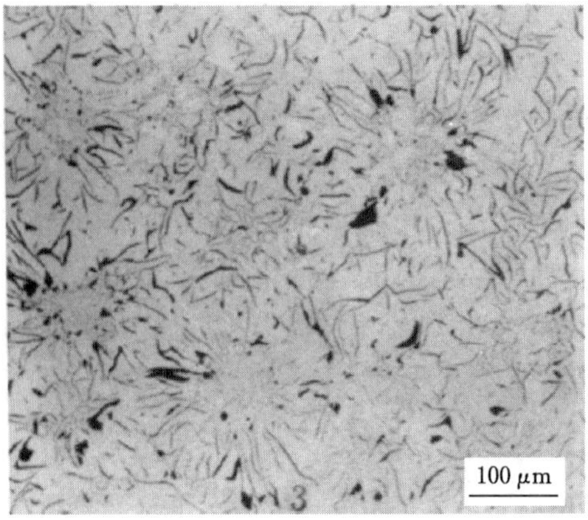

图 4-35　B 型石墨金相组织形貌

式析出，奥氏体-石墨共晶只能在枝晶之间生长，得到枝晶点状石墨，称为 D 型石墨，特征是点状和片状枝晶间石墨呈无方向分布，如图 4-36 所示。若晶间的石墨呈一定的方向性，则称为 E 型石墨，如图 4-37 所示。

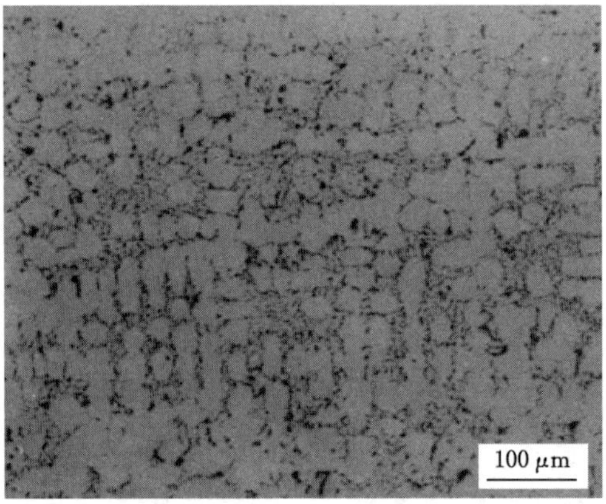

图 4-36　D 型石墨金相组织

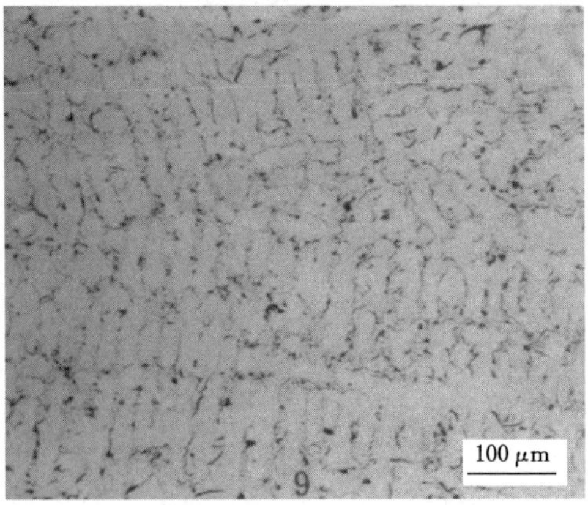

图 4-37　E 型石墨金相组织

当含碳量大于 4.26% 的过共晶合金液体冷却至液相线温度时，从液相中析出 G_{I}，液相的成分沿 $D'C'$ 线变化；当温度下降至共晶温度 $T_{E'}$（1 153 ℃）时，液相的成分达到 C' 点，发生共晶反应，即 $L_{C'} \rightarrow \gamma_{E'} + G_{共}$；再降温时，从 $\gamma_{E'}$ 中不断析出 G_{II}，E' 的成分沿 $E'S'$ 线变化；当温度下降至共析温度 $T_{S'}$（736 ℃）时，$\gamma_{E'}$ 的成分达到 S' 点奥氏体的成分，此时发生共析反应，即 $\gamma_S \rightarrow \alpha_{P'} + G_{析}$；再降温时，从 $\alpha_{P'}$ 中不断析出 G_{III}，$\alpha_{P'}$ 的成分沿 $P'Q'$ 变化，直至温度下降到 Q'，α 的成分不再发生变化。过共晶铁碳合金的平衡转变组织为：$G_{\mathrm{I}} + G_{共} + G_{\mathrm{II}} + G_{析} + G_{\mathrm{III}} + \alpha$，简写为 $G+\alpha$。

过共晶合金凝固后的组织中将含有初生石墨，这种初生石墨呈粗大直片状，称为 C 型石墨，如图 4-38 所示，也可以呈星状（或蜘蛛状）与短片状混合分布，称为 F 型石墨，如图 4-39 所示。

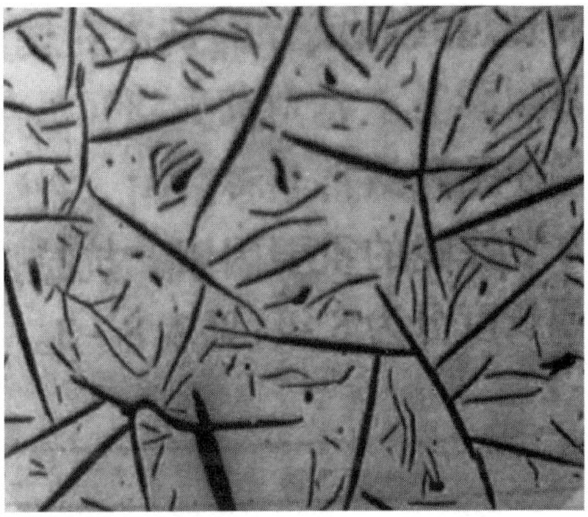

图 4-38　C 型石墨金相组织

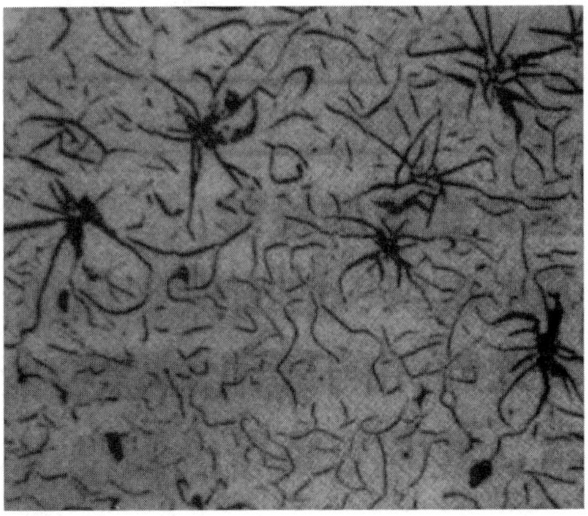

图 4-39　F 型石墨金相组织

灰口铸铁中石墨片越大、越直、两头越尖，性能越差，按照抗拉强度不同，可以分为 HT100、、HT150、HT200、HT250、HT300、HT350 六级。石墨的长度也是影响铸铁力学性能的重要因素，大致分为八级，见表 4-5。

表 4-5　灰铸铁石墨长度级别

级别	1	2	3	4	5	6	7	8
石墨实际长度/mm	≥1	0.5～1	0.25～0.5	0.12～0.25	0.06～0.12	0.03～0.06	0.055～0.03	≤0.015

灰口铸铁的基体组织有珠光体、铁素体、珠光体加铁素体。受不同化学成分和冷却速度的影响，铸铁结晶后可能出现碳化物和磷共晶，某些情况下也可以得到贝氏体和马氏体组织。可参照国家标准《灰铸铁金相检验》(GB/T 7216—2023)对珠光体数量、碳化物数量、磷共晶数量、共晶团数量进行评级。

二、球墨铸铁

球墨铸铁是低磷、硫的灰口铸铁成分在浇注前加入球化剂(镁铁或稀土合金)和墨化剂(硅铁)，使石墨结晶成球状，这样不但铸铁的强度得到提高，而且塑性和韧性也有了较大幅度的改善，其综合性能接近钢。球墨铸铁根据性能分为 QT400-18、QT400-15、QT450-10、QT500-7、QT600-3、QT700-2、QT800-2、QT900-2 八种，短线前面数字表示球铁的抗拉强度，后面数字表示其延伸率。球墨铸铁中石墨呈球状或接近球状，根据《球墨铸铁金相检验》(GB/T 9441—2021)，石墨形状可分为球状、团状、团絮状、蠕虫状和片状，球化级别分为 6 级，具体见表 4-6。

表 4-6　球墨铸铁球化级别及说明

球化级别	球化率	说明
1	≥95%	石墨呈球状，允许极少量呈团絮状
2	90%	石墨大部分呈球状，其余呈团状和少量团絮状
3	80%	石墨大部分呈团状和球状，其余呈团絮状，允许极少量呈蠕虫状
4	70%	石墨大部分呈团状和团絮状，其余呈球状和少量蠕虫状
5	60%	石墨呈分散分布的蠕虫状和球状、团状、团絮状
6	50%	石墨呈聚集分布的蠕虫状、片状、球状、团状、团絮状

石墨大小也会影响球墨铸铁的性能，石墨球细小可减小石墨引起的应力集中，且细小石墨球化率高，因此均匀、圆整、细小的石墨可使球墨铸铁具有高的强度、塑性、韧性和疲劳极限。《球墨铸铁金相检验》(GB/T 9441—2021)将石墨大小分为 6 级，具体见表 4-7。

表 4-7　石墨级别

级别	3	4	5	6	7	8
石墨直径/mm	>0.25～0.5	>0.12～0.25	>0..06～0.12	>0.03～0.06	>0.015～0.03	≤0.015

球墨铸铁铸态下的基体组织为珠光体加铁素体，如图 4-40 所示。退火时能得到铁素体

基体组织，如图 4-41 所示，正火时得到珠光体基体组织。基体组织中还可能出现碳化物和磷共晶。一些合金球墨铸铁中会出现马氏体、奥氏体或贝氏体组织。基体组织中的相的分布及相对量影响铸铁性能，对球墨铸铁的铸态、正火态和退火态的基体组织的检验按照《球墨铸铁金相检验》(GB/T 9441—2021)进行。

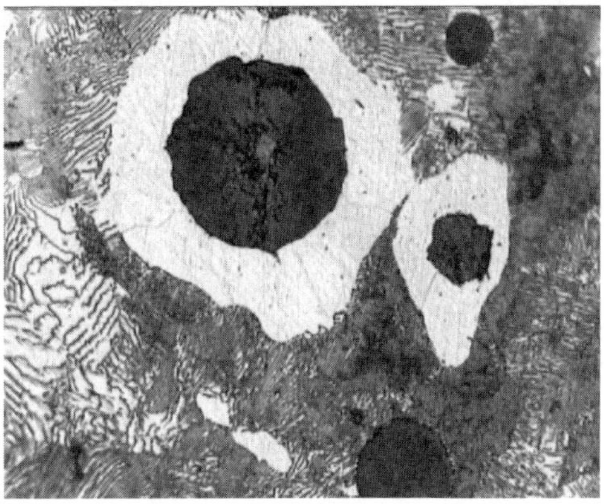

图 4-40　球墨铸铁铸态显微组织图(基体：珠光体＋铁素体)

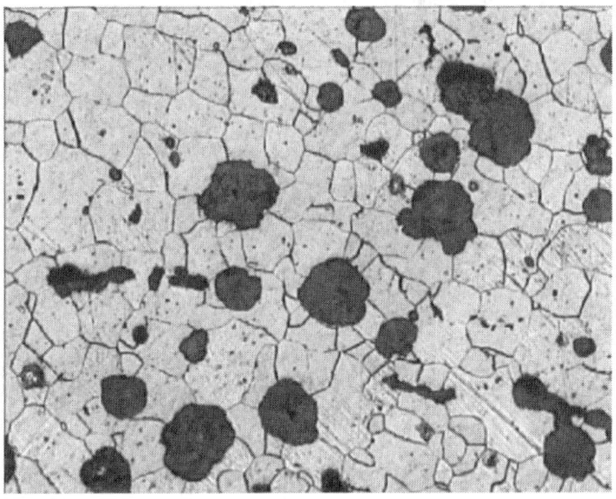

图 4-41　球墨铸铁退火显微组织(基体：铁素体)

三、可锻铸铁

可锻铸铁是白口铸铁经过可锻化退火处理，全部或部分渗碳体转变为团絮状石墨分布在铁素体基体、珠光体基体或珠光体加铁素体基体上，具有良好的塑性和韧性，又称为展性铸铁。可锻铸铁的性能优于灰口铸铁，接近同样基体的球墨铸铁，质量稳定，广泛用于生产汽车和拖拉机等大批量的薄壁中小件。

根据《可锻铸铁件》(GB/T 9440—2010)，将可锻铸铁分为黑芯可锻铸铁和白芯可锻铸铁。黑芯可锻铸铁是由白口铸铁毛坯经过石墨化退火后获得团絮状石墨，白芯可锻铸铁是由白口铸铁毛坯经高温氧化脱碳后获得全部铁素体或铁素体加珠光体组织，芯部可能尚有渗碳体和石墨。黑芯可锻铸铁又可分为黑芯铁素体可锻铸铁(图 4-42)和黑芯珠光体可锻铸铁(图 4-43)，我国应用最多的是黑芯铁素体可锻铸铁。黑芯可锻铸铁即黑芯铁素体可锻铸铁,按照力学性能分为 KTH300-06、KTH300-08、KTH350-10、KTH370-12、KTH450-06、KTH550-04、KTH650-02、KTH700-02 八种。

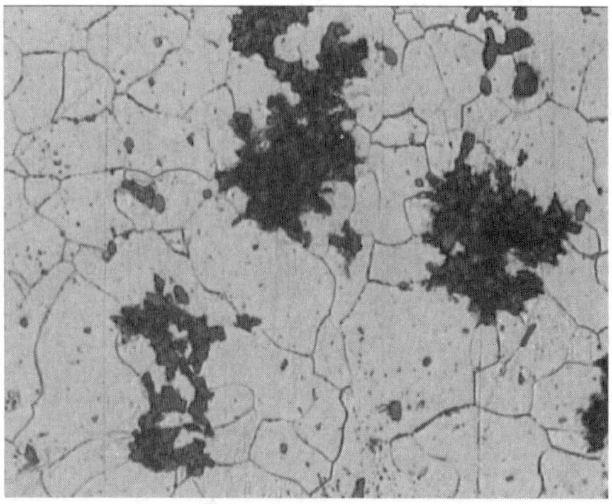

图 4-42　黑芯铁素体可锻铸铁

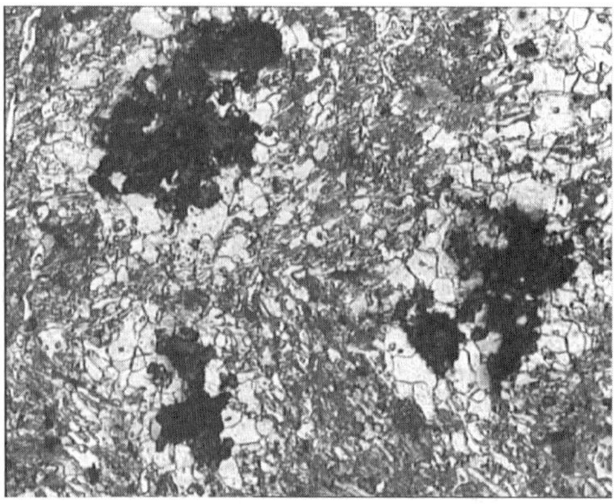

图 4-43　黑芯珠光体可锻铸铁

四、蠕墨铸铁

生产该种铸铁的工艺是灰口成分在浇注前加入稀土硅铁,使石墨呈蠕虫状。蠕虫状石墨是介于片状石墨和球状石墨之间的石墨形态。普通灰口铸铁中的石墨大部分呈片状,两头尖,而蠕虫状石墨看起来像片状,但片短而厚,头部较圆,形状类似蠕虫,如图 4-44 所示。

蠕虫状石墨铸铁比灰口铸铁强度高,比球墨铸铁铸造性能好,铸造工艺简单方便,成品率高,近年来已成为颇受人们关注的新型铸铁。

【实验准备】

1. 在金相显微镜下观察实验用所有试样,发现组织不清、刮痕等严重损伤的试样需要重新进行金相制备,具体如何制备根据试样被损坏的实际情况而定。

2. 检查试样标签是否清晰,如有缺损及时做好标记。

3. 将准备好的试样放入防潮干燥柜中备用。

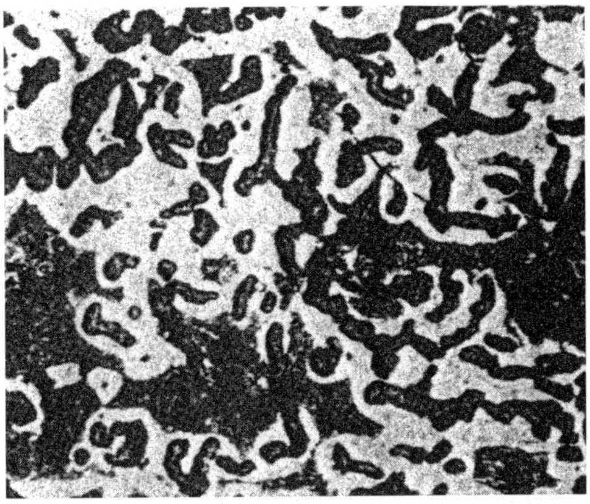

图 4-44　蠕虫状石墨的形态及分布

【实验内容与步骤】

1. 在金相显微镜下观察表 4-8 中材料显微组织，分析显微组织组成，填入表中。

表 4-8　实验用铸铁试样

序号	材　料	状态	浸蚀剂	室温显微组织组成物
1	灰口铸铁 1	退火	4%硝酸酒精溶液	
2	灰口铸铁 2	退火	4%硝酸酒精溶液	
3	球墨铸铁 1	退火	4%硝酸酒精溶液	
4	球墨铸铁 2	退火	4%硝酸酒精溶液	
5	可锻铸铁 1	退火	4%硝酸酒精溶液	
6	可锻铸铁 2	退火	4%硝酸酒精溶液	

2. 在圆圈内(直径为 35～40 mm)描绘所观察材料的显微组织示意图，标注典型组织组成物，并描述其显微组织特征(图 4-45)。

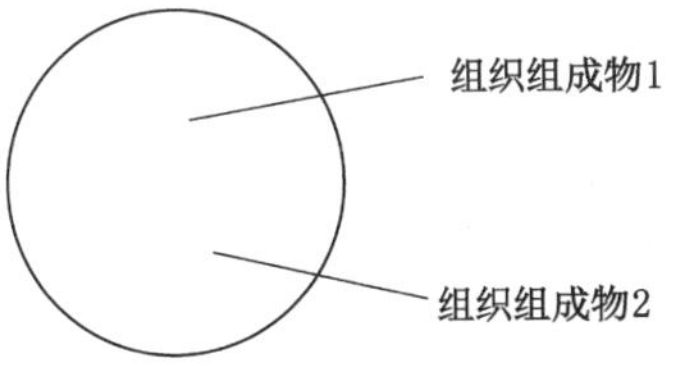

图 4-45　显微组织示意图 3

材料：

状态：

显微组织特征：

3. 查阅相应标准对观察到的材料进行评级。

【安全提醒与注意事项】

1. 保护金相试样，轻拿轻放，不用手和其他异物接触被观察面。
2. 充分利用金相互动教室资源，减少试样被移动次数。
3. 显微镜使用注意事项同前面实验。
4. 组织描绘不包含划痕等金相制备缺陷和样品被损伤缺陷。

【交流与评价】

1. 分组讨论

指导教师根据班级人数将学生分成若干小组，每个小组 5～6 人，各组推荐组长 1 人。评价内容包括实验态度、实验完成度、实验完成质量，总分 100 分，小组内成员对本次实验进行互评，组长完成组内互评的成绩统计，各组员签字确认(表 4-9)。

表 4-9 铁碳合金平衡组织观察与分析实验评价表

评价内容	组员 1	组员 2	组员 3	组员 4	组员 5	组员 6	……
实验态度(10 分)							
实验完成度(20 分)							
实验完成质量(70 分)							
总分							

组号：____________ 实验日期：____________ 组长签字：____________

组员签字：____

2. 集中展示

各小组展示本组完成质量最高的同学的实验记录，班级共同评出本次实验之星(实验完成质量最高的同学)。

【拓展思考题】

1. 各类铸铁中石墨的形态是什么？不同的石墨形态对铸铁性能有什么影响？
2. 磷共晶的类型有哪些？对铸铁性能的影响如何？
3. 球墨铸铁有哪些热处理工艺？球墨铸铁常见的铸造缺陷有哪些？

【实验报告要求】

1. 实验目的。
2. 实验内容(按照实验内容与步骤部分的要求完成)。
3. 查阅文献，综述常用铸铁的使用现状。

王遵明：我国球墨铸铁的开拓者

王遵明(1913—1988 年)，江西南昌人，1935 年毕业于清华大学物理系。1936 年至 1940 年作为公费生出国。在美国麻省理工学院研究院获得博士学位。1940 年回国，1941 年至 1946 年在昆明西南联合大学机械系及金属研究所任教授，兼任滇北矿务局顾问工程师。1946 年之后任清华大学教授。1951 年至 1952 年兼任东北抚顺矿务局冶金顾问工程师。曾任中国铸造学会第一、二届副理事长，中国金属学会理事，中国稀土学会理事，清华大学机械系副主任，铸造教研组主任等职。

王遵明教授的博士论文是铝硅合金的球化。从理论上讲，Al-Si 合金与 Fe-C 合金有相似之处。早在 1924 年，世界著名冶金学家 Tamman 的学生(也是王遵明教授的老师)曾在著名期刊 *Zeitschrift für Metallkunde* 著文预言，加钙可使 Ag-Si、Au-Si 合金球化，但未做试验给予证实。此后，为了使 Fe-C 合金中的石墨球化，全球广大冶金工作者均不遗余力地进行了多方面的研究。1947 年英国学者 H. Morrogh 附加铈在过共晶成分的铁液内得到了球状石墨。1948 年美国学者 Gangnebin 等采用纯镁、Ni-Mg 合金获得了球墨铸铁。

与国际发展同步，王遵明教授早在 1947 年冬在清华大学的实验室内采用含铜 80%、含镁 20% 的 Cu-Mg 合金处理铁液，取得了成功，制得的球墨铸铁性能优异。并且，用这种 Cu-Mg 合金处理比用纯镁处理要安全得多，其成本也比用 Ni-Mg 合金处理低得多。

王遵明教授取得的成功立即得到了当时东北重工业部的重视，1951 年，王遵明教授被邀去抚顺重型机器厂用球墨铸铁生产机械零件和钢锭模等取得了成功。在此基础上，开办了球墨铸铁研究班，王遵明教授是唯一的老师，来自全国各地的工程技术人员 70 多人参加了研究班，这些人后来成为我国球墨铸铁行业的技术骨干力量。

在此研究班所写教材的基础上，王遵明教授发表了中国第一部有关球墨铸铁的专著《球墨铸铁》。苏联学者瓦申柯教授在他的著作中援引了王遵明教授的论著，并于 1957 年邀请王遵明教授去基辅做学术报告。对于王遵明教授在球墨铸铁领域取得的重大成就，在 50 年代初，人民日报、光明日报、东北日报、解放日报、大公报等均有新闻报道，并且当时的东北重工业部和抚顺矿务局均给予了奖励。王遵明教授是我国球墨铸铁的奠基人。

实验 14　三元合金显微组织观察与分析

【实验目的】

1. 掌握利用三元相图分析三元合金的结晶过程。

2. 掌握典型三元合金的显微组织特征。

【实验原理】

工业上应用的金属材料大多数是由两种以上组元构成的多元合金。第三组元或更多组元的加入，不仅引起组元间溶解度的改变，还会因新相的出现致使组织转变过程和相图变得更加复杂，所以为了更好地了解和掌握各种材料成分、组织和性能之间的关系，必须掌握三元或多元合金相图。三元以上相图常作为伪三元相图处理，因此三元相图是多元相图的基础。由于三元相图为立体相图，研究和分析材料时不太方便，因此往往只需要参考有实用价值的截面图和投影图，即三元相图的各种等温截面、变温截面及各相区在浓度三角形上的投影图等。

三元相图的种类很多，有三组元在液态和固态均无限溶解的三元系相图、固态互不限溶解的三元系相图、固态有限互溶的三元共晶相图、两个共晶二元系和一个匀晶二元系构成的三元相图、包共晶型三元相图、四相平衡包晶转变的三元系相图、形成稳定化合物的三元系相图等。三元合金的显微组织也很复杂，必须反复观察分析，才能逐步熟悉各种显微组织的特征。

以铋-铅-锡(Bi-Pb-Sn)三元相图的液相面投影图为例分析其室温组织，如图 4-46 所示。

图 4-46 中 Bi、Pb、Sn 分别代表纯组元铋、铅、锡；(Bi)、(Pb)、(Sn)分别代表以铋、铅、锡为溶剂的固溶体；(β)代表以 Bi-Pb 二元系中的 β 包晶相为溶剂的固溶体。为了便于理解 Bi-Pb-Sn 三元相图，下面给出该三元相图各边对应的二元相图(图 4-46、图 4-47 和图 4-48)。

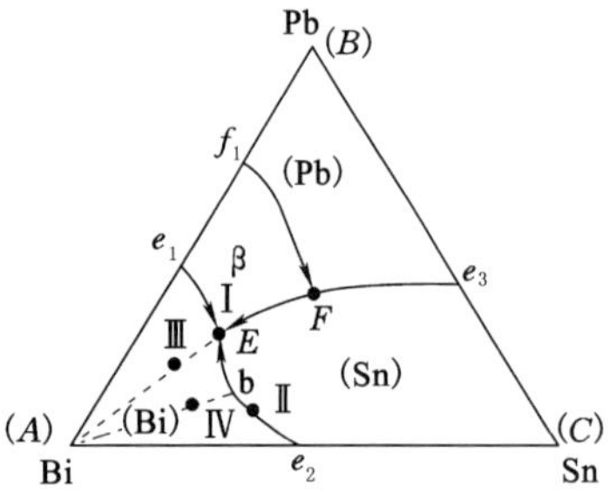

图 4-46　Bi-Pb-Sn 三元相图液相面投影图

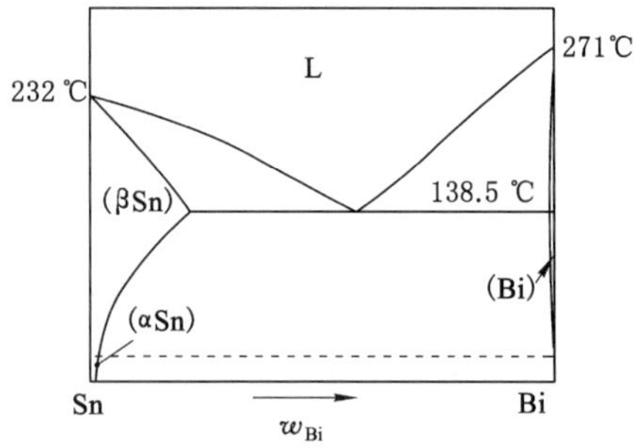

图 4-47　Sn-Bi 二元系相图

由图 4-47、图 4-48 和图 4-49 可知：各二元系在液态时均为无限互溶，但是在固态时则为有限溶解。在 Pb-Bi 二元系中出现了中间相 β。在 Sn-Bi 二元系中有一个共晶转变 L→(Sn)+(Bi)，转变温度为 138.5 ℃。在 Pb-Bi 二元系中有一个包晶转变和一个共晶转变(液态到室温)，包晶转变温度为 184 ℃，反应式为 L+(Pb)→β；共晶转变温度为 125 ℃，反应式为 L→β+(Bi)。在 Pb-Sn 二元系中，有一个共晶转变 L→(Pb)+(Sn)，转变温度为 188 ℃。

各二元系中的三相平衡都要进入三元系，成为三元系中的三相平衡。根据相律，三元系中三相平衡的自由度数等于 1，因而是在一个温度范围内进行的。当降至某温度时，这些三相平衡将参与四相反应。

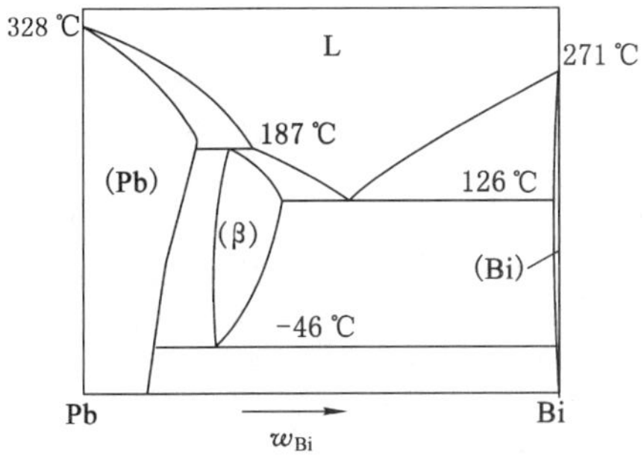

图 4-48　Pb-Bi 二元系相图

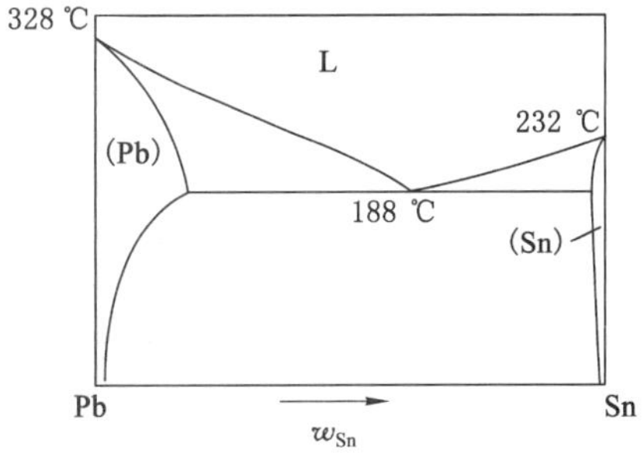

图 4-49　Pb-Sn 二元系相图

由液相面投影图可知，在 Bi-Pb-Sn 三元系中存在 2 个四相平衡，一是在 F 点发生的四相包共晶反应，反应式为 L＋(Pb)→β＋(Sn)；另一个是在 E 点发生的四相共晶反应，反应式为 L→(Bi)＋β＋(Sn)。根据相律，三元系中四相平衡的自由度数等于 0，因而是一个恒温转变。转变过程中参加反应的各相成分不变，温度恒定。

根据合金成分在三元相图投影图上的位置，可以分析合金的平衡凝固过程并预计凝固后的组织组成物。

① Ⅰ成分合金的凝固过程

Ⅰ合金成分正好位于三元共晶成分 E 点上。当合金自液态进行凝固时，将直接进入四相平衡，发生四相共晶反应，反应式为 L→(Bi)＋β＋(Sn)，这是一个恒温转变，转变温度为 96 ℃，凝固后的组织为(Bi)＋β＋(Sn)完全共晶组织，如图 4-50 所示。

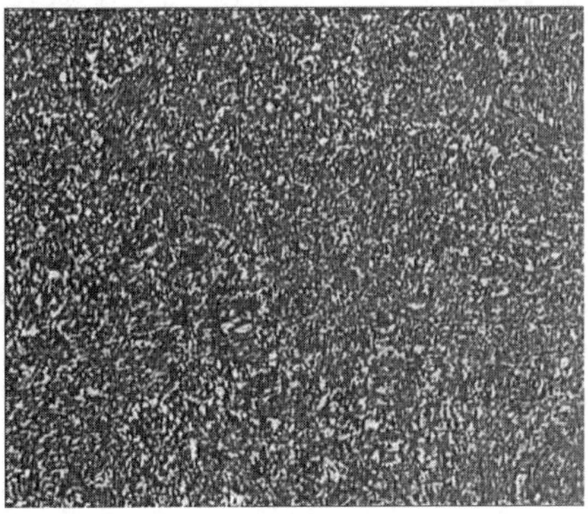

(a) 200×

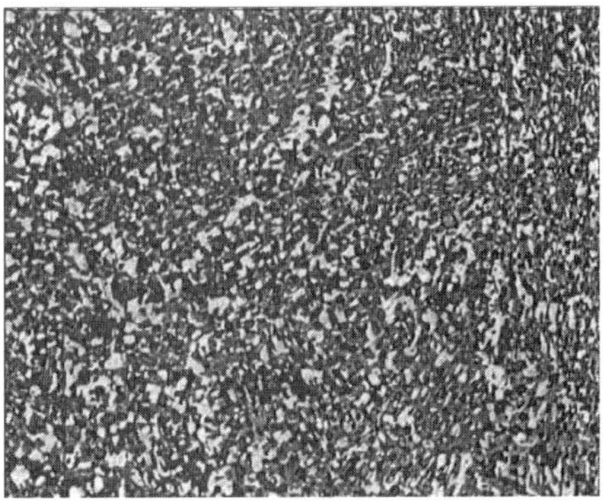

(b) 500×

图 4-50　合金Ⅰ室温下的组织

② Ⅱ成分合金的凝固过程

Ⅱ合金成分位于二元共晶线 e_2E 上。当合金凝固时，先进行三相共晶反应，反应式为 L→(Bi)＋β，从溶液中析出共晶体(Bi)＋(Sn)，液相浓度沿 e_2E 变化。这个三相反应是在一个温度范围内进行的。当温度降到三元共晶 E 点(96 ℃)时,剩余的液体将进行四相共晶反应 L→(Bi)+β+(Sn),生成三相共晶体(Bi)+β+(Sn)。因此,Ⅱ合金凝固后,其组织组成物为两相共晶体(Bi)+(Sn)和三相共晶体 β+(Bi)+(Sn),如图 4-51 所示。其中二元共晶体比三元共晶体组织粗大。

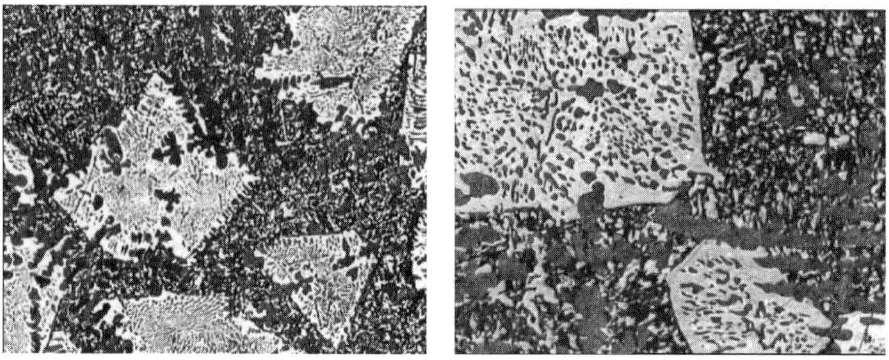

(a) 200×　　(b) 500×

图 4-51　合金Ⅱ室温下的组织

③ Ⅲ成分合金的凝固过程

Ⅲ合金成分位于 AE 连线上。当合金凝固时,先由液相析出初生晶体(Bi)。降温时液相成分沿 AE 线变化,当液相成分到达 E 点时,将发生四相共晶反应,生成三相共晶体(Bi)+β+(Sn)。因此,Ⅲ合金凝固后,其组织组成物为初生晶体(Bi)(亮块体)和三相共晶体(Bi)+β+(Sn),如图 4-52 所示。其中初生晶体(Bi)上的微量析出物为 $\beta_{Ⅱ}$ +$(Sn)_{Ⅱ}$ 。

(a) 100×　　(b) 200×

图 4-52　合金Ⅲ室温下的组织

④ Ⅳ成分合金的凝固过程

Ⅳ合金成分位于 Ae_2EA 范围内。当合金凝固时,先从液相结晶出初生晶体(Bi),液相成分沿Ⅳb(Ab)变化。随着温度的降低,当液相成分到达二元共晶线 e_2E 时,初生晶体析出结束。接着将通过三相共晶反应生成两相共晶体(Bi)+β,液相成分沿着共晶线 e_2E 变化;当液相成分到达 E 点时,将发生四相共晶反应,生成三相共晶体(Bi)+β+(Sn)。因此Ⅳ合金凝固后,其组织组成物为初生晶体(Bi)、两相共晶体(Bi)+β和三相共晶体(Bi)+β+(Sn)。

在显微镜下观察Ⅳ合金的组织如图 4-53 所示，初次晶(Bi)为发亮的块状，而在初次晶周围为两相共晶体(Bi)+β，在显微镜下呈黑白相间形态，而三元共晶组织较二元共晶组织更细，颜色更暗。同样初生晶体(Bi)上的微量析出物为 $\beta_{\mathrm{II}}+(\mathrm{Sn})_{\mathrm{II}}$。

(a) 200×

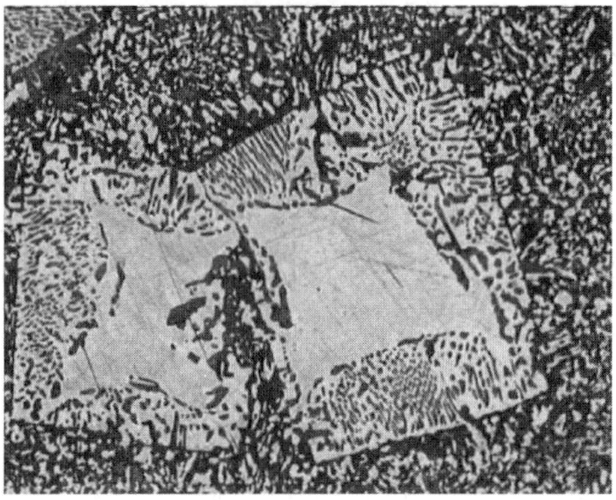

(b) 500×

图 4-53　合金Ⅳ室温下的组织

从以上Ⅰ、Ⅱ、Ⅲ、Ⅳ四种合金的结晶过程可以看出有以下特点：

(1) 在三元系中任一三元合金在平衡冷却条件下都要在相当于立体状态图上三元共晶点的恒温温度下发生三元共晶转变。

(2) 位于浓度三角形顶点与三元共晶点连线 AE、BE、CE 上的合金没有二元共晶，在析出初次晶之后接着就形成三元共晶。

(3) 在成分位于二元共晶线上的合金，没有纯组元的初晶，合金结晶时将直接从液体中析出二元共晶之后形成三元共晶组织。

(4) 位于三元共晶点的合金，没有初次晶和二元共晶析出，只有三元共晶转变。

此外，若给出过合金成分点的垂直截面，则可知道合金在凝固过程中所经历的相平衡及所对应的温度及温度范围等。若给出等温截面，则可知道该温度下合金所处状态，由哪些相组成，并可应用杠杆定理和重心法求出各相、各组织组成物的相对含量等。

【实验准备】

1. 在金相显微镜下观察实验用所有试样，发现组织不清、刮痕等严重损伤的试样需要重新进行金相制备，具体如何制备根据试样被损坏的实际情况而定。

2. 检查试样标签是否清晰，如有缺损及时做好标记。

3. 将准备好的试样放入防潮干燥柜备用。

【实验内容与步骤】

1. 在金相显微镜下观察表 4-10 中材料显微组织，分析显微组织组成，填入表中。

表 4-10　实验用三元合金试样

序号	材料	状态	浸蚀剂	室温显微组织组成物
1	32%Pb,51%Bi,17%Sn	铸造	4%硝酸酒精	
2	16%Pb,58%Bi,26%Sn	铸造	4%硝酸酒精	
3	5%Pb,66%Bi,29%Sn	铸造	4%硝酸酒精	
4	25%Pb,60%Bi,15%Sn	铸造	4%硝酸酒精	

2. 在圆圈内(直径为 35～40 mm)描绘所观察材料的显微组织示意图，标注典型组织组成物，并描述其显微组织特征(图 4-54)。

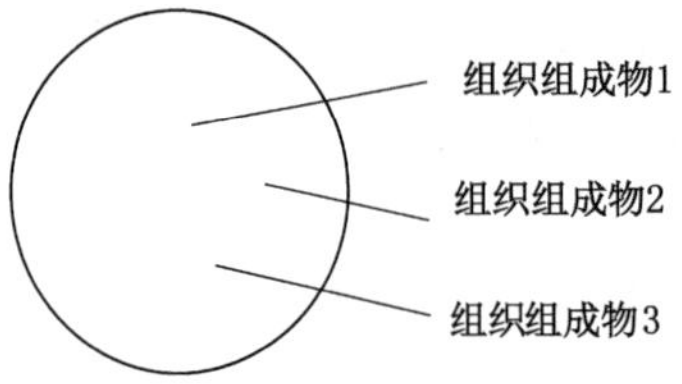

图 4-54　显微组织示意图 4

材料：

状态：

显微组织特征：

【安全提醒与注意事项】

1. 保护金相试样，轻拿轻放，不用手和其他异物接触被观察面。

2. 充分利用金相互动教室资源，减少试样被移动次数。

3. 显微镜使用注意事项同前面实验。

4. 组织描绘不包含划痕等金相制备缺陷和样品被损伤缺陷。

【交流与评价】

1. 分组讨论

指导教师根据班级人数将学生分成若干小组，每个小组 5～6 人，各组推荐组长 1 人。评价内容包括实验态度、实验完成度、实验完成质量，总分 100 分，小组内成员对本次实验进行互评，组长完成组内互评的成绩统计，各组员签字确认(表 4-11)。

表 4-11　三元合金显微组织观察与分析实验评价表

评价内容	组员 1	组员 2	组员 3	组员 4	组员 5	组员 6	……
实验态度(10 分)							
实验完成度(20 分)							
实验完成质量(70 分)							
总分							

组号：____________　实验日期：____________　组长签字：____________

组员签字：____

2. 集中展示

各小组展示本组完成质量最高同学的实验记录，班级共同评出本次实验之星(实验完成质量最高的同学)。

【拓展思考题】

1. 三元共晶组织有什么特点？
2. 在三元相图中，变温截面图、等温截面图及液相面投影图各起什么作用？
3. 二元和三元固溶体转变与共晶转变的自由度数有无差别？什么原因？

【实验报告要求】

1. 实验目的。
2. 实验内容(按照实验内容与步骤部分的要求完成)。
3. 分析表 4-10 中各材料组织形成过程。

实验 15　钢的热处理显微组织观察与分析

【实验目的】

1. 掌握钢的热处理组织的特征。

2. 能够分析钢中各种非平衡组织的形成过程。

【实验原理】

碳钢及合金钢加热到奥氏体后，在不同冷却条件下过冷奥氏体会变成不同的组织。

一、珠光体组织

共析钢加热保温并完全奥氏体化后缓慢冷却，在稍低于 T_{A1} 温度下发生共析分解，其产物为铁素体(α)与渗碳体(Fe_3C)的混合物，称为珠光体。珠光体转变是过冷奥氏体在临界温度 T_{A1} 以下比较高的温度范围内进行的转变，共析钢在 T_{A1}～550 ℃温度下发生，故又称为高温转变。冷却速度越大，形成温度越低，过冷度增大，碳在奥氏体中的扩散能力减小，碳扩散距离变小，形成片层间距小的珠光体。一般把不同过冷度下形成的层片间距不同的珠光体组织分别称为珠光体、索氏体、屈氏体。片状珠光体的力学性能主要取决于其层片间距 S_0，层片间距越小，钢的强度、硬度越高，而塑性和韧性略有改善，见表 4-12。

表 4-12　共析钢中珠光体层片间距对性能的影响

组织	形成温度范围/℃	层片间距/nm	屈服强度 $\sigma_{0.2}$/(N/mm²)	抗拉强度 σ_b/(N/mm²)	截面收缩率 ψ/%	HRB
珠光体	T_{Ac_1}～650	150～400	520	980	24	280
索氏体	650～600	80～150	680	1 130	35	330
屈氏体	600～550	30～80	810	1 300	43	380

珠光体、索氏体、屈氏体三种组织并无本质区别，只是形态上有粗细之分，因此其界限也是相对的。在光学金相显微镜下观察时，能看清珠光体的层片状结构，不能辨明索氏体的层片，只能看到均匀暗灰色的组织，更不能辨别屈氏体的层片，只能看到暗黑色团状，如图 4-55(a)、图 4-55(b)、图 4-55(c)所示。

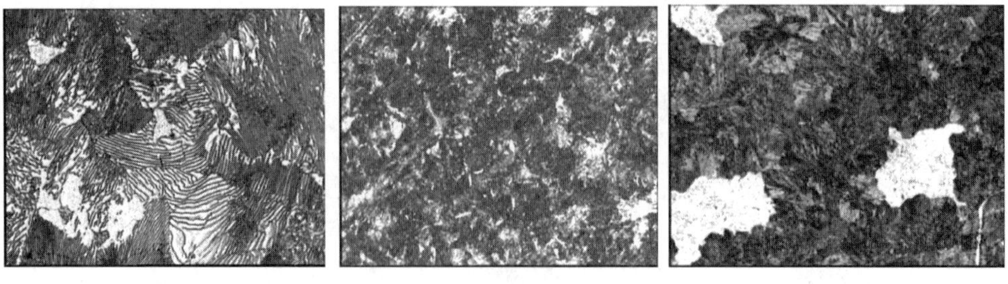

(a) 珠光体　　(b) 索氏体　　(c) 屈氏体

图 4-55　珠光体类型组织光学显微组织

扫描电子显微镜高倍成像可以看清楚珠光体类型组织的组织形态，珠光体、索氏体和屈氏体均为铁素体和渗碳体层片相间的组织，只是层片间距不同而已，如图 4-56(a)、图 4-56(b)、图 4-56(c)所示。

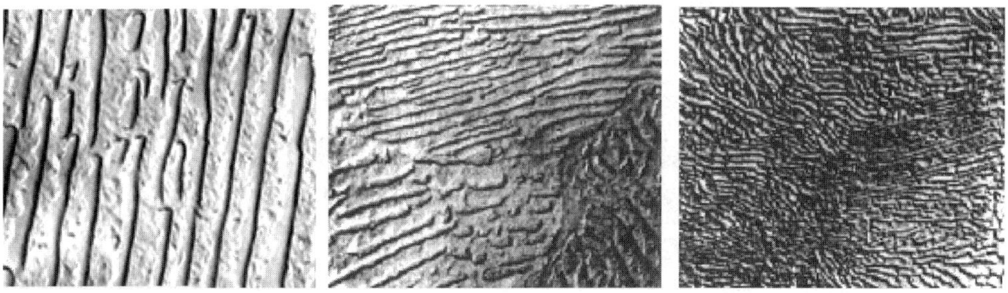

(a) 珠光体　　(b) 索氏体　　(c) 屈氏体

图 4-56　珠光体类型组织扫描电子显微镜组织

铁素体基体上弥散分布粒状渗碳体的组织称为粒状珠光体或球状珠光体，如图 4-57 所示，一般是经过球化退火或淬火后经中、高温回火得到的。粒状珠光体的力学性能主要取决于渗碳体颗粒的大小、形态和分布。一般来说，当成分一定时，渗碳体颗粒越细，相界面越多，强度和硬度越高；碳化物越接近等轴状、分布越均匀，钢的韧性越好。在成分相同的条件下，粒状珠光体较片状珠光体的硬度略低，而塑性更好。在硬度相同的条件下，粒状珠光体与片状珠光体相比较具有良好的拉伸性能，同时还具有良好的切削加工性、冷加工成型性及淬火工艺性。

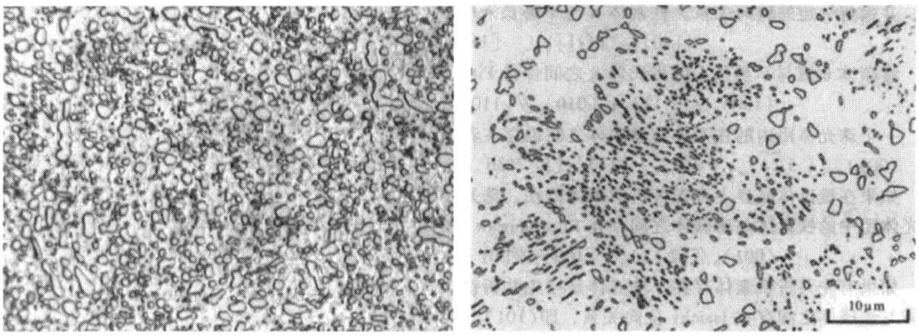

(a) 光学显微镜组织　　(b) 电子显微镜组织

图 4-57　球状珠光体

二、贝氏体组织

贝氏体相变是过冷奥氏体在中温区的非平衡转变，在此温度范围内，铁原子已难以扩散，而碳原子还能进行扩散，转变所得产物被称为贝氏体。贝氏体主要分为三种：上贝氏体、下贝氏体和粒状贝氏体。

(1) 上贝氏体

上贝氏体的光学显微组织特征：上贝氏体大多数源于奥氏体晶界，转变量不多时可以看到通常呈羽毛状，如图 4-58 所示。由于上贝氏体组织为铁素体条间分布着短杆状碳化物，其相间距较与之相近温度转变产生的珠光体型组织（屈氏体）疏，因此试样浸蚀后色泽较视域中同存在的屈氏体略浅，如极细密的梳子，缝隙中隐约漏出白色。

图 4-58　上贝氏体

（2）下贝氏体

上、下贝氏体的形成温度范围没有一个截然的区分界线，如以 0.7％碳钢为例，只能说低于 350 ℃时以下贝氏体为主，350 ℃以上时以上贝氏体为主。

下贝氏体的光学显微组织特征：下贝氏体呈黑色针片状，因铁素体片上有碳化物沉淀析出，故使用高倍显微镜观察时依稀见两相组织。下贝氏体形成过程中没有上贝氏体那种成排的相互激发成核的作用，因而互相平行的条束较少，常呈单片状。又因下贝氏体铁素体是由几个单位基元陆续形成长大的，因此常可以见到下贝氏体针片相互交遇的情况，如图 4-59 所示。

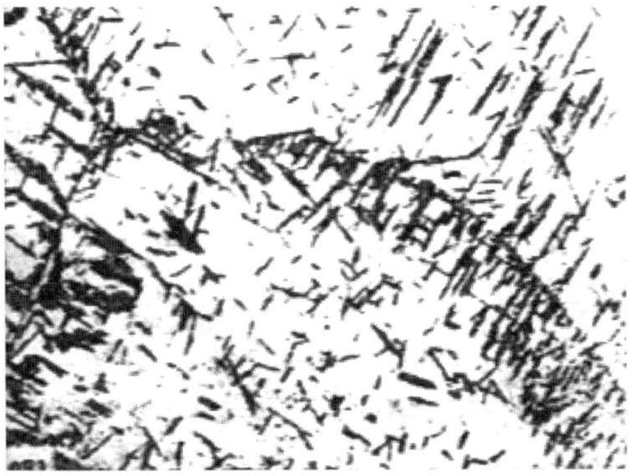

图 4-59　下贝氏体

（3）粒状贝氏体

粒状贝氏体是在贝氏体相变的高温区域内形成的，也属于上贝氏体。当奥氏体冷却到上贝氏体温度区析出贝氏体铁素体后，由于碳扩散到 A 体中，使 A 不均匀地富碳，不再转变为贝氏体。这些奥氏体区域一般呈粒状或长条状，分布在铁素体基体上，这种富碳的奥氏体在冷却或等温过程中，可以部分发生转变，形成所谓(M-A)岛，这种由 BF＋(M-A)构成的整合组织称为粒状贝氏体，常见于低、中碳合金结构钢中，等温及一定冷却速度下均能形成。

粒状贝氏体的光学显微组织特征：铁素体 BF 基体上分布着许多小岛，外形一般不为圆球形，常呈任意粒状或条状，边缘稍直，如图 4-60 所示。这种岛状的第二相原先是富碳的奥氏体 A,随后视其合金成分与冷却条件不同,可以分解为铁素体 F 和渗碳体 C,可以转变为马氏体 M,也可以在室温下仍保持为奥氏体 A。而一般情况下,此小岛在冷却过程中继而形成马氏体 M、奥氏体 A 为最常见。

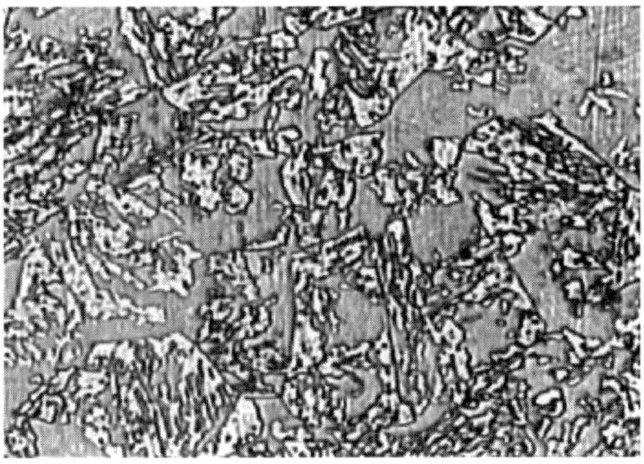

图 4-60　粒状贝氏体光学显微组织

粒状贝氏体 B 中的"小岛"的形状、数量、尺寸和分布,是性能的决定因素。随着小岛总量增加,小岛弦长及岛间距减小,强度增加。随小岛总量减少,小岛弦长减小,岛间距增大,韧性提高。在一定成分范围内,适当控制小岛数量及小岛尺寸,可以得到强韧性良好配合的力学性能。经适当温度回火后可进一步改善钢的强韧性。实验结果表明:随钢中含碳量增加,小岛总量增加;随冷却速度增大,小岛弦长减小;随奥氏体晶粒尺寸增大,小岛总量及弦长均增加。

三、马氏体

钢中马氏体组织主要分为板条马氏体和片状马氏体。

(1) 板条马氏体

低碳马氏体又称为板条状马氏体,也称为位错型马氏体,其光学显微组织如图 4-61 所示,主要特征为:一个原奥氏体晶粒可以转变成几个马氏体条束,如图 4-62 中 A、B、C、D 四个区域,分别代表 4 个马氏体条束,每一个条束对应一个惯习面晶面指数相同且平行排列的板条群。一个板条束又可分成几个平行的区域,如图 4-61 中 B,称为同位向束,其惯习面晶面指数相同,但是与母相取向关系不同(取向差较大),故各块之间以大角度晶界分开,试样浸蚀出现不同的浸蚀反差。一个板条群也可以只由一种同位向束组成,如图 4-61 中 C。由于低碳马氏体的 M_s 点较高,一般认为当 $M_s \geqslant 400$ ℃时,在淬火冷却速度稍慢(而仍可淬成马氏体)的场合,便可见到低碳马氏体中的"自回火"现象。

(2) 片状马氏体

由于高碳马氏体呈片状,故常称高碳马氏体为片状马氏体或称孪晶马氏体,其光学显微组织特征为:高碳马氏体呈单个片状,边缘轮廓清晰,相邻的片一般互不平行,多向分布于母相奥氏体中;马氏体片大小不一,先形成的片,往往跨越奥氏体晶粒至分割奥氏体,从而限制随后形成的马氏体片的大小;马氏体片周围伴随有白色残留奥氏体;有些材料马氏体有一条中脊面,并呈闪电状锯齿形分布,如图 4-63 所示。

一般含碳量高于 1.0%的马氏体完全为片状马氏体,含碳量低于 0.2%的马氏体几乎全

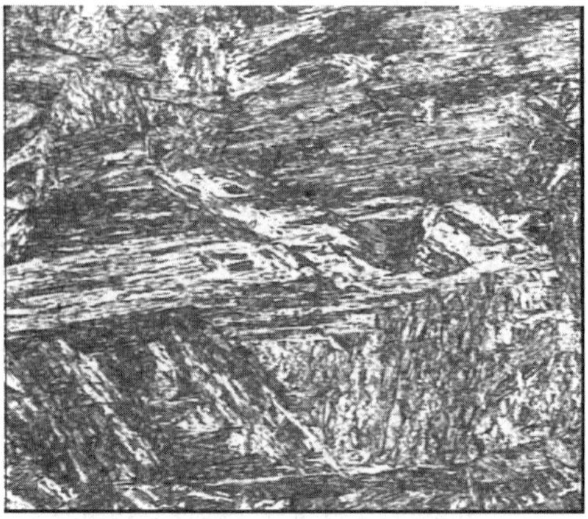

图 4-61　低碳马氏体光学显微组织

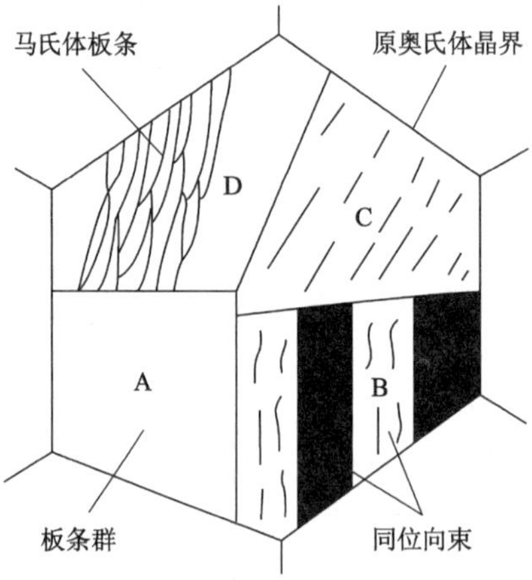

图 4-62　低碳马氏体示意图

图 4-63　高碳马氏体光学显微组织

是条状马氏体，含碳 0.2%～0.4%则以条状马氏体为主(占 80%以上)，而含碳量在 0.4%～0.8%之间的则是混合组织，如图 4-64 所示。

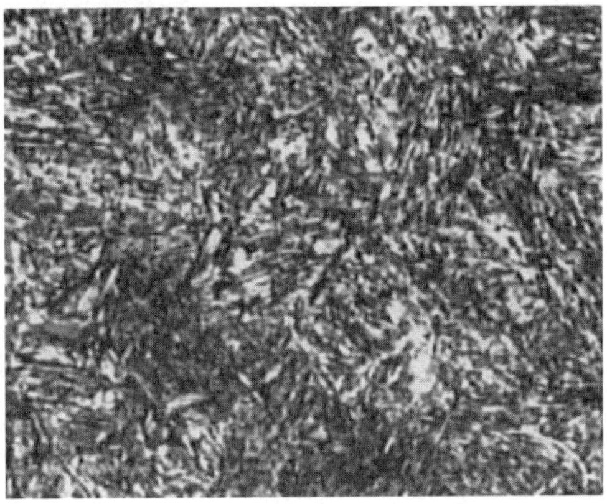

图 4-64　中碳结构钢淬火显微组织

一般高碳工具钢正常淬火加热温度为 T_{Ac1} 以上 30～50 ℃，奥氏体含碳量接近共析成分，并保留细小未溶的碳化物质点，故淬火后得到的金相组织基本上是颗粒状渗碳体＋隐晶(针)状马氏体及残留奥氏体，如图 4-65 所示。

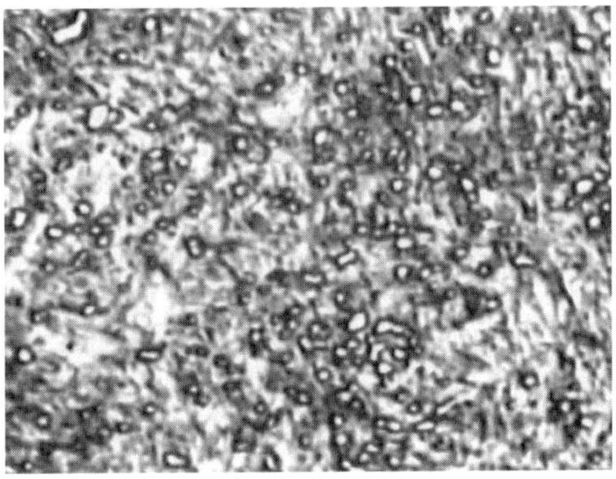

图 4-65　高碳工具钢淬火组织

合金工具钢由于合金元素的存在，加热时奥氏体的均匀化比较困难，在正常淬火加热温度下，除了含有一定数量的碳化物颗粒外，奥氏体存在着微观的成分不均匀，淬火后试样经化学浸蚀，视域中出现明暗区域，暗色区是贫碳的马氏体区域，形成温度较高，有“自回火”现象，亮区是富碳马氏体区(混合型马氏体)。对 GCr15 钢来说，此属正常的淬火组织，但是马氏体外形不易鉴别，电子金相可进一步辩明其组织形态，如图 4-66 所示。

高速钢及高锰钢等高合金工具钢淬火后的金相组织为碳化物分布在白亮的马氏体基体上，由于这一类钢中含合金元素多，且奥氏体晶粒细小，故马氏体细小不易浸蚀出来，为“隐针”马氏体。与高碳工具钢相比，其马氏体基体更白亮平整，且奥氏体晶界显露出来，而碳化物颗粒也较高碳钢细。因为有几种不同熔点碳化物共存，故淬火加热固溶后尚剩的碳化物大小不一，晶界晶内均存在，如图 4-67 所示。

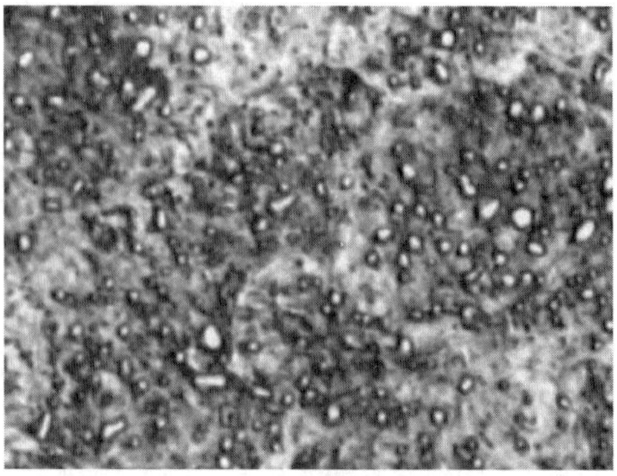

图 4-66　GCr15 钢淬火显微组织

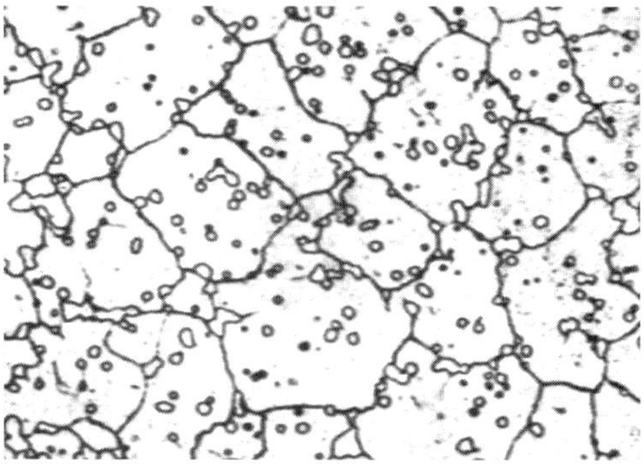

图 4-67　高速钢(W18Cr4V)淬火显微组织

(4) 钢的回火组织

钢中含碳(及其他合金)量不同,淬火后的组织形态不同,而回火时其组织结构变化也略有差异,但大致规律是相同的。

经 200 ℃回火后得到回火马氏体组织,如图 4-68 所示,在同样浸蚀条件下色泽要比淬火马氏体深,仍保持原来的马氏体针状外形轮廓,但不如淬火态(图 4-69)清晰。

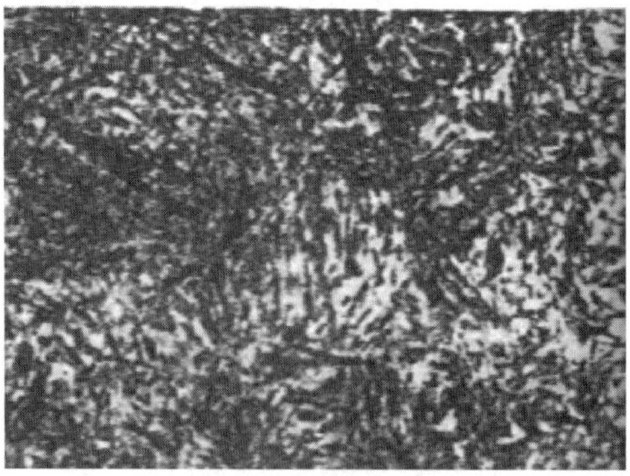

图 4-68　45 钢淬火、200 ℃回火显微组织

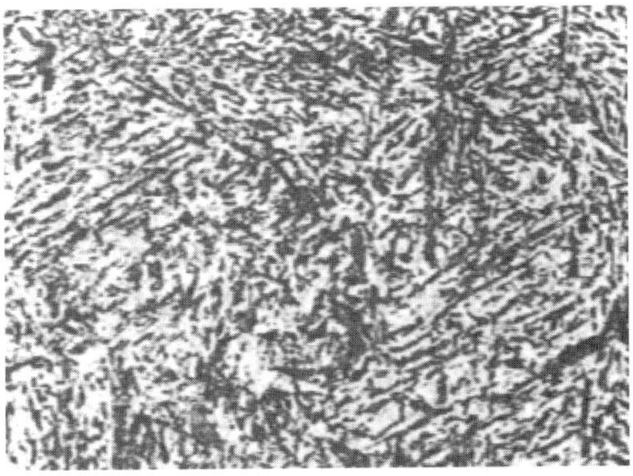

图 4-69　45 钢淬火显微组织

经 400 ℃回火得到回火屈氏体组织，原马氏体针形已不清晰，浸蚀后色泽较 200 ℃回火马氏体组织浅，但仍可见原马氏体方位痕迹，如图 4-70 所示。

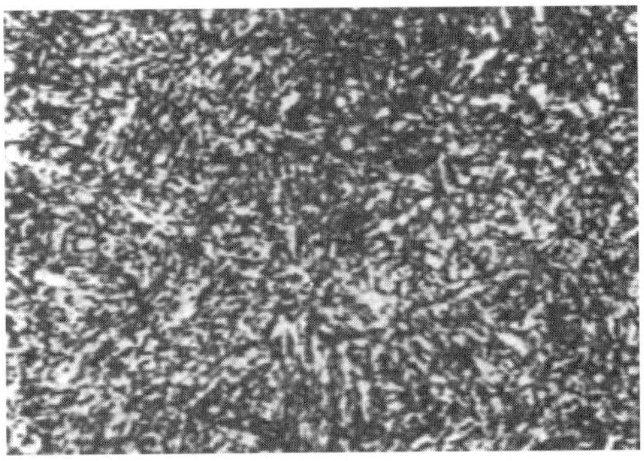

图 4-70　45 钢淬火、400 ℃回火显微组织

经 600 ℃回火得到所得回火索氏体组织，原马氏体方位已消失，高倍可见碳化物聚集、粗化，如图 4-71 所示。

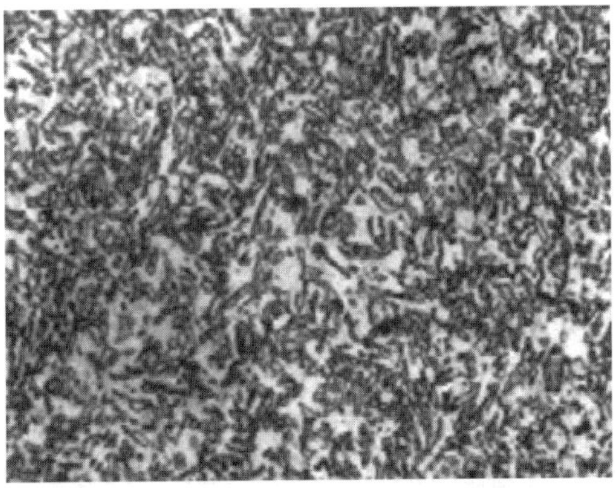

图 4-71　45 钢淬火、600 ℃回火显微组织

【实验准备】

1. 在金相显微镜下观察实验用所有试样，发现组织不清、刮痕等严重损伤的试样需要

重新进行金相制备，具体如何制备根据试样被损坏的实际情况而定。

2. 检查试样标签是否清晰，如有缺损及时做好标记。

3. 将准备好的试样放入防潮干燥柜备用。

【实验内容与步骤】

1. 在金相显微镜下观察表 4-13 中材料显微组织，分析显微组织组成物，填入表中。

表 4-13　实验用试样

序号	材　料	热处理工艺	浸蚀剂	显微组织组成物
1	20 钢	1 200 ℃保温，盐水淬火	4%硝酸酒精	
2	60Si2Mn	1 050 ℃保温，450 ℃等温后水冷	4%硝酸酒精	
3	60Si2Mn	1 050 ℃保温，320 ℃等温后水冷	4%硝酸酒精	
4	18CrMnTi	1 000 ℃保温，500 ℃等温后水冷	4%硝酸酒精	
5	GCr15	1 070 ℃保温，650 ℃等温后水冷	4%硝酸酒精	
6	40Cr	860 ℃正火	4%硝酸酒精	
7	45 钢	860 ℃正火	4%硝酸酒精	
8	T12	1 150 ℃水淬，150 ℃回火	4%硝酸酒精	
9	T12	1 000 ℃水淬，400 ℃回火	4%硝酸酒精	
10	T12	1 000 ℃水淬，600 ℃回火	4%硝酸酒精	
11	20 钢	1 000 ℃空冷	4%硝酸酒精	

2. 在圆圈内(直径为 35～40mm)描绘所观察材料的显微组织示意图，标注典型组织组成物，并描述其显微组织特征(图 4-72)。

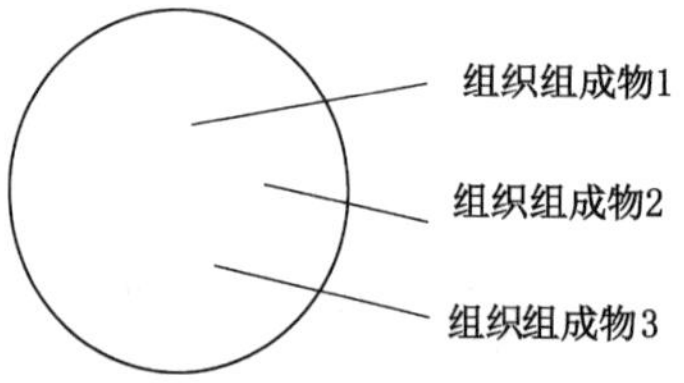

图 4-72　显微组织示意图 5

材料：

状态：

显微组织特征：

【安全提醒与注意事项】

1. 保护金相试样，轻拿轻放，不用手和其他异物接触被观察面。

2. 充分利用金相互动教室资源，减少试样被移动次数。

3. 显微镜使用注意事项同前面实验。

4. 组织描绘不包含划痕等金相制备缺陷和样品被损伤缺陷。

【交流与评价】

1. 分组讨论

指导教师根据班级人数将学生分成若干小组，每个小组 5～6 人，各组推荐组长 1 人。评价内容包括实验态度、实验完成度、实验完成质量，总分 100 分，小组内成员对本次实验进行互评，组长完成组内互评的成绩统计，各组员签字确认(表 4-14)。

表 4-14　钢的热处理显微组织观察与分析实验评价表

评价内容	组员 1	组员 2	组员 3	组员 4	组员 5	组员 6	……
实验态度(10 分)							
实验完成度(20 分)							
实验完成质量(70 分)							
总分							

组号：＿＿＿＿＿＿　实验日期：＿＿＿＿＿＿　组长签字：＿＿＿＿＿＿

组员签字：＿＿＿＿＿＿＿＿＿＿＿＿＿＿＿＿＿＿＿＿＿＿＿＿

2. 集中展示

各小组展示本组完成质量最高同学的实验记录，班级共同评出本次实验之星(实验完成质量最高的同学)。

【拓展思考题】

1. 珠光体类型组织层片间距由什么决定？层片间距对力学性能有什么影响？
2. 上贝氏体、下贝氏体的分界问题。
3. 回火温度对钢的组织和性能的影响。

【实验报告要求】

1. 实验目的。
2. 实验内容(按照实验内容与步骤部分的要求完成)。
3. 浅谈钢淬火后为什么要进行回火处理。

人物介绍：阿道夫-马腾斯

阿道夫-马腾斯(Martens，1850—1914 年)，德国金相学家，材料学家。马腾斯是一位严谨的正统金相学家，他的哲学是金相学家的任务是改进金相试验方法，进行细致观察，认真记录，少做推论。

早年作为一名工程师从事铁路桥梁的建设工作，并接触到正在兴起的材料检验方法。他是采用显微镜分析金属结构的先驱。他为了研究材料，改进了金属显微镜，用自制的显微镜观察铁的金相组织，并在 1878 年发表了文章《铁的显微镜研究》，阐述金属断口形态以及其抛光和酸浸后的金相组织。他观察到生铁在冷却和结晶过程中的组织排列很有规则，并预言显微镜研究必将成为最有用的分析方法之一。

1879 年马腾斯在夏洛滕堡技术高等学校(Technische Hochschule)担任教授，在那里，他还曾担任机械技术实验室主任，1884 年开始任达尔勒姆材料试验研究所主任。马滕斯是材料研究及试验的奠基者之一，在德国建立了测试材料科学。

1899 年他出版了获得高度赞誉的材料科学手册，建立了一些材料试验方式，比如测量硬度的非金属划痕就以他的名字命名为马滕斯划伤硬度，而相关的易燃液体闪点则称为 Pensky-马滕斯闪点。

他还曾经担任柏林皇家大学附属机械工艺研究所所长，也就是柏林皇家材料试验所的前身，他在那里建立了第一流的金相试验室。1895 年国际材料试验学会成立，他担任副主席一职，直到现在，在德国依然有一个声望颇高的奖项以他的名字命名。

他的荣誉还包括发现了钢铁中更快的冷却方式会明显影响钢的硬度，即国际知名的马氏体。2003 年由国际标准化组织命名了马滕斯普遍硬度。为促进材料科学的发展，以他的名字命名的阿道夫-马滕斯协会奖，每两年颁发一次，由阿道夫-马滕斯基金会负责，涉及材料研究和测试以及安全技术。

为了纪念马腾斯在金相技能改良和推广方面做出的贡献，奥斯蒙德(Osmond)在 1895 年建议用他的姓氏命名钢的淬火组织(Martensite)，即马氏体。

贝氏体转变理论学派

钢铁热处理理论的奠基者美国学者贝恩(E. C. Bain)在 1930 年首先发表了钢的过冷奥氏体在中温(珠光体转变和马氏体转变的温度范围内)发生的转变产物的光学金相照片，后来人们把这种转变产物命名为贝氏体。1939 年，美国人梅尔(R. F. Mehl)把在这个温度范围上部的转变产物称为上贝氏，在这个温度范围下部的转变产物称为下贝氏体。

关于贝氏体的定义和转变机制，是固态转变理论发展中最有争议的领域。它形成了两个对立的学派，即以中国学者柯俊为代表的切变学派和以美国学者阿伦森(H. I. Aaronson)为代表的扩散学派，以及介于两个学派之间的一种所谓转变机制转化连续性和阶段性理论。

20 世纪 50 年代初，当时在英国伯明翰大学任教的中国学者柯俊及其合作者英国学者科垂耳首次研究了钢中贝氏体转变的本质。他们用光学金相法在预先抛光的样品表面发现在贝氏体转变时有类似于马氏体转变的表面浮凸效应。在当时，转变过程的表面浮凸效应被公认是马氏体型切变机制的有力证据。以此实验现象为依据，认为贝氏体转变是受碳扩散控制的马氏体型转变。铁和置换式溶质原子是无扩散的切变，间隙式溶质原子(如碳)则是有扩散的。这种观点后来为许多学者所继承和发展，人们统称为“切变学派”。它在 20 世纪 50 年代至 60 年代是贝氏体转变的主导理论。

到 20 世纪 60 年代末，切变理论受到了美国以研究扩散型相变著称的阿伦森及其合作者的挑战。他们基于合金热力学的研究结果认为：在贝氏体转变温度区间，相变驱动力不能满足切变机制的能量条件，因而从热力学上否定了贝氏体转变的切变理论。他们认为贝氏体转变属于共析转变类型，以扩散台阶机制长大，属于扩散型转变。这种观点为中国著名金属学家徐祖耀等继承和发展，人们统称为“扩散学派”。

在两大学派之间，还有一些中间性理论。例如，认为贝氏体转变是介于共析分解和马氏体转变之间的中间过渡性转变，上贝氏体的形成机制接近共析分解，而下贝氏体则与马氏体转变相近。

实验 16　碳素钢的常见缺陷显微组织观察与分析

【实验目的】

1. 了解碳素钢缺陷组织产生的原因。
2. 掌握碳素钢中常见缺陷显微组织特征。
3. 分析缺陷组织如何消除。

【实验原理】

碳素钢是指含碳量低于 1.35%，除铁、碳和限量以内的硅、锰、硫、磷等杂质外，不含其他合金元素的钢。碳素钢是近代工业中使用最早、用量最大的基本材料。目前碳素钢的产量在各国钢总产量中的比例约保持在 80%。

碳素钢的缺陷是材料在生产及加工过程中产生的使材料失去使用价值或不符合技术条件要求的各种不足，以及会使材料的工艺性能变差或使用性能降低的各种隐患。碳素钢中常见的显微组织缺陷主要包括偏析、带状组织、魏氏组织、非金属夹杂物、疏松、缩孔、分层、表层脱碳、过热和过烧等。

一、偏析

金属溶液在铸型中凝固以后，铸件断面各个部分以及晶粒内部往往有化学成分不均匀的现象，这就是偏析。偏析是一种铸造缺陷。由于铸件各部分化学成分不一致，势必使其机械及物理性能不一样，这样就会影响铸件的工作效果和使用寿命。因此，在铸造生产中，必须防止金属溶液在凝固过程中产生偏析。

常见的偏析有枝晶偏析，是指固溶体结晶时成分是变化的，结晶过程中由于冷速较快，原子扩散不能充分进行，则形成成分不均匀的固溶体。先结晶的树枝晶轴含高熔点组元较多，后结晶的树枝晶枝含低熔点组元较多，造成在一个晶粒内化学成分不均匀，称之为枝晶偏析。图 4-73 为 Cu-Ni 合金($w_{Cu}=70\%$，$w_{Ni}=30\%$)，先结晶的部分(树枝晶轴)含镍元素较多，不易被腐蚀，反光能力强，在显微镜下呈白亮色，后结晶的部分含铜元素多，容易被腐蚀成粗糙表面，反光能力弱，在显微镜下呈暗黑色。

二、带状组织

金属材料在冶炼浇注后绝大部分要经过压力加工方可成为型材。加工后的材料得到沿着变形方向珠光体和铁素体呈带状分布的组织，即形成带状组织。形成带状组织的原因大致有以下两种：

第一种是由成分偏析引起的带状组织。在低碳钢中，由于夹杂物的含量较多，加工变形后夹杂物呈流线分布，当钢从热加工温度冷却时，这些夹杂物可作为先共析铁素体成核的核心，使先共析铁素体先在夹杂物周围生成，最后剩余奥氏体转变成珠光体，使先共析铁素体和珠光体呈带状分布，形成带状组织。这种带状组织很难用热处理的方法加以消除。

第二种是由于热加工温度不合适引起的带状组织。锻造时热加工停锻温度位于两相区时(T_{Ar1}和 T_{Ar3}之间)，铁素体沿着金属流动方向从奥氏体中呈带状析出，尚未分解的奥氏

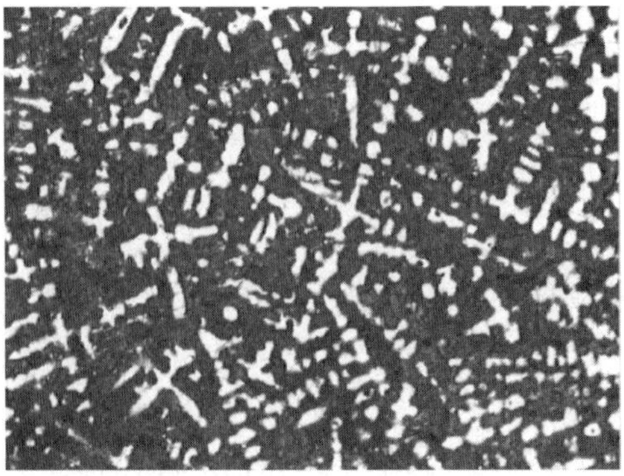

图 4-73　Cu-Ni 合金枝晶偏析显微组织

体被割成带状，当冷到 T_{Ar1} 时，带状奥氏体转变为带状珠光体（图 4-74），这种组织可以通过正火或退货的方法加以消除。

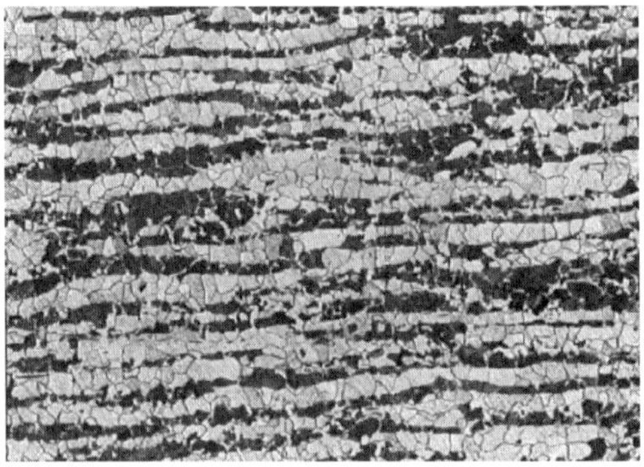

图 4-74　亚共析钢带状组织

带状组织的存在会使金属的力学性能呈各向异性，沿带状组织的方向明显优于其垂直方向，压力加工时易从交界处开裂。对于需要后续热处理的零件，带状组织轻则会导致热变形过大，重则会造成应力集中，甚至出现裂纹。如果带状组织非常严重，最好进行高温扩散退火（1 050 ℃以上加热），使碳原子均匀扩散才能消除。

三、魏氏组织

焊接热影响区的过热区或者亚共析钢和过共析钢加热温度太高，使奥氏体晶粒长得非常粗大，这种粗大的奥氏体在较快的冷却速度下会形成一种特殊的过热组织，其组织特征为在一个粗大的奥氏体晶粒内会形成许多平行的铁素体（渗碳体）针片，在铁素体或渗碳体针片间的剩余奥氏体最后转变为珠光体，使钢的性能变坏，如图 4-75 与图 4-76 分别为亚共析钢和过共析钢中产生的魏氏组织。这种组织是 1813 年德国科学家魏德曼施（Widmans）首先在铁镍（陨）石中发现的，并因此得名。魏氏组织可通过细化晶粒正火、退火或锻造并适当控制冷却速度等方法消除。

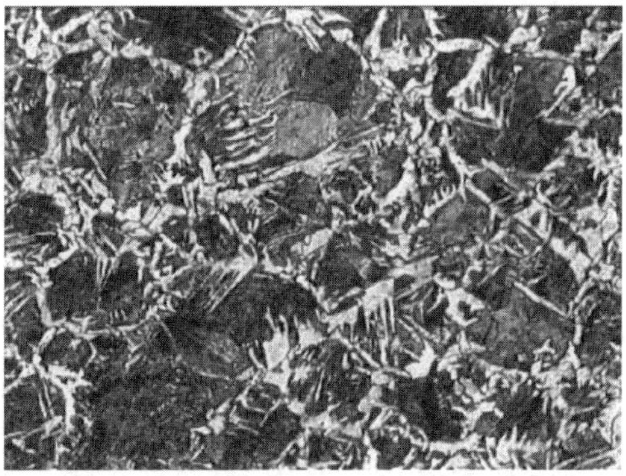

图 4-75 亚共析钢魏氏组织

图 4-76 过共析钢魏氏组织

四、表层脱碳

钢铁表层的含碳量低于内部含碳量时称为表层脱碳。这是由于钢铁材料在加热过程中，表层的碳与加热介质中的氧、二氧化碳或水蒸气发生反应，被氧化成一氧化碳而跑掉。脱碳层可分为全脱碳层和部分脱碳层两个部分，脱碳层的总厚度等于二者厚度之和。全脱碳层是指表面的碳全部丧失，其组织全部为铁素体，由试样边缘量到最初发现珠光体或其他组织处止。部分脱碳层是指碳部分丧失，由全脱碳层内边量至原来的基体组织为止。图 4-77 为 T8 钢的全脱碳层及部分脱碳层的金相组织分布情况。钢表层脱碳会降低钢件淬火后的表面硬度，使耐磨性和疲劳强度变差，并造成表面加工裂纹等。对于要求较高的零件，需要采用真空热处理或可控气氛热处理，或者在热处理时采用其他有效方法对零件加以保护，防止氧化和脱碳。

五、钢的过热与过烧

钢在热处理过程中由于加热温度过高或高温保温时间过长而引起晶粒粗大的现象称为过热，图 4-78 为 GCr15 球化时过热金相组织图。过热将引起材料的塑性、冲击韧性、疲劳性能、断裂韧度以及抗应力腐蚀能力下降。一般过热的碳素钢经正常热处理（正火、淬火）之后，组织可以得到改善，性能也随之恢复。

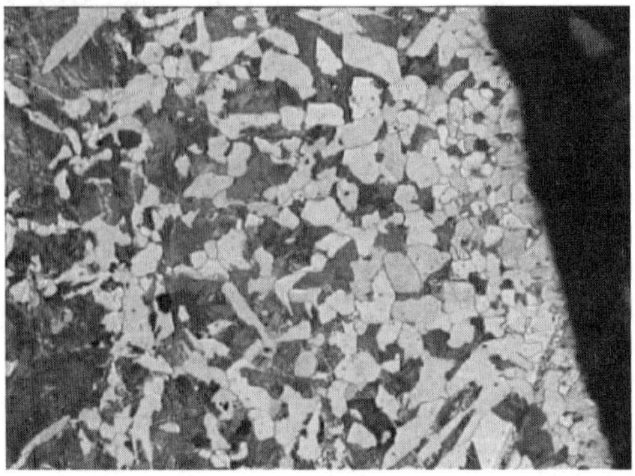

图 4-77　T8 钢的脱碳层显微组织

图 4-78　GCr15 球化时过热金相组织图

钢的过烧是指在热处理过程中将钢加热到固-液相线范围内的某一温度以上加热时，奥氏体晶界上不但产生了化学成分的变化，而且局部或整个晶界出现烧熔现象，图 4-79 为过烧金相组织图。此时在晶界上形成了富硫、磷的液相，在随后的冷却过程中，或者由于这种晶界上存在单纯的富硫、磷的熔化层；或者伴随着形成硫化物、磷化铁或低熔点共晶组织，导致高温奥氏体晶界结合力降低，造成灾难性破坏，从而严重降低钢的拉伸塑性和冲击韧性。这种机械性能的恶化，是不能采用热处理或热加工方法补救的。

六、钢中非金属夹杂物

非金属夹杂物作为独立相存在于钢中破坏了钢基体的连续性，加大了钢中组织的不均匀性，严重影响钢的各种性能。钢中非金属夹杂物按化学成分详细分类见图 4-80，主要分为三大类。

在光学显微镜下利用明视场观察夹杂物的颜色、形态、大小和分布，在暗视场下观察夹杂物的固有色彩和透明度，在正交偏振光下观察夹杂物的各种光学性质，从而判断夹杂物的类型。例如，42CrMo 钢中塑性硅酸盐夹杂物在明场和暗场中的光学特征不同，如图 4-81 所示，明视场下深灰色的是透明的硅酸盐夹杂物，暗视场下透明的是硅酸盐夹杂物。各种夹杂物在明场、暗场和偏光下的光学特征见表 4-15。

图 4-79　过烧金相组织(H13)

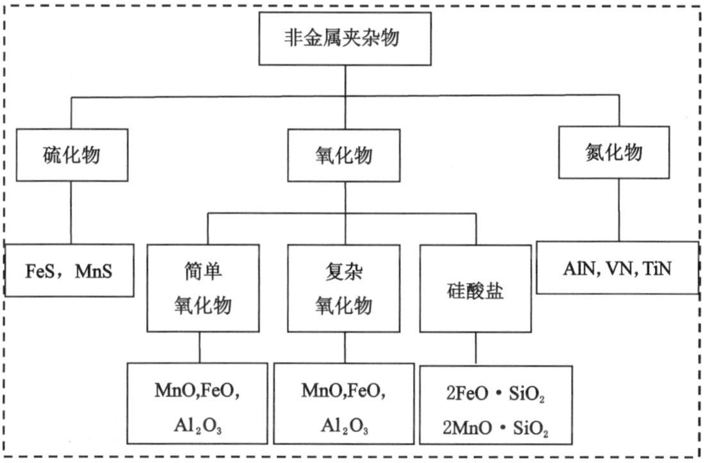

图 4-80　钢中非金属夹杂物按照化学成分分类图

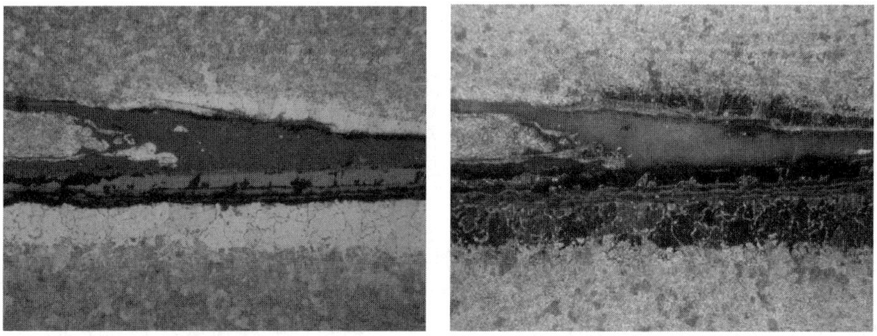

(a) 明视场下　　(b) 暗视场下

图 4-81　明暗视场下塑性硅酸盐夹杂物的光学特征

表 4-15　常见非金属夹杂物的光学特征

项目	硫化物	氧化物	硅酸盐	氮化物
明场	铸钢中呈球状或网状分布，轧钢中呈纺锤分布，一般为塑性夹杂，淡灰色	不变形，呈球状孤立存在，灰褐色	铸钢中呈球状或者块状分布，轧钢中呈链状分布，褐色	规则的几何形状，呈方块、三角形等，橘红色
偏光	不透明，各向同性	不透明，各向同性	透明黄色或者红褐色，各向异性	不透明，各向同性
暗场	不透明	周围有亮圈	透明	不透明

【实验准备】

1. 在金相显微镜下观察实验用所有试样，发现组织不清、刮痕等严重损伤的试样需要重新进行金相制备，具体如何制备根据试样被损坏的实际情况确定。

2. 检查试样标签是否清晰，如有缺损及时做好标记。

3. 将准备好的试样放入防潮干燥柜备用。

【实验内容与步骤】

1. 在金相显微镜下观察表 4-16 中材料的显微组织，分析显微组织组成，填入表中。

表 4-16　实验用试样

试样编号	材料	浸蚀剂	组织备注	显微组织组成物
1	Q345B	4%硝酸酒精	带状组织	
2	亚共析钢	4%硝酸酒精	魏氏组织，铁素体呈针状	
3	过共析钢	4%硝酸酒精	魏氏组织，渗碳体呈针状	
4	共析钢	4%硝酸酒精	脱碳层的显微组织	
5	过共析钢	4%硝酸酒精	过烧显微组织	
6	过共析钢	4%硝酸酒精	过热显微组织	

2. 在圆圈内（直径为 35～40 mm）描绘所观察材料的显微组织示意图，标注典型组织组成物，并描述其显微组织特征（图 4-82）。

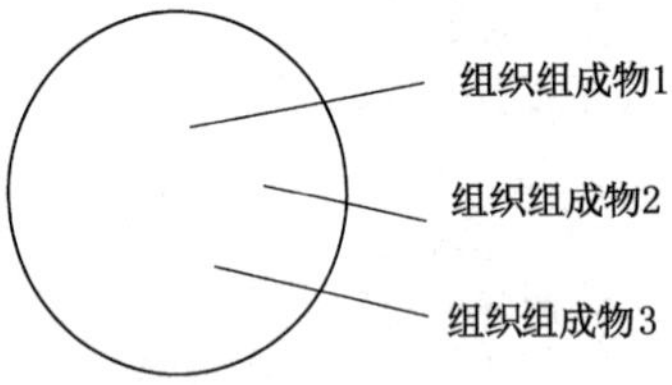

图 4-82　显微组织示意图 6

材料：

状态：

显微组织特征：

【安全提醒与注意事项】

1. 保护金相试样，轻拿轻放，不用手和其他异物接触被观察面。
2. 充分利用金相互动教室资源，减少试样被移动次数。
3. 显微镜使用注意事项同前面实验。
4. 组织描绘不包含划痕等金相制备缺陷和样品被损伤缺陷。

【交流与评价】

1. 分组讨论

指导教师根据班级人数将学生分成若干小组，每个小组 5～6 人，各组推荐组长 1 人。评价内容包括实验态度、实验完成度、实验完成质量，总分 100 分，小组内成员对本次实验进行互评，组长完成组内互评的成绩统计，各组员签字确认(表 4-17)。

表 4-17　碳素钢的常见缺陷显微组织观察与分析实验评价表

评价内容	组员 1	组员 2	组员 3	组员 4	组员 5	组员 6	……
实验态度(10 分)							
实验完成度(20 分)							
实验完成质量(70 分)							
总分							

组号：__________　实验日期：__________　组长签字：__________

组员签字：______________________________

3. 集中展示

各小组展示本组完成质量最高同学的实验记录，班级共同评出本次实验之星(实验完成质量最高的同学)。

【拓展思考题】

1. 低碳钢中带状组织的形成原因是什么？
2. 过热和过烧是如何产生的？能够通过后续热处理将其消除么？
3. 钢经退火后表面会发生脱碳，如何判定及测定脱碳层的厚度？
4. 碳素钢种常见非金属夹杂物的种类及其形态特征是什么？

【实验报告要求】

1. 实验目的。
2. 实验内容(按照实验内容与步骤部分的要求完成)。
3. 分析表 4-16 中各材料组织形成原因。

魏德曼施：金相学的奠基人

魏德曼施，德国科学家。他使用类似古老的拓碑技术的方法将陨铁的表面图像拓印在图纸上，得到了世界第一张金相图片。图片之清晰可与近代金相照片媲美，魏德曼施也因此被认为是金相学的奠基人。

魏德曼施在1808年首先将铁陨石(铁镍合金)切成试片，经抛光再用硝酸水溶液腐刻，得出图4-83所示组织。铁陨石高温时是奥氏体，经过缓慢冷却在奥氏体的{111}面上析出粗大的铁素体片，无须放大，肉眼可见。四种取向的铁素体在图中都可以观察到，其中三种是针状，夹角为60°，另一种是片状，平行于纸面。那时照相技术仍未出现，都是将观察结果描绘。魏德曼施在任奥地利皇家生产博物馆主任之前曾从事过印刷业。他运用印刷技术，首先用腐刻剂将铁陨石中的铁素体腐蚀掉，使奥氏体凸出。抛光腐刻的铁陨石本身就是一块版面，涂上油墨，敷上纸张，轻施压力，将凸出的奥氏体印制下来。魏氏的复制技术在当时不能不说是一种非凡的成就。

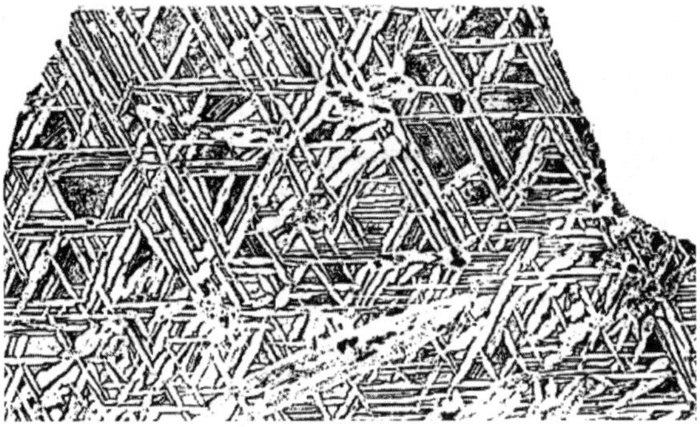

图4-83　铁陨石腐刻后直接印制的魏氏组织(1820年)

第 5 章　显微组织定量分析实验

实验 17　显微组织定量分析

【实验目的】

1. 了解定量分析的基本符号和常用的基本方程。
2. 掌握定量金相分析的基本方法。
3. 掌握测量材料的晶粒度、材料中第二相尺寸的测量方法。

【实验原理】

材料通常是不透明的，因此不能直接观察组织的三维立体图像，只能在二维截面上或者是利用薄膜透射投影图对材料组织进行测量，然后去推断三维图像。这种从二维图像推断三维组织图像的科学就称为体视学，把体视学和数理统计应用于金相学研究的科学就称为定量金相学。目前进行定量分析的方法有两种：一种是借助显微镜观察进行几何测量，再进行计算分析的手工方法；二是利用金相显微镜配备的定量金相图像软件进行全自动图像分析。

一、定量金相基本符号和基本方程

在定量分析中测量的是材料显微组织的点数(P)、线长(L)、平面面积(A)、曲面面积(S)、体积(V)、物体的个数(N)。由此派生出一些复合的符号，表示被测量与测试总量(用下标 T 表示)的比值，具体的符号和意义见表 5-1。

表 5-1　基本符号及意义

符号	单位	意义
P_P		点分数，表示落入某个相内的点数(P)和总测试点数(P_T)之比，即 $P_P=P/P_T$
P_L	mm^{-1}	单位长度测试线所交的点数，$P_L=P/L_T$
P_A	mm^{-2}	单位测试面积中的点数，$P_A=P/A_T$
P_V	mm^{-3}	单位测试体积中的点数
L_L		线段分数，单位长度测试线中处于某个相内的线段长度
L_A	mm/mm^2	单位测试面积中的线段长度
L_V	mm/mm^3	单位测试体积中的线段长度

表 5-1(续)

符号	单位	意义
A_A		面积分数,单位测试面积中某个相所占面积,$A_A=(A_A)_a=A_a/A_T$
S_V	mm^2/mm^3	单位测试体积中被测相的曲面积,$S_V=S/V_T$
V_V		单位测试体积中某个相的体积,$V_V=(V_V)_a=V_a/V_T$
N_L	mm^{-1}	单位测试线所交某个相的个数
N_A	mm^{-2}	单位测试面积中某相的数量,$N_A=(N_A)_a=N_a/A_T$
N_V	mm^{-3}	单位测试体积中某个相的数量,$N_V=(N_V)_a=N_a/V_T$
$\bar{L}$	mm	平均线截距长度,$\bar{L}=L_L/N_L$
$\bar{A}$	mm^2	平均截面积,$\bar{A}=A_A/N_A$
$\bar{S}$	mm^2	平均曲面积,$\bar{S}=S_V/N_V$
$\bar{V}$	mm^3	平均体积,$\bar{V}=V_V/N_V$

定量分析中常用的体视学基本方程有以下几个：

$$V_V = A_A = L_L = P_P \tag{5-1}$$

$$S_V = \frac{4}{\pi}L_A = 2P_L \tag{5-2}$$

$$L_V = 2\ P_L \tag{5-3}$$

$$P_V = \frac{1}{2}L_V S_V = \frac{2}{\pi}L_V L_A = 2P_A P_L \tag{5-4}$$

式(5-1)表示了体积比、面积比、线长比及点数比是相等的关系。其中 A_A、L_L、P_P 可以直接测量得得到,而 V_V 不能直接测量得到,可以通过测量试样任一表面上被测相点数比、线长比、面积比计算出体积比,由被测相的体积百分比乘以其密度即可得到被测相的质量百分比。

式(5-2)给出了显微组织中单位测试体积中被测相的表面积与单位测试面积中被测相所占的线长(L_A)以及单位测试线上被测相中所占的点数(P_L)的关系。其中 L_A、P_L 可以直接测量,单位测试体积中被测相的表面积(S_V)通过 L_A、P_L 计算得出,不能直接测量。

式(5-3)给出了三维空间中单位测试体积中被测相的线(L_V)与单位测试面积中被测相所占的点数之间(P_L)的关系。L_V 是不能直接测量的量,可以通过从测量单位测试面积中被测相所占的点数(P_L)计算出。L_V 在材料科学中被定义为线组织位错的位错密度。位错密度是金属物理中一个十分重要的量,与材料的性能有着密切关系。

式(5-4)给出了单位测试体积中被测相所占的点数(P_V)和单位测试面积上被测相的点数(P_A)以及单位测试线上被测相点数(P_L)的关系。这里 P_V 是不能直接测量的,可以由 P_A 和 P_L 的测量得到。

4 个方程列出了一些基本量的换算关系,它们的基本关系见表 5-2,图中不带阴影的量为可以直接测定量,带阴影的量只能利用可以直接测量的量计算得到,图表明了测量值与计算值之间的关系,其中 L_L、L_A、A_A 3 个量既可以测量也可以通过计算得到。

表 5-2　测量值与计算值之间的关系

单位	mm	mm^{-1}	mm^{-2}	mm^{-3}
点	P_P →	P_L →	P_A →	P_V
线	L_L	L_A	L_V	
面	A_A	S_V		
体	V_V			

二、定量分析的基本方法

最常用的定量金相的测量方法有计点法、线分析法、面积分析法及联合截取法等。为了保证定量分析的精确度，应保证所截取的试样最能代表被测材料的实际情况，根据材料中组织的形态特征，选择最佳测量方法进行多次测量。

1. 计点法

计点法是定量金相中最常用的一种方法，该方法简单，测量精度高，应用范围较广。计点法测量的主要参数有 P_P、P_L、P_A 等，应用体视学公式可以计算出很多重要的三维组织特征参数。例如，

合金中第二相的体积分数 $V_V=P_P$；

合金中第二相粒子的平均直径 $\bar{D}=3\dfrac{P_P}{P_L}$。

计点法常用的测量网格、网格节点或任意阵点都可以当作测量点。测量网格的种类有很多，大小和总点数的选取应与显微组织图像相适应，一般选用 3×3，4×4，5×5 及 10×10 的网格进行测量。在试样或照片上选一定的区域，求落在某个相的测试点数 P 和测量总点数 P_T 之比，即 $P_P=P/P_T$。如图 5-1 所示，用一个 4×4 的网格可测定铁素体基的球墨铸铁组织中球状石墨的体积分数 V_V，图中有 2 个石墨球正好和测试点相切，每个按 1/2 计算，有一个测试点落在石墨球内，按 1 个计算。

$$p=\frac{1}{2}+\frac{1}{2}+1=2$$

网格测试点的总数 $P_T=16$，因此有：

$$P_p=\frac{P}{P_T}=\frac{2}{16}=\frac{1}{8}$$

只测量 1 次是不行的，多次测量取 P_P 平均值，根据体视学公式 V_v-P_p，可计算出球墨铸铁组织中球状石墨的体积分数 V_V。

2. 线分析法

线分析法也是比较常用的测量方法之一。该方法可以测量的特征参数有单位长度测试线上的点数 P_L、单位长度测试线上的物体个数 N_L、单位测试线上第二相所占的线长 L_L、粒状

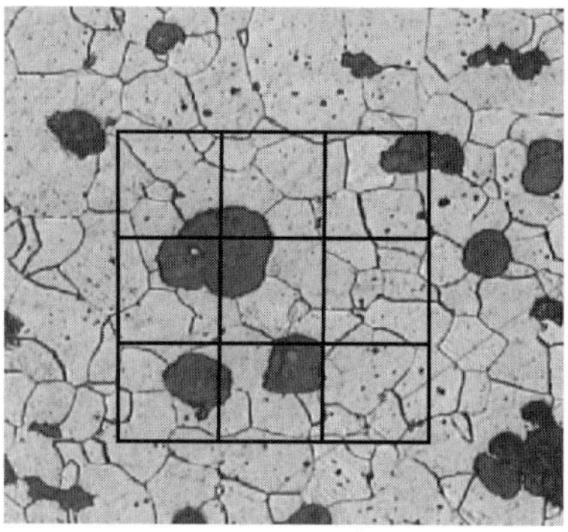

图 5-1　网格测量球墨铸铁中石墨体积比

第二相的平均截线长度$\bar{L}_2$。图 5-2 为线分析方法常用的三种测量尺子。图 5-2(a)使用目镜测微尺测量合金组织尺寸;图 5-2(b)用 3 个同心圆的周长来测量晶粒的尺寸,这种方法可以"节约"视场面积,增加测量个数;图 5-2(c)中平行线组的总长度为 135 mm,四周放射线有 15°角度间隔,可用来测量有一定方向性的组织。

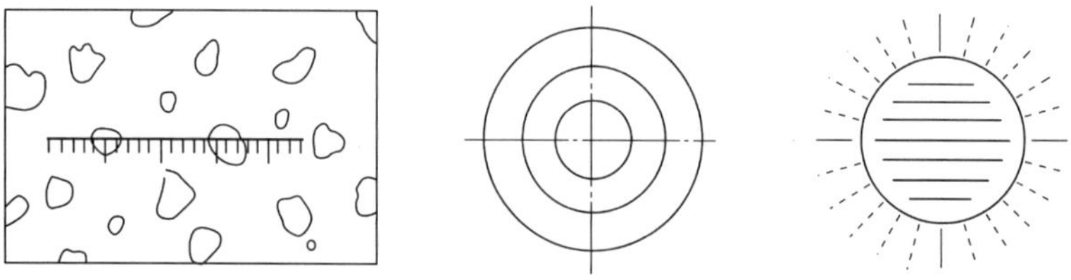

图 5-2　线分析法的测量"尺子"

3. 面积分析法

用带刻度的网格来测量单位面积上的交点数 P_A 或单位测量面积上的物体个数 N_A,也可以用来测量单位测试面积上被测相所占的面积百分比 A_A。

4. 联合测量法

联合测量法是将以上几种方法联合起来进行测量的方法。

三、定量分析在材料研究中的应用

1. 晶粒大小的测量

单相合金由晶粒和晶界组成,晶粒大小是指晶粒尺寸。对于多相合金而言,晶粒大小可以指组成相晶粒的尺寸,也可以指组成组织(如共晶组织和共析组织)的尺寸。晶粒或组织的大小是金属材料最重要的组织特征参数之一,关系材料的机械性能、工艺性能及物理性能。金属材料的晶粒大小称为晶粒度,评定晶粒粗细的方法称为晶粒度的评定。钢的晶粒度分为起始晶粒度、实际晶粒度和奥氏体本质晶粒度。起始晶粒度是指钢刚完成奥氏体化过程时具有的奥氏体的晶粒度;实际晶粒度是指某一种热加工条件下所获得的晶粒大小;而奥氏体本质晶粒度是指将钢加热到一定温度并保温足够时间后所具有的奥氏体晶粒大小。

材料的晶粒度一般是用单位测试面积上晶粒的个数来表示的，目前世界上统一使用的是美国的 ASTM 推出的计算晶粒度的公式：

$$N_A = 2^{G-1} \tag{5-5}$$

$$G = \lg N_A / \lg 2 + 1 \tag{5-6}$$

式中，G 为晶粒度级别；N_A 为显微放大 100 倍下 6.45 cm^2（1 平方英寸）的面积上晶粒的个数。

常用的测量材料晶粒度的方法有比较法和截线法。

（1）比较法

比较法是半定量的测试方法。测量时将试样放在金相显微镜下，选取 100× 的放大倍数观察，把它与标准的晶粒度评级图进行比较，和标准图中哪一级接近就定为那一级，事实上很少遇到均匀的单一号数的晶粒度，所以一般采用跨 2 个或 3 个级别的方式进行标记。如 7～8 级或 5～7 级、前一个数字表示的晶粒度级别占晶粒的大多数，后一个数字表示的晶粒度占晶粒的少数。若只用一个数表示，则表明这种晶粒度级别占 90%以上。图 5-3 给出了放大 100 倍时晶粒度级别图，其他被测量的标准评级图可查阅《合金钢手册》及有关部颁标准，如晶粒度、夹杂物、碳化物及偏析等，都可以用比较法定出其级别。采用这种方法测量晶粒度简单易行，但是比较粗略，同时存在测量人的主观误差，其精度有时不能满足要求。

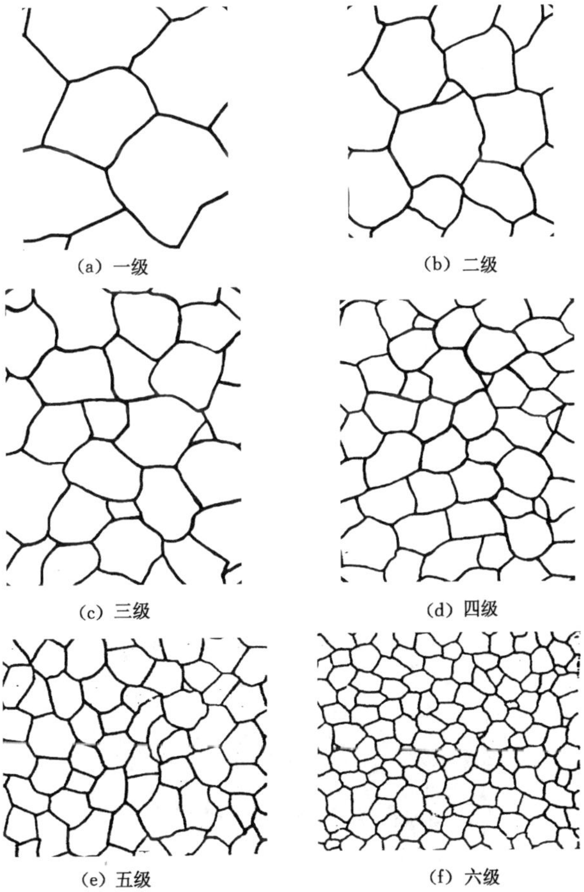

图 5-3　钢的晶粒度级别图（×100）

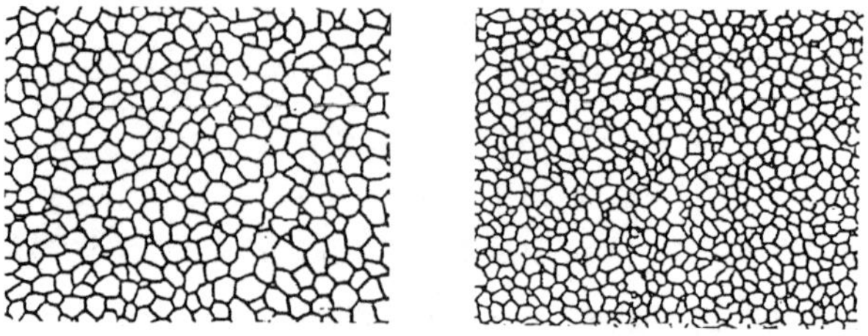

(g) 七级　　　　(h) 八级

图 5-3 （续）

如果材料的晶粒很小，可以在高的显微倍数下观察，然后换算成 100× 放大倍数下的晶粒级别。不同放大倍数下的晶粒度级别的换算列于表 5-3 中，换算计算公式为：

$$G = G' + 6.64\lg\frac{M}{100} \tag{5-7}$$

式中　G'——标准图谱等级（放大 100 倍）；

M——使用的放大倍数；

G——晶粒的实际等级。

表 5-3　晶粒度级别的换算

其他放大倍数	放大 100×													
	−1	0	2	3	4	5	67	8	9	10	11	12		
50×	1	2	3	4	5	6	7	8						
200×					1	2	3	4	5	6	7	8		
300×						1	2	3	4	5	6	7	8	
400×							1	2	3	4	5	6	7	8

（2）截线法

截线法也称为弦计法，又称为晶粒平均直径法。首先选有代表性的晶粒，用一定长度的测试线 L 与晶粒相截交，数出所截交晶粒个数 N，末端未被完全截交的晶粒以一个计入，如图 5-4 所示。算出单位测试线上的晶粒个数 N_L，并算出晶粒的平均截距 $\bar{L}$。

$$\bar{L} = \frac{L}{N_L} \tag{5-8}$$

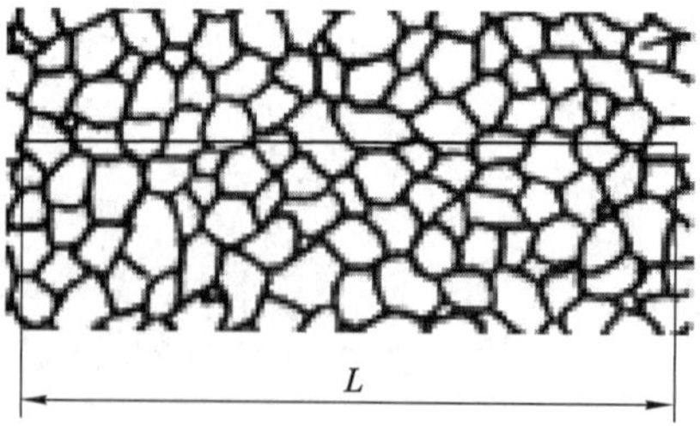

图 5-4　截线法求 N_L（单相晶粒）

根据美国材料试验协会(ASTM)关于晶粒度的计算公式算出晶粒度级别，当放大倍数为 100 时，平均截距为 $\bar{L}$ 的晶粒的晶粒度级别根据式(5-9)计算确定。当真实平均截距(放大倍数为 1 时)为 $\bar{L}'$ 的晶粒度级别根据式(5-10)计算确定。应用截线法测晶粒度时，要求选不同区域截取，每条测试线所截取的晶粒数尽量多，使测量结果更精确。

$$G = 10.00 - 6.6439\lg \bar{L} \tag{5-9}$$

$$G = -3.2878 - 6.6439\lg \bar{L}' \tag{5-10}$$

希利阿德(Hilliard)于 1964 年提出来的用图形测试线来测量晶粒平均截距，再得到其晶粒度级别，具体测量步骤如下：

① 用已知周长的圆作测试线，圆的周长一般可取 100 mm、200 mm、250 mm。将已知周长的圆刻在透明塑料板上并盖在显微照片或显微镜的毛玻璃显示屏上，也可以制成带刻度线的玻璃片放在可调焦的目镜内，测试圆的直径为视场直径的 2/3，线的宽度等于或小于 0.01 mm。

② 测试时选一个测试圆，选择合适的显微镜放大倍数，确保测试圆平均每次与 6 个以上的晶粒相交，如果测试圆与晶界相切，按一个晶粒数计入，如果通过 3 个晶粒晶界的交点，则按 1.5 个计入。对于比较均匀的等轴晶粒组织，测试图与晶界相交的次数累计达 35 次时即可保证晶粒度级别误差在 0.3 以内。

③ 计算平均截距 $\bar{L}$，通过公式算出晶粒度级别(G)。

$$\bar{L} = L_T/P = 1/P_L \tag{5-11}$$

式中　L_T——测试圆的周长；

P——测试圆与晶界相交的次数；

P_L——单位长度测试线与晶界相交的次数。

如果显微组织的放大倍数为 M，则实际平均截距为：

$$\bar{L}' = L_T/(PM) \tag{5-12}$$

根据式(5-12)得到：

$$G = -3.2878 - 6.6439\lg(L_T/PM) \tag{5-13}$$

为了方便计算晶粒度，希利阿德还做了一个如图 5-5 所示计算图(又称为诺模图)，利用此图可以更快地求出晶粒度级别。图中最左边刻度线左侧为晶粒度级别(G)，右侧为晶粒的实际平均截距($\bar{L}'$，单位为 μm)，中间刻度线为显微组织放大率(M)，最右边刻度线为 100 mm 长测试线所交的晶界次数(P)。图 5-5 可以通过 P 和 M 值快速找到晶粒度级别，具体做法为：在中间刻度线和最右侧刻度线上分别找出 P 和 M 的位置，将通过 P 和 M 作一直线并延长使之与最左侧刻度线相交，其交点就是所要求的晶粒度级别数值。如果试样的 G 值不在图 5-5 所示范围内，可以将 P 值或 M 值减半或加倍，然后再按式(5-9)加以修正。例如，当放大率为 400×，$P=25$，PM 延长线不能与 G 刻度线相交，这时可以将 M 值减半(即 $M=200$)或将 P 值减半(即 $P=12.5$)，查图得 $G=8$。由于将 M 值或 P 值减半后所得 G 值比不减半时要减少 2，因此真正的晶粒度级别为所得 G 值加 2，即 10 级。

艾布拉姆斯(Abrams)于 1971 年提出了另一种圆形测试线来测定晶粒的平均截距，测

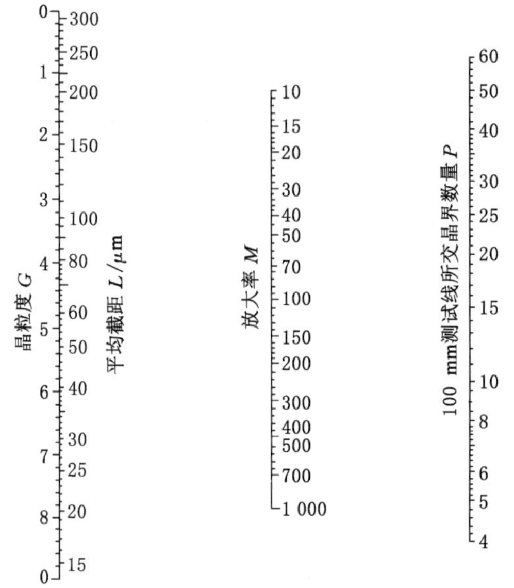

图 5-5　晶粒度级别计算图

试图形为 3 个间距相等的同心圆，总周长为 500 mm，其相应的周长为 250 mm、166.7 mm、83.3 mm，如图 5-6 所示。

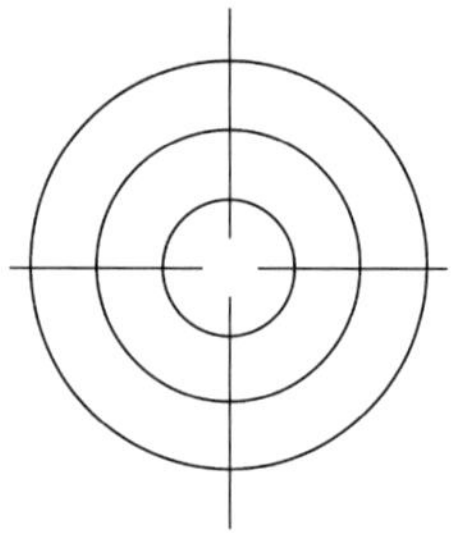

图 5-6　Abrams 方法使用的测试图形

具体步骤如下：

① 用比较法对待测组织的晶粒大小进行初步评级，得到粗略的晶粒度等级。

② 用总周长为 500 mm 圆周测量，金相显微镜的放大倍数根据图 5-7 确定，即需保证 500 mm 圆周所截取的晶粒数为 100 个左右。

③ 在 5 个不同视场测定 P_L，取平均值后求出 $\overline{L'}$、$\overline{L}$，再由式(5-13)求出 G。

这种测试方法从 1980 年起已被《测定金属平均晶粒度的标准方法》(ASTMEl12)所采用，《金属平均晶粒度测定法》(GB 6394—2017)也基本用此标准。

2. 第二相颗粒的几何尺寸测定

对于两相合金，基体上第二相的数量、尺寸、几何形状都对合金的性能有很大影响。例如，亚共析钢中的珠光体、铸铁中的石墨等。通过定量金相可以测第二相所占的百分比以及第二相粒子的平均自由程等。

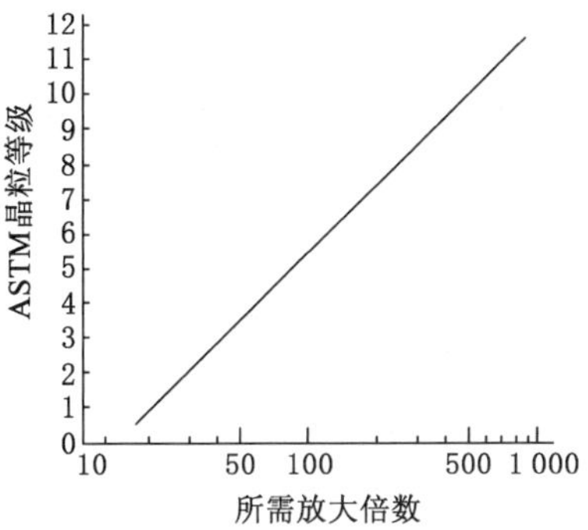

图 5-7　500 mm 内 100 个晶粒的放大倍数

(1) 第二相所占的体积百分比的测定

合金组织中第二相的体积分数 V_V 表征了第二相数量，即单位体积内第二相所占体积。测量方法有计点法、线分析方法、面积分析方法等。

计点法是简单和最常用的方法。计点法的测量可以在带有阵点网格的显微镜上进行，也可以在金相照片上进行，公式如下：

$$V_V = P_P = \frac{P}{P_T} = \frac{\text{落在待测第二相上的测量点数}}{\text{测量总点数}} \tag{5-14}$$

线分析方法利用测试线进行测量 L_L，合金组织中第二相的体积分数 $V_V = L_L$，图 5-8 为球墨铸铁线分析方法示意图，L_L 的计算公式为：

$$L_L = \frac{L_1 + L_2 + L_3}{L_0} \tag{5-15}$$

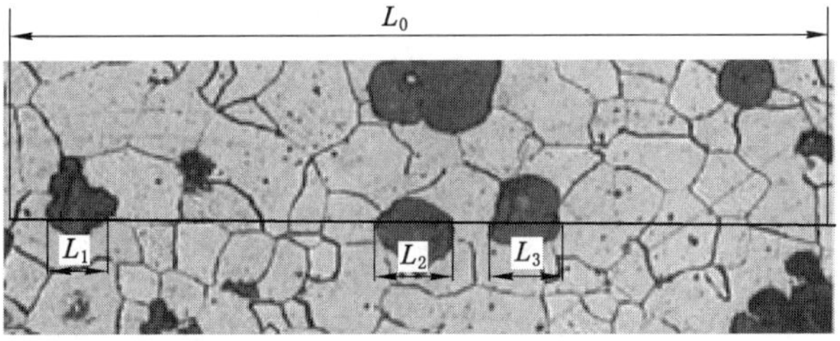

图 5-8　球墨铸铁线分析方法图

实际测量的时候，L_0 尽量取长，测量多次取平均值作为 L_L。根据第二相粒子所占的体积百分比，乘以密度可得到第二相粒子质量百分比。

面积分析法的人工测量和计算可以应用求积仪或称重法，但是这种方法不如计点法和线分析法简单，所以应用较少。但是采用自动图像分折仪测量合金组织中第二相的体积分数时却采用了面积分析法，因为扫描系点可以当作一个测量用的小面积元，待测相所占像点数可以换算成所占面积的大小。

(2) 第二相粒子的平均自由程的测定

设两个粒子中心之间的距离为 σ，如图 5-9 所示。

$$\sigma = \frac{1}{N_L} \tag{5-16}$$

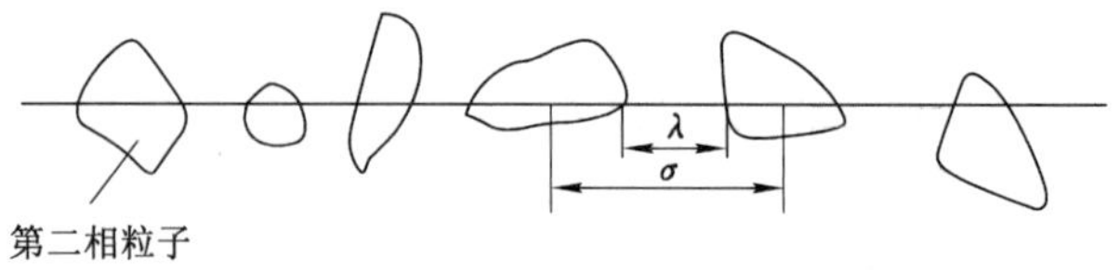

图 5-9　第二相粒子的测量示意图

若第二相粒子的平均自由程为 λ，则：

$$1 - L_L = \lambda N_L \tag{5-17}$$

$$\lambda = (1 - L_L)/N_L \tag{5-18}$$

【实验准备】

1. 在金相显微镜下观察实验用所有试样，发现组织不清、刮痕等严重损伤的试样需要重新进行金相制备，具体如何制备根据试样被损坏的实际情况确定。

2. 检查试样标签是否清晰，如有缺损及时做好标记。

3. 将准备好的试样放入防潮干燥柜备用。

【实验内容与步骤】

1. 用计点法测定亚共析钢中珠光体的相对量，计算其含碳量。

2. 用截线法测定亚共析钢中珠光体的相对量，计算其含碳量。

3. 分别用截线法和比较法测量某试样的实际晶粒度，并进行对比。

4. 对国家标准中放大 100 倍时任一晶粒度级别图用截线法进行晶粒度计算。

【安全提醒与注意事项】

1. 保护金相试样，轻拿轻放，不用手和其他异物接触被观察面。

2. 充分利用金相互动教室资源，减少试样被移动次数。

3. 显微镜使用注意事项同前面实验。

【交流与评价】

1. 分组讨论

指导教师根据班级人数将学生分成若干小组，每个小组 5～6 人，各组推荐组长 1 人。评价内容包括实验态度、实验完成度、实验完成质量，总分 100 分，小组内成员对本次实验进行互评，组长完成组内互评的成绩统计，各组员签字确认(表 5-4)。

表 5-4　钢的热处理显微组织观察与分析实验评价表

评价内容	组员 1	组员 2	组员 3	组员 4	组员 5	组员 6	……
实验态度(10 分)							
实验完成度(20 分)							
实验完成质量(70 分)							
总分							

组号：____________　实验日期：____________　组长签字：____________

组员签字：____

【拓展思考题】

1. 比较法的优缺点是什么？
2. 如何降低测量误差？

【实验报告要求】

1. 实验目的。
2. 定量金相基本原理。
2. 实验内容(按照实验内容与步骤部分的要求完成)。
3. 研究定量金相的意义。

AI 金相分析平台

国内一家公司成功开发出一套全自动 AI 金相智能分析系统，从而实现金相组织智能自动识别、晶粒度自动评级、非金属夹杂物一键检测与自动评级以及组织占比测量等功能。操作者可一键自动检测生成数据报告，解放操作者的双手，大幅度提高工作效率。AI 金相系统上线后效果明显，例如软件晶粒度识别评判的平均时间由原来的 2 min 缩短至 3 s，报表生成时间由原来的 10 s 缩短至 1 s，相比传统方法大大节省了人工成本，整体检验时间缩短了 70%。

AI 金相分析平台基于多种前沿图像深度学习算法，内置深度学习(Deep learning)算法，通过特定深度卷积神经网络(CNN)，能够自动提取图像中的各种金相形态组织特征。检测项目非常丰富，支持钢铁行业中详细划分的如不锈钢、轴承钢、螺纹钢、铸铁等钢种的检测以及各项通用检测。检测项目包括晶粒度、夹杂物、带状组织、魏氏组织等。为了保证检测结果的准确性，公司同时聘请多位行业专家对数据集进行审核，以得到准确的结果和判断。

系统支持一次性输入大量图片，采用多核运行，检测速度快，便于处理大量图片。材料知识较为欠缺或经验不足的检测人员也可以简单学会，一键操作，大幅度降低检测门槛。对于批量图片的处理，图片质量不同级别不同，会出现不同结果，对结果的分析尤为重要。本系统可一键统计结果并切换显示不同级别的图片，同时可以将结果以规范的报告形式输出，便于制作生产参数曲线。

该公司开发的 AI 金相分析平台，可自由新增检测项目，除现有检测项目以外，可以通过 AI 平台进行训练，并生成对应的模型，建立新的检测项。同时对于除热处理行业以外的检测需求，均可以利用该训练系统进行训练建模。

第6章　钢铁宏观观察与鉴别实验

实验18　钢铁宏观分析与观察

【实验目的】

1. 掌握金属材料断口的宏观分析方法。
2. 能够根据断口宏观特征判断断裂过程。
3. 了解金属铸件、锻件、焊接件的宏观组织特征。

【实验原理】

金相显微分析对于金属材料的检验是非常重要的，但是由于金属的不均匀性，显微分析结果很难代表整体金属材料的情况，而宏观分析可以在很大程度上弥补这个方面的不足。用肉眼、放大镜和体视显微镜等观察金属断口或磨面的组织和缺陷的方法称为宏观分析法或粗观分析法。

一、宏观断口分析

断口的宏观分析法是一种对断裂件进行直观分析的简便方法，目前在工程实践及科学实验中被广泛用于生产现场产品质量检查和断裂事故现场的快速分析。例如，利用断口来检查铸铁件的白口情况，用于确定铸件的浇注工艺。用断口法检查渗碳件渗层的厚度，以便确定渗碳件的出炉时间。用断口法检查高频淬火件的淬硬层厚度，以便确定合理的感应器设计及淬火工艺。用断口法确定高速钢的淬火质量。用断口法检查铸锭及铸件的冶金质量(是否有疏松、气孔、折叠、分层、白点及氧化膜等)。

在失效现场进行的断口宏观分析，具有简便、迅速和观察范围大等优点。断口的宏观分析能够了解断裂的全过程，因而有助于确定断裂过程和构件几何结构之间的关系，并有助于确定断裂过程和断裂应力(正应力及切应力)之间的关系。断口的宏观分析可以直接确定断裂的宏观表现及其性质，即是宏观脆断还是韧断，并可确定断裂源区的位置、数量及裂纹扩展方向等。

断口宏观分析的主要任务是确定断裂的类型和方式，为判明断裂失效的模式提供依据，寻找断裂起源区和裂纹扩展方向，估算断裂失效件应力集中程度和名义应力的高低(疲劳断口)，观察断裂源区有无宏观缺陷。断口的宏观分析可以为断口的微观分析和其他分析指明方向，奠定基础，是断裂失效分析中的关键环节。

在进行断口的宏观分析过程中，重点注意观察以下几个方面的特征：

(1) 断口上是否存在放射花样及人字纹

这种特征一方面表征裂纹在该区的扩展是不稳定的、快速的，另一方面沿着放射方向的逆向或人字纹尖顶，可以追溯到裂纹源所在位置。图 6-1 为圆柱形试样拉伸试验的断口示意图，从图中可以明显看到三个区域：纤维区、放射区和剪切唇。根据放射花样可以判定断口的形成过程是从中心部位起裂，然后向四周扩展，最后在试样表面形成剪切唇。

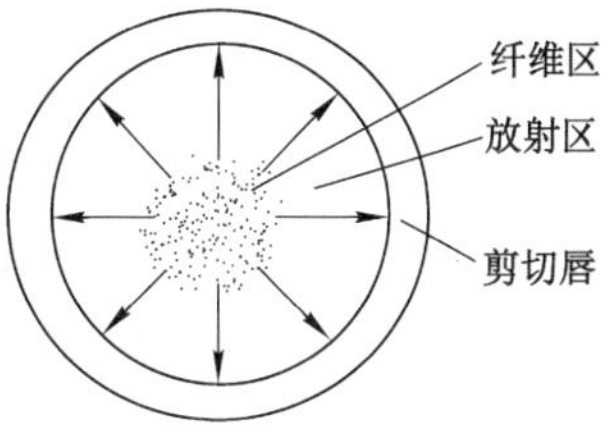

图 6-1　圆柱形试样拉伸试验断口示意图

对于失效零件断口的分析，人字纹形状和走向是寻找断裂源和判断失效性质的重要依据，人字纹花样如图 6-2 所示。表面光滑的零件断口上人字纹的尖端总是指向裂纹源的方向，而周边有缺口时正好相反，图 6-3 展示了不同结构的矩形试件断口上形成的人字纹与其裂纹源的关系。

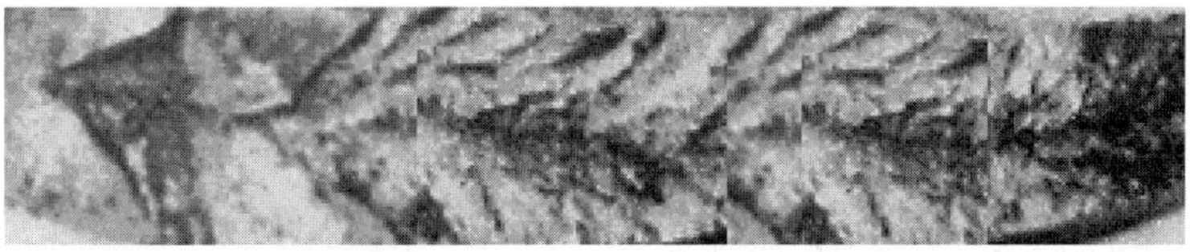

图 6-2　断口上的人字纹花样

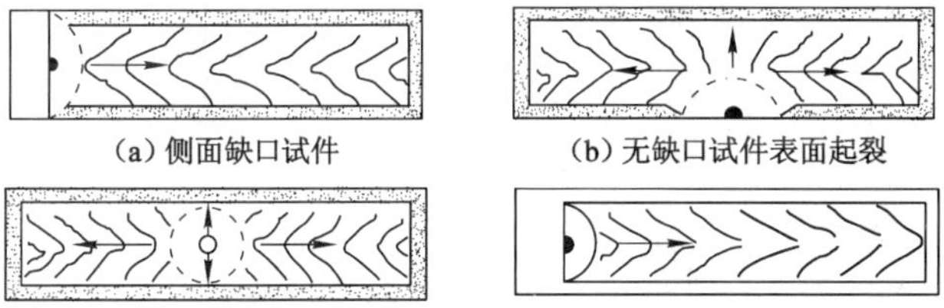

图 6-3　矩形试件断口形貌示意图

(2) 断口上是否存在弧形迹线

裂纹在扩展过程中由于应力状态(包括应力大小、应力持续时间)的交变、断裂方向的变化、环境介质的影响以及裂纹扩展速度的明显变化都会在断口上留下此种弧形迹线。疲劳弧线是疲劳断口宏观形貌的基本特征，是以疲劳源为中心，与裂纹扩展方向垂直的呈半圆形或扇形的弧形线又称为贝纹线或海滩花样。疲劳弧线是裂纹扩展过程中当其顶端的应力大小或状态发生变化时在断面上留下的塑性变形的痕迹。对于光滑试样，疲劳弧线的圆心一般指向疲劳源区。当疲劳裂纹扩展到一定程度时也可能出现疲劳弧线的转向现象，当试样表面有尖锐缺口时，疲劳弧线的圆心指向疲劳源区的相反方向。图 6-4 为失效零件断裂时形成的疲劳弧线与疲劳源区。

(3) 断口的粗糙程度

实际断裂失效零件的断口表面是由许多微小断面构成的。这些小断面的大小、曲率半径以及相邻小断面的高度差(台阶)决定了整个断面的粗糙度。不同的材料，不同的断裂方式，其粗糙度有很大的不同。一般来说，断口越粗糙，表征断口特征的“花”样越粗大，剪切

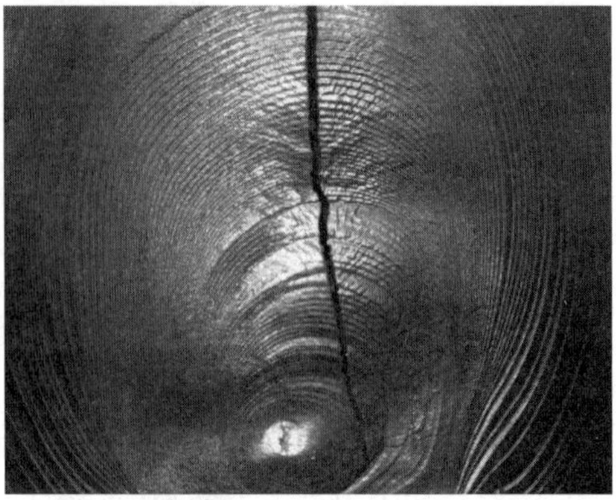

图 6-4 疲劳断口上的贝纹线与疲劳源区

断裂所占比例越大。如果断口细平，多光泽，或者“花样”越细，则晶间断裂、解理断裂所起的作用越大。图 6-5 为 Q235、高强钢形成的拉伸试样断口。

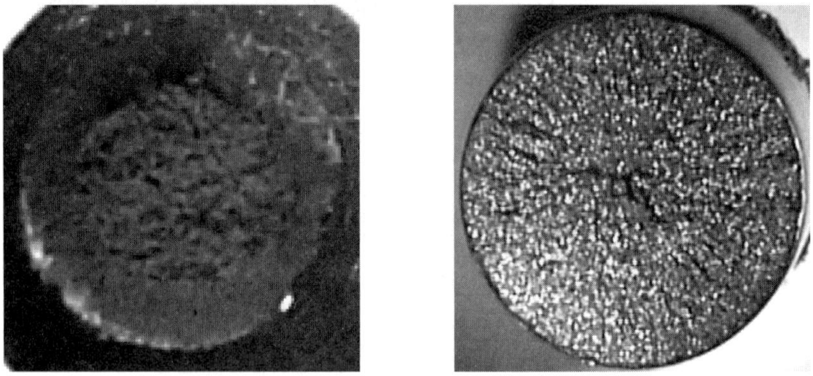

(a) Q235钢　　(b) 高强钢

图 6-5 拉伸试样断口表面粗糙度

(4) 断面的光泽与色彩

由于构成断面的许多小断面往往具有特殊的金属光泽和色彩，所以当不同断裂方式所造成的这些小断面集合在一起时，断口的光泽与色彩会发生微妙变化。例如，准解理、解理断裂的金属断口在阳光下转动断面进行观察时可看到闪闪发光的小刻面。如果断面有相对摩擦、氧化以及受到腐蚀时，金属断口的色泽将完全不同。

(5) 断面与最大正应力的交角(倾斜角)

不同的应力状态、不同的材料及外界环境，断口与最大正应力的夹角不同。例如，在平面应变条件下断裂的断口，与最大正应力垂直。在平面应力条件下断裂的断口，与最大正应力呈 45°交角。

(6) 材料缺陷在断口上所呈现的特征

若材料内部存在缺陷，则缺陷附近存在应力集中，因为在断口上留下缺陷的痕迹。图 6-6 为液压油缸在焊接支架处断裂的断口，从断面可以看出开裂前该液压油缸由于焊接已经存在焊接裂纹。

图 6-6　液压油缸焊接支架处开裂断口

在进行断口分析时一般是用锤击或压折使材料断开，要防止材料断裂时发生塑性变形。另外，要注意保护好断口，不使其被玷污，最好是在试样或零件断裂后立即进行观察。若零件失效断口表面被玷污或锈蚀，可用毛刷清理或轻微酸洗。

在腐蚀环境中断裂的断口，其表面通常覆盖一层腐蚀产物，这层腐蚀产物对分析致断原因往往是非常重要的，因而不能轻易将其去掉。但是为了观察断口的形貌特征而必须去除时，应先对产物的形貌、成分及相结构进行仔细分析后再予以去除。

二、磨片分析

磨片分析是指把试样放在粗砂纸上磨平，用清水冲洗后放在腐蚀剂中腐蚀一定时间，再用清水冲洗并擦去表面的不洁物，然后观察其表面。在工厂中此方法是低倍检验的主要方法，又称为酸蚀法。

磨片分析可以用于以下几个方面：

(1) 观察铸锭或铸件晶粒的大小、形状及分布。铸锭结晶后的晶粒分布状况：中心为粗大的等轴晶，往外是柱状晶，最外层是细小的等轴晶。

(2) 检查铸锭的疏松、缩孔、夹杂、气泡和裂纹等。有些微小的缩孔、裂缝在断口上不易直接看出，通过磨平腐蚀，裂缝处因易受腐蚀而使缺陷增大，从而可清楚显示出来。

(3) 观察锻件的流线、发纹、折叠及翻皮等。

(4) 观察焊接件焊缝的组织状况，热影响区的大小，是否有气孔、夹渣等缺陷。图 6-7 所示为对接焊缝的宏观组织形貌图。

(5) 检查材料化学成分的不均匀性(如方框偏析、枝晶偏析、点状偏析等)及夹杂物的分布状况。进行磨片分析时，不同的材料要选用不同的腐蚀剂。

三、贴印分析

贴印法是指将试样放入适当的化学试剂中，其表面要发生化学反应，有些反应结果能用相纸记录下来。常用的贴印法有硫印、氧印、磷印等。

(1) 硫印

硫是钢铁材料中杂质元素之一，是由原材料或燃料带入钢铁材料中的，熔炼时一般无法全部除尽。硫主要以硫化物的形式存在于钢中。当钢中含锰量较低时，大部分的硫将与

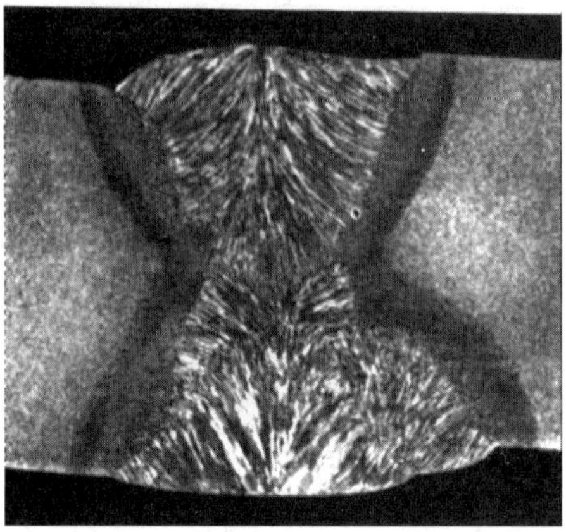

图 6-7　焊缝宏观组织形貌

铁化合生成硫化铁。硫化铁性脆，其熔点又较低，约为 1 193 ℃，同时硫化铁可以与铁在较低的温度(980 ℃左右)下形成共晶，故在凝固过程中硫化铁都将聚集在最后凝固的晶界或铸件的中心部位。硫化铁与铁的共晶温度低于钢的热加工温度，因此在热加工时存在于晶界处呈网状分布的硫化铁与铁的共晶组织将随温度的上升而首先熔化，当受外力作用时，易沿熔化的晶界产生脆裂，这种现象称为热脆。故对钢铁材料性能有较大影响，因此在熔炼时必须严加控制，其含量一般应控制在 0.05%以下。

钢中的硫化物虽然可用微观检查和酸浸试验等方法来检验，但是这两种方法各具优缺点。微观检验虽然可以确定硫化物的类型、形态及大小，但是由于检视的视域较小，不能反映其在钢材整个截面上的分布情况。酸浸试验虽然可以显示夹杂物在整个钢材截面上的分布情况，但是这些夹杂物究竟属于何种类型以及各类夹杂物的分布情况则无法确定，为此可借助专门显示硫化物夹杂之分布的硫印试验来显示。

硫印试验首先将试样磨平，并用水或汽油洗净，不得留有油污、锈斑和其他脏物，选用反差较大的光面印相纸(曝过光的废相纸仍可使用)浸入 5%硫酸水溶液中约 5 min，取出垂直晾一下使多余的硫酸流走，然后把相纸的药面对着试样表面压紧，将两面之间的气泡赶走，注意二者不能相对移动，3～5 min 后将相纸揭下，先用水冲洗，然后放入 10%的大苏打水溶液中定影 10～20 min，最后用流动的水冲洗再晾干。

由于硫化物与相纸上的硫酸反应生成硫化氢，硫化氢又与相纸上的溴化银反应生成硫化银，硫化银(Ag_2S)沉淀使相纸出现黑褐色的斑点，因此相纸上黑褐色斑点即表示样品上硫的分布，具体反应式如下：

$$FeS(MnS)+H_2SO_4 \longrightarrow FeSO_4(MnSO_4)+H_2S \tag{6-1}$$

$$H_2S+2AgBr \longrightarrow 2HBr+Ag2S\downarrow \tag{6-2}$$

直接用重铬酸钾硫酸水溶液腐蚀样品的表面，也可以看到锻件中硫的分布。

(2) 氧印

尼斯纳(Niessner)发明一种显示含铁氧化物夹杂分布的方法。该方法是以 5%盐酸湿润乳胶纸约 5 min，吸干胶面并压贴到钢试样抛光面上 5 s，取下乳胶纸置入亚铁氰化钾溶液中[20 g $K_4Fe(CN)_6$ 溶于 100 mL 水]显影出图像，也可以用较低浓度的铁氰化钾显影。

此时乳胶纸上的接触区显浅蓝色，而在含铁夹杂物的部位呈深蓝色斑点。

古尔比茨(Grubitsch)用赛璐玢胶膜改进了尼斯纳的氧化物印像法。将厚度为 0.025 mm 的透明胶膜在水中浸泡几分钟，干燥后滴几滴 Quinoline-Etl 的 20%水溶液，使其均布于胶面上，约 1 min 后擦去溶液，将薄膜置于抛光试样上，并用等量的 1.2%亚铁氰化钾溶液和 0.25%盐酸溶液浸蚀 2～2.5 min，冲洗掉浸蚀液，取下薄膜在 2.5%亚铁氰化钾水溶液中显影后漂洗，最后将薄膜图像置于加有 1 mLH_2O_2 的 100 mL 水溶液中氧化。此方法可消除气泡，提高图像清晰度，还可以检出细小夹杂物。

在实验室中也可以将相纸浸入 5%盐酸水溶液中片刻后取出，将试样压在相纸上 1～2 min，然后揭下相纸置于 2%赤血盐溶液中显影 10 min，相纸上相应于试样氧化物处出现蓝色斑点。

(3) 磷印

磷也是钢中的有害元素，是由原材料带入钢中的，在熔炼时一般不易完全除尽。铁液中存在磷元素时，可以增加铁液流动性，但对凝固后的钢来说，将增加钢的冷脆性，故磷对钢的危害性较大，一般应控制在 0.045%以下。

磷元素以固溶、构成化合物或构成共晶三种形式存在于钢铁材料中，一般情况下磷能固溶于铁素体，从而提高铁素体的强度，但是固溶量达到一定含量(0.12%)以后，会使钢的强度急剧下降，同时使钢的脆性大幅度提升，这种现象称为冷脆。磷是一种极易形成偏析的元素，且极难扩散，故磷偏析几乎无法用热处理改善。当钢中具有明显的磷偏析时，会使钢材一经落地即发生脆性断裂，此时只能将该批钢材予以报废处理。此外，磷存在于钢中时，将与碳互相排斥，因此磷元素含量高的地方含碳量就较低，故它在钢中可以形成固溶磷高的铁素体带状偏析，又称为“鬼线”。化学分析时钢中含磷量虽然在规定范围之内，但是钢的冷脆性能表现得极为显著，这时可用显示磷偏析的磷印试验来观察是否存在偏析现象。

磷印是用来检验钢中磷的分布的方法，先将一张适当尺寸的滤纸浸在钼酸铵溶液中(5 g 钼酸铵溶于 100 mL 冷水，注入 35 mL 的浓硝酸)，取出滤纸放在试样上，3～5 min 后取下放在氯化亚锡溶液中(50 mL 氯化亚锡，50 mL 浓盐酸和 100 mL 水相混合)，由于氯化亚锡溶液是强酸溶液，可与滤纸发生强烈的化学反应，可加一小粒明矾使纸变硬。最初印迹是黄到褐色，3～4 min 后有蓝色的斑迹，表示有磷存在，根据磷的含量逐渐增加，颜色可从淡蓝到深蓝，无磷区滤纸上为无色区。当印迹被充分显现时，可用流动的水洗去多余的酸，然后将纸干燥，所出现蓝色印迹表明磷的分布情况。如果为均匀的蓝色，则表示材料为均匀的固溶体。

【实验准备】

1. 准备宏观断口试样。
2. 检查试样标签是否清晰，如有缺损及时做好标记。
3. 将准备好的试样放入防潮干燥柜备用。

【实验内容与步骤】

1. 观察白口铸铁与灰口铸铁断口的特征，并描绘组织特征。
2. 用磨面分析法观察铝锭和焊缝的组织，并描绘组织示意图。

3. 用硫印及普通浸蚀法处理锻件，观察锻件中硫的分布，描绘锻件的硫线分布图。

【安全提醒与注意事项】

1. 保护试样，轻拿轻放，不用手和其他异物接触被观察面。
2. 用化学试剂时一定要注意化学试剂使用安全，尽量在通风橱内完成。

【交流与评价】

1. 分组讨论

指导教师根据班级人数将学生分成若干小组，每个小组 5～6 人，各组推荐组长 1 人。评价内容包括实验态度、实验完成度、实验完成质量，总分 100 分，小组内成员对本次实验进行互评，组长完成组内互评的成绩统计，各组员签字确认（表 6-1）。

表 6-1　金属宏观分析与观察实验评价表

评价内容	组员 1	组员 2	组员 3	组员 4	组员 5	组员 6	……
实验态度（10 分）							
实验完成度（20 分）							
实验完成质量（70 分）							
总分							

组号：__________　实验日期：__________　组长签字：__________

组员签字：______________________________

【拓展思考题】

1. 断口分析适用于哪些材料？
2. 如何根据断口特征判断断口的形成过程？
3. 磨片分析适用于哪些材料？包括哪些分析内容？
4. 常用的贴印方法及适用材料有哪些？

【实验报告要求】

1. 实验目的。
2. 实验内容（按照实验内容与步骤部分的要求完成）。
3. 简述金属宏观分析的意义。

钟群鹏：我国失效分析学科的拓荒者

钟群鹏，1934 年 10 月出生。学生时代，他的学习成绩一直很好，尤其是数学，从来都是第一名。1950 年 3 月，他担任省立金华中学高中部的团支部书记，第二年被团中央以优秀团干部的名义调入中央团校学习，团校毕业后又以优异成绩考入清华大学航空学院，即之后的北京航空学院。本科尚未毕业，他就跟随苏联专家攻读金相热处理专业的研究生课程，1957 年研究生提前毕业并留校任教，先后担任材料科学与工程系助教、讲师、副教授、教授、博士生导师。

每次事故发生后，能从中找出原因，发现所用材料的薄弱之处，再加以改进，则能避免同样的悲剧再度发生，挽回损失，这就是"失效分析"学科。早在 1970 年，钟群鹏就着手材料断口分析，又逐步进入断裂分析、断口机理研究、断裂的预测预防工程。几年的实践积累，他从专家组成员逐渐成为组长，参与了中国机电、航空、航天及众多国民生产领域 500 多起重大灾难事故的分析调查，亲临事故现场进行系统的、开拓性的研究，率先进行断口物理数学模型、断裂物理等方面的研究，构建了我国机械装备失效分析预测预防的完整学科体系雏形，同时创造了十分可观的经济效益。

几十年来，钟群鹏获国家科技进步奖 2 项、省部级一等奖 7 项、二等奖 4 项，发表论文 140 余篇，主编 24 本专著和教材，培养了 40 多名硕士和博士。为此，他先后获得北京市人民政府科技奖、劳动部科技进步奖、国家教委科技进步奖、航空工业总公司科技进步奖、国家科技进步奖等十余项奖励。

钟群鹏从事的是维护科学的公正与纯洁的工作，始终坚持刚正无私的品格和严谨求实的科学态度，对自己接手的每个任务心中都有一杆公平秤，那就是"严谨求实"，总是以一丝不苟的态度对待科学。在他主持、参与的 500 多例失效事故的分析工作中，几乎每一次都得出了科学、客观、公正的技术结论，还没有出现过错判、误判和反复的记录，这是对他的工作态度、人格精神的最好诠释。

1999 年，钟群鹏当选为中国工程院院士。他还兼任中国机械工程学会常务理事和副秘书长、学术工作委员会副主任委员、中国机械工程学会失效分析分会理事长、中国科协工程联失效分析和预防中心主任、国家安全生产专家组专家、国际材料检测和评价协会常务委员等职务，已年过八旬的他，仍然老当益壮，为国效力。

钟院士一直关心家乡的变化，支持上虞区乡贤研究会的工作。近来他多次回到上虞，还在浙江康隆达特种防护科技股份有限公司设立院士工作站，对家乡的发展给予了大力的支持。

实验 19　钢铁宏观鉴别

【实验目的】

1. 掌握钢铁宏观鉴别的方法。
2. 掌握含碳量及合金元素对钢铁火花的影响。

【实验原理】

钢铁宏观鉴别方法主要包括火花鉴别、听音鉴别、磁性鉴别、点试鉴别等。

一、火花鉴别

火花鉴别是根据钢铁经砂轮磨削所发生的火花爆裂的形状、流线、色泽和发光点来粗略鉴别其化学成分的方法，有色金属及合金经砂轮磨制后一般不产生或只产生极少的火花，不适于火花鉴别。

钢铁在砂轮的磨削下呈粉末状被抛射于空中，高温的粉末与空气摩擦受氧化，温度进一步升高，最后粉末处于熔融颗粒状态，这种熔融状态的颗粒在运行中形成了流线，而钢末中的碳与空气中的氧发生反应生成 CO 气体，当颗粒中的 CO 气体的压力足以冲破其表面的氧化膜时便发生爆裂产生火花。将被测材料在砂轮上磨削时产生的全部火花称为火束，火束由根部火花、中部火花和尾部火花三个部分组成，如图 6-8 所示。从砂轮上直接射出每根流线上有节点、爆花和尾花，如图 6-9 所示。根据钢的化学成分不同，爆花时可形成一次花、二次花和三次花，如图 6-10 所示，尾花也不同，可形成狐尾尾花、枪尖尾花、菊花状尾花、羽状尾花等。

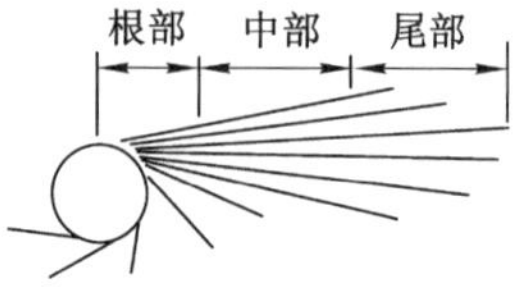

图 6-8　火花束

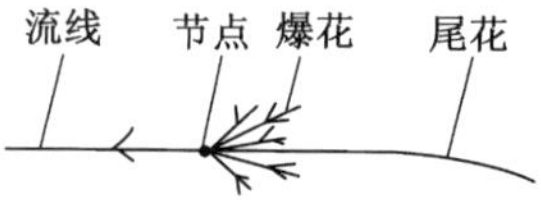

图 6-9　火花组成

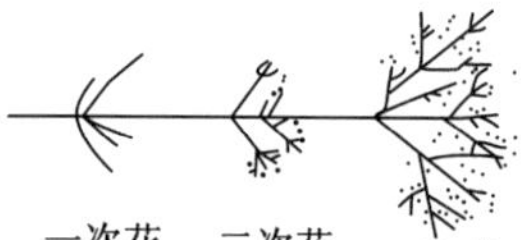

图 6-10　爆花类型

(1) 碳钢的火花

碳钢的火花是直线流线，火束呈草黄色。由于含碳量不同，其火花形状不同。

① 纯铁

纯铁火束较长，流线尽头出现明显的枪尖形尾花，又似蘸墨水笔尖，流线细且少，火束根部有极不明显的波状流线与断续流线。

② 低碳钢

低碳钢火花束较长，流线少，芒线稍粗，多为一次花，发光一般，带暗红色，无花粉，如图 6-11 所示。

③ 中碳钢

中碳钢火花束稍短，流线较细长且多，爆花分叉较多，开始出现二次花、三次花，花粉较多，发光较强，橙色，如图 6-12 所示。

④ 高碳钢

高碳钢火花束较短且粗，流线多而细，碎花，花粉多，分叉多且多为三次花，发光较亮，如图 6-13 所示。

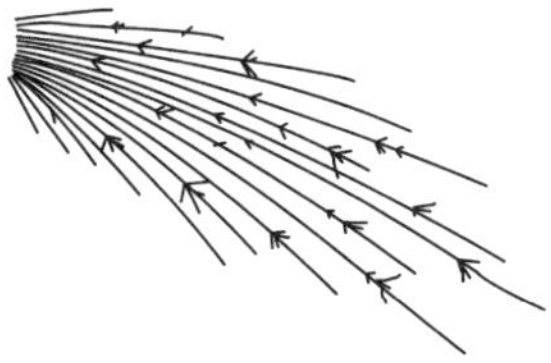

图 6-11　20 钢的火花特征

图 6-12　45 钢的火花特征

图 6-13　T12 钢的火花特征

总之，随着含碳量增加，流线增多、变细，芒线也增多、变细，爆花数量增多而密，整个火束的色泽趋于明亮，当含碳量大于 0.7%时，色泽变暗。

(2) 常见合金钢火花

目前能够用火花法鉴别的合金元素有钨、钼、锰、硅、镍、铬 6 种。钨、钼、硅、镍抑制火花产生，锰、铬(低铬)促进火花发生。

① 铬钢

铬是促进火花爆裂，低铬时火束色泽较相同含碳量的碳钢明亮，呈白亮色。流线较碳钢挺直且稍长，量也增多。含碳量小于 0.5%时流线比碳钢细，大于 0.5%时流线比碳钢粗。爆花较碳钢大而整齐，爆裂强度大。用火花估计合金钢含碳量时，要加以修正，适当减少些。需注意当铬含量高时会抑制火花的产生。

② 锰钢

锰是促进火花爆裂的元素，锰钢火束色泽较碳钢黄亮(含碳量少时呈白亮)流线较碳钢粗长，量也较多。爆花核心部分有较大且白亮色的节点，花型较大，芒线较细而长，芒线与芒线间的间距较一般钢稀。当含碳量高时，爆花的芒线间花粉较碳钢多。锰钢火花如图 6-14 所示，估计锰钢含碳量时要稍低些。

③ 高速钢(18%钨，4%铬，1%钒)

高速钢含 18%钨，钨抑制火花产生，整个火束呈赤橙色，根部色较暗。流线大部分呈断续状态，长而量少。有时无爆花，尾部有短促狐尾尾花。高速钢火花如图 6-15 所示，

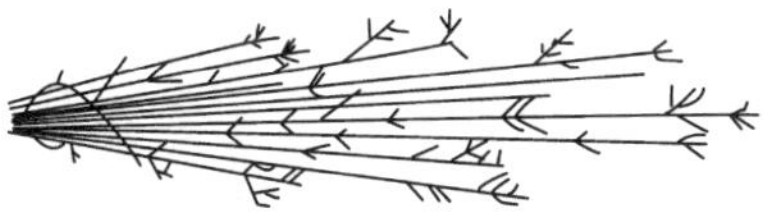

图 6-14　锰钢火花

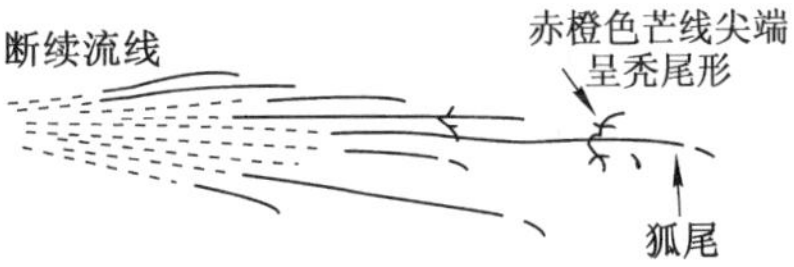

图 6-15　高速钢火花

(3) 铸铁火花

铸铁一般含 2%～4%碳，1%～3%硅，因碳、硅含量较高，整个火束短而呈暗红色，流线多而密，且弯曲，尾部有羽毛状尾花，如图 6-16 所示。因碳、硅含量较高，整个火束短而呈暗红色，流线多而密，且弯曲，尾部有羽毛状尾花。

图 6-16　铸铁火花

火花鉴别通常把已知化学成分的钢铁材料做成直径为 20 mm、长度为 150～200 mm 的棒状标准试样，将欲鉴别的材料与标准试样进行火花比较，可以大致判断材料的成分。火花鉴别一般还规定砂轮的规格与转速。通常选用直径为 150 mm、中硬度的氧化铝砂轮，砂轮的速度一般为 2 800～4 000 r/min。打火花一般要在暗处进行，用力要均匀适中，火束水平。

要熟练掌握火花鉴别法，需在实践中不断摸索并总结经验，有经验的操作者用此法鉴别钢的成分，含碳量的精确度可达 0.20%以内，铬、钒、钨等合金元素的含量精确度可达 1%以内。

二、钢铁的听音鉴别

听音鉴别比火花法更为简单，也更粗略。听音鉴别主要利用不同含碳量的钢铁材料滞振性能不同，敲击试样时根据其声音可判断出材料是高碳钢、中碳钢、低碳钢或铸铁。一般含碳量越低，声音越清脆，但区别不易。灰铸铁中石墨片滞震，敲打音哑，易与钢件相区分。

三、磁性鉴别

磁性鉴别主要用于鉴别奥氏体不锈钢。按组织形态，不锈钢分为奥氏体不锈钢、铁素体不锈钢、马氏体不锈钢和双相不锈钢四种。这四种不锈钢中，只有奥氏体不锈钢无磁性，其余三种不锈钢均有磁性。反过来，只要确定一种材料是铁基金属（不是有色金属），表面银白光亮且无磁性，则必为奥氏体不锈钢。

四、点试鉴别

点试鉴别是一种简易、定性的快速化验法，但是其能鉴别的元素种类有限，以下是常用的鉴别合金是否含有铬和镍的方法。

将稀盐酸和浓磷酸按体积比 1∶1 混合，然后将制备好的试剂点在锉光的金属面上 1 h 后，如有铬，被试剂点过的部位会变绿。

在 600 mL 80%的乙酸溶液中混合二甲基乙二醛肟 1 g，再加入 30 mL 浓氢氧化铵和 10 g 柠檬酸铵，制成试剂后，将其点在锉光的金属面上 3～5 min，如有镍，被试剂点过的部位会变红。

【实验准备】

1. 准备不同含碳量的碳钢试样（20 钢、45 钢、T12 钢）。
2. 准备合金钢（20 CrMnTi、40Cr、W18Cr4V）。
3. 准备铸铁试样。

4. 准备四种类型不锈钢。

【实验内容与步骤】

1. 观察 20 钢、45 钢、T12 钢火花特征，并描绘组织特征。
2. 观察合金钢 20 CrMnTi、40Cr、W18Cr4V 火花特征，并描绘组织示意图。
3. 观察铸铁火花特征，并描绘组织特征。
4. 听音鉴别 20 钢、45 钢、T12 钢。
5. 磁性鉴别奥氏体不锈钢。

【安全提醒与注意事项】

1. 使用砂轮机要穿好防护服，戴好防护目镜，严禁戴手套操作。
2. 站在砂轮机侧面操作，手拿稳试样，用力不可太大。
3. 试样太小严禁使用。
4. 砂轮片磨损严重时严禁使用。
5. 实验完成后及时清理场地，保持整洁。

【交流与评价】

指导教师根据班级人数将学生分成若干小组，每个小组 5～6 人，各组推荐组长 1 人。评价内容包括实验态度、实验完成度、实验完成质量，总分为 100 分，小组内成员对本次实验进行互评，组长完成组内互评的成绩统计，各组员签字确认(表 6-2)。

表 6-2　钢铁宏观鉴别实验评价表

评价内容	组员 1	组员 2	组员 3	组员 4	组员 5	组员 6	……
实验态度(10 分)							
实验完成度(20 分)							
实验完成质量(70 分)							
总分							

组号：__________　实验日期：__________　组长签字：__________

组员签字：____________________________________

【拓展思考题】

1. 火花是如何产生的？
2. 哪些元素对火花会产生明显的影响？
3. 听音鉴别的原理是什么？
4. 奥氏体不锈钢为什么无磁性？
5. 如何快速鉴别形状完全一样的低碳钢和铸铁？

【实验报告要求】

1. 实验目的。
2. 实验内容(按照实验内容与步骤部分的要求完成)。
3. 简述金属宏观鉴别的意义。

参 考 文 献

[1] 初福民. 机械工程材料实验与习题[M]. 北京:机械工业出版社,2002.
[2] 段辉平. 材料科学与工程实验教程[M]. 北京:北京航空航天大学出版社,2019.
[3] 盖登宇,侯乐干,丁明惠. 材料科学与工程基础实验教程[M]. 哈尔滨:哈尔滨工业大学出版社,2012.
[4] 高文民. 金相检验基本知识[M]. 北京:中国铁道出版社,1989.
[5] 葛利玲. 材料科学与工程基础实验教程[M]. 北京:机械工业出版社,2008.
[6] 顾永琴,康学勤,牛继南. 材料实验技术[M]. 徐州:中国矿业大学出版社,2014.
[7] 胡赓祥,蔡珣,戎咏华. 材料科学基础[M]. 3 版. 上海:上海交通大学出版社,2010.
[8] 江利,张太超,崔永丽. 现代金属材料及应用[M]. 徐州:中国矿业大学出版社,2009.
[9] 赖春艳. 材料科学与工程实验指导书[M]. 北京:冶金工业出版社,2021.
[10] 李慧. 材料科学基础实验教程[M]. 哈尔滨:哈尔滨工业大学出版社,2011.
[11] 李琳. 材料科学基础实验[M]. 北京:化学工业出版社,2021.
[12] 李维娟. 材料科学与工程实验指导书[M]. 北京:冶金工业出版社,2016.
[13] 李学潮. 铝合金材料组织与金相图图谱. 北京:冶金工业出版社,2010.
[14] 林昭淑. 金属学及热处理实验[M]. 长沙:湖南大学出版社,1986.
[15] 牛继南,王晓虹,凌意翰. 材料科学基础[M]. 徐州:中国矿业大学出版社,2021.
[16] 潘金生,仝健民,田民波. 材料科学基础[M]. 北京:清华大学出版社,2011.
[17] 漆小鹏. 材料学科实验室安全教程[M]. 北京:化学工业出版社,2022.
[18] 沈桂琴. 光学金相技术[M]. 四川:四川科学技术出版社,1987.
[19] 石德珂. 材料科学基础[M]. 北京:机械工业出版社,1999.
[20] 石德珂. 材料科学基础[M]. 北京:机械工业出版社,2000.
[21] 史月丽,顾永琴,吉喆. 材料热处理实验技术[M]. 徐州:中国矿业大学出版社,2020.
[22] 孙业英. 光学显微分析[M]. 北京:清华大学出版社,2003.
[23] 孙智,江利,应鹏展. 失效分析-基础与应用[M]. 北京:机械工业出版社,2005.
[24] 孙智,倪宏昕,彭竹琴. 现代金属材料及其工程应用[M]. 北京:机械工业出版社,2007.
[25] 屠世润,高越. 金相原理与实践[M]. 北京:机械工业出版社,1990.
[26] 王广生. 金属热处理缺陷分析及案例[M]. 北京:机械工业出版社,1997.
[27] 王纪文. 材料科学基础实验指导书及参考资料[M]. 上海,上海交通大学材料科学与工程学院讲义,2000.
[28] 王明智,翟玉春,肖纪美. 材料科学与工程实验教程[M]. 北京:冶金工业出版社,2011.
[29] 王永东,王振玲. 材料基础实验教程[M]. 哈尔滨:哈尔滨工业大学出版社,2011.
[30] 王兆波,王宝祥,郭志岩. 实验材料科学与工程实验教程[M]. 北京:化工工业出版

社,2019.
[31] 王忠诚.热处理常见缺陷分析与解决方案[M].北京:化学工业出版社,2021.
[32] 吴晶,纪嘉明,丁红燕.金属材料实验指导[M].镇江:江苏大学出版社,2009.
[33] 吴润,刘静.金属材料工程实践教学综合实验指导书[M].北京:冶金工业出版社,2008.
[34] 向嵩,张晓燕.材料科学与工程专业实验教程[M].北京:北京大学出版社,2011.
[35] 谢希文,岳锡华.金属学实验[M].上海:上海科学技术出版社,1987.
[36] 徐家文.材料基础实验教程[M].哈尔滨:哈尔滨工业大学出版社,2011.
[37] 徐志农.工程材料实验教程[M].武汉:华中科技大学出版社,2009.
[38] 徐志农.工程材料试验教程[M].武汉:华中科技大学出版社,2009.
[39] 杨爱民,姚婷珍.金属材料类专业实践教学指导[M].北京:中国石化出版社,2011.
[40] 余永宁.材料科学基础[M].北京:高等教育出版社,2006.
[41] 余永宁,刘国权.体视学[M].北京:冶金工业出版社,1989.
[42] 张皖菊.材料科学基础实验[M].北京:冶金工业出版社,2020.
[43] 赵玉珍.材料科学基础精选实验教程[M].北京:清华大学出版社,2018.
[44] 周小中,关晓琳,彭辉.材料科学基础实验[M].北京:化学工业出版社,2022.
[45] 邹建新.材料科学与工程实验指导教程[M].成都:西南交通大学出版社,2010.